网站开发案例课堂

CSS3 网页样式与布局案例课堂

刘玉红　蒲　娟　编著

清华大学出版社

北　京

内 容 简 介

本书以零基础讲解为宗旨，用实例引导读者深入学习，采取【基础入门→核心技术→网页布局→高级技能→综合案例】的讲解模式，深入浅出地讲解 CSS3 的各项技术及实战技能。

本书第 1 篇主要讲解 CSS 样式入门、CSS3 样式的基本语法、CSS3 的高级特性等；第 2 篇主要讲解控制网页字体与段落样式、控制网页图片样式、控制网页背景与边框样式、美化网页超链接和鼠标、控制表格和表单样式、控制列表和菜单样式、使用滤镜美化网页元素等；第 3 篇主要讲解 CSS 定位与 DIV 布局核心技术、CSS+DIV 盒子的浮动与定位、固定宽度网页布局剖析与制作、自动缩放网页布局剖析与制作等；第 4 篇主要讲解过渡和动画效果、2D 和 3D 变幻效果、创建响应式页面等；第 5 篇主要讲解设计商业门户类网页、设计在线购物类网页、设计企业门户类网页、设计娱乐休闲类网页、设计图像影音类网页。

本书适合任何想学习 CSS 网页设计与布局的人员，无论您是否从事计算机相关行业，无论您是否接触过 CSS3，通过学习均可快速掌握 CSS3 的设计方法和技巧。

图书在版编目(CIP)数据

CSS3 网页样式与布局案例课堂/刘玉红，蒲娟编著. —北京：清华大学出版社，2017（2019.1重印）
(网站开发案例课堂)
ISBN 978-7-302-47774-7

Ⅰ.①C… Ⅱ.①刘… ②蒲… Ⅲ.①网页制作工具 Ⅳ.①TP393.092

中国版本图书馆 CIP 数据核字(2017)第 168844 号

责任编辑：张彦青
装帧设计：杨玉兰
责任校对：周剑云
责任印制：沈　露
出版发行：清华大学出版社
　　　　　网　　址：http://www.tup.com.cn, http://www.wqbook.com
　　　　　地　　址：北京清华大学学研大厦 A 座　　　邮　　编：100084
　　　　　社 总 机：010-62770175　　　　　　　　　邮　　购：010-62786544
　　　　　投稿与读者服务：010-62776969, c-service@tup.tsinghua.edu.cn
　　　　　质量反馈：010-62772015, zhiliang@tup.tsinghua.edu.cn
印 装 者：北京鑫海金澳胶印有限公司
经　　销：全国新华书店
开　　本：190mm×260mm　　印　张：25.5　　字　数：617 千字
　　　　　(附 DVD 1 张)
版　　次：2017 年 9 月第 1 版　　　　　印　　次：2019 年 1 月第 2 次印刷
定　　价：68.00 元

产品编号：073030 -01

前　言

"网站开发案例课堂"系列图书是专门为网站开发和数据库初学者量身定做的一套学习用书，由刘玉红策划、千谷高新教育的高级讲师编著，整套书涵盖网站开发、数据库设计等方面。整套书具有以下特点。

前沿科技

无论是网站建设、数据库设计还是 HTML5、CSS3，我们都精选较为前沿或者用户群最大的领域推进，帮助大家认识和了解最新动态。

权威的作者团队

组织国家重点实验室和资深应用专家联手编著该套图书，融合丰富的教学经验与优秀的管理理念。

学习型案例设计

以技术的实际应用过程为主线，全程采用图解和同步多媒体结合的教学方式，生动、直观、全面地剖析使用过程中的各种应用技能，降低难度以提升学习效率。

为什么要写这样一本书

伴随着 Web 2.0 的盛行，传统的表格布局模式正逐渐被网页标准化 CSS3+DIV 的设计方式取代，对最新 CSS3 的学习也成为网页设计师的必修功课。对此，本书针对想学习网页样式与布局的初学者，快速让初学者入门后提高实战水平，很快地上手设计网页，提高职业化能力。

本书特色

● 零基础、入门级的讲解。

无论您是否从事计算机相关行业，无论您是否接触过 CSS3，都能从本书中找到最佳起点。

● 超多、实用、专业的范例和项目。

本书在编排上紧密结合深入学习 CSS3 技术的先后过程，从 CSS3 的基本概念开始，带领大家逐步深入地学习各种应用技巧，侧重实战技能，使用简单易懂的实际案例进行分析和操作指导，让读者读起来简明轻松，操作起来有章可循。

● 随时检测自己的学习成果。

每章首页均提供了学习目标，以指导读者重点学习及学后检查。

每章最后的"跟我练练手"板块均根据本章内容精选而成，读者可以随时检测自己的学习成果和实战能力，做到融会贯通。

● 细致入微、贴心提示。

本书在讲解过程中，在各章中使用了"注意""提示""技巧"等小栏目，使读者在学习过程中更清楚地了解相关操作、理解相关概念，并轻松掌握各种操作技巧。

● 专业创作团队和技术支持。

本书由千谷高新教育中心编著和提供技术支持。

您在学习过程中遇到任何问题，可加入 QQ 群：389543972 进行提问，专家人员会在线答疑。

超值光盘

● 全程同步教学录像。

涵盖本书所有知识点，详细讲解每个实例及项目的过程及技术关键点。比看书更轻松地掌握书中所有的 CSS3 网页设计知识，而且扩展的讲解部分使您得到比书中更多的收获。

● 超多容量王牌资源大放送。

赠送大量王牌资源，包括本书实例源代码、教学幻灯片、本书精品教学视频、88 个实用类网页模版、精选的 JavaScript 实例、HTML5 标签速查手册、CSS3 属性速查表、JavaScript 函数速查手册、CSS+DIV 布局赏析案例、精彩网站配色方案赏析、网页样式与布局案例赏析、Web 前端工程师常见面试题等。

读者对象

● 没有任何 CSS3 基础的初学者。
● 有一定的 CSS3 基础，想精通 CSS3 的人员。
● 有一定的 CSS3 基础，没有项目经验的人员。
● 正在进行毕业设计的学生。
● 大专院校及培训学校的老师和学生。

创作团队

本书由刘玉红和蒲娟编著，参加编写的人员还有刘玉萍、周佳、付红、李园、郭广新、侯永岗、王攀登、刘海松、孙若淞、王月娇、包慧利、陈伟光、胡同夫、王伟、展娜娜、梁云梁和周浩浩。

在编写过程中，我们竭尽所能地将最好的讲解呈现给读者，但也难免有疏漏之处，敬请不吝指正。若您在学习中遇到任何困难或疑问，或有何建议，可写信至信箱 357975357@qq.com。

编　者

目　　录

第1篇　基础入门

第Ⅱ篇 核 心 技 术

第 III 篇　网　页　布　局

第 IV 篇　高 级 技 能

第 V 篇　综 合 案 例

第1篇

基础入门

第 1 章

CSS 样式入门

一个美观、大方、简约的页面以及高访问量的网站，是网页设计者的追求。然而，仅通过 HTML 实现是非常困难的，因为 HTML 语言仅仅定义了网页结构，对于文本样式却没有过多涉及。这就需要一种技术对页面布局、字体、颜色、背景和其他图文效果的实现提供更加精确的控制，这种技术就是 CSS。

本章要点(已掌握的在方框中打钩)

☐ 了解 CSS 的基本概念

☐ 熟悉 CSS 的常用单位

☐ 熟悉编辑和浏览 CSS 的方法

☐ 掌握在 HTML 中调用 CSS 的方法

☐ 掌握调用 CSS 方法的优先级

☐ 掌握制作产品销售统计表的方法

1.1 认识 CSS

CSS 即层叠样式表(Cascading Style Sheets)，对设计者来说，它是一个非常灵活的工具，使用户不必再把复杂的样式定义编写在文档结构当中，而将有关文档的样式内容全部脱离出来。这样做的最大优势就是在后期维护中只需要修改代码即可。

1.1.1 CSS 的功能

随着 Internet 不断发展，用户对页面效果诉求越来越强烈，只依赖 HTML 这种结构化标记，实现样式已经不能满足网页设计者的需要。其表现有以下几个方面。

(1) 维护困难。为了修改某个特殊标记格式，需要花费很多时间，尤其对整个网站而言，后期修改和维护成本较高。

(2) 标记不足。HTML 本身标记十分少，很多标记都是为网页内容服务，而关于内容样式标记，如文字间距、段落缩进很难在 HTML 中找到。

(3) 网页过于臃肿。由于没有统一对各种风格样式进行控制，HTML 页面往往体积过大，占用很多宝贵的带宽。

(4) 定位困难。在整体布局页面时，HTML 对于各个模块的位置调整显得捉襟见肘，过多的 table 标记将会导致页面的复杂和后期维护的困难。

在这种情况下，就需要寻找一种可以将结构化标记与丰富的页面表现相结合的技术。于是，CSS 样式技术就应运而生了。

CSS 也可以称为 CSS 样式表或样式表，其文件扩展名为.css。CSS 是用于增强或控制网页样式并允许将样式信息与网页内容分离的一种标记性语言。

引用样式表的目的是将"网页结构代码"和"网页样式风格代码"分离开，从而使网页设计者可以对网页布局进行更多的控制。利用样式表，可以将整个站点上所有网页都指向某个 CSS 文件，设计者只需要修改 CSS 文件中的某一行，整个网页上对应的样式都会随之发生改变。

1.1.2 浏览器与 CSS

CSS 制定完成之后，具有了很多新功能，即新样式。但这些新样式在浏览器中不能获得完全支持。主要在于各个浏览器对 CSS 很多细节处理上存在差异。例如一种标记的某个属性，一种浏览器支持，而另外一种浏览器不支持，或者两种浏览器都支持，但其显示效果不一样。

各主流浏览器，为了自己的产品利益和推广，定义了很多私有属性，以便加强页面显示样式和效果，导致现在每个浏览器都存在大量的私有属性。虽然使用私有属性，可以快速构建样式，但是对网页设计者是一个很大的麻烦。设计一个页面，就需要考虑在不同浏览器上显示的效果，稍不注意就会导致同一个页面在不同浏览器上显示效果不一致，甚至有的浏览器不同版本之间，也具有不同的属性。

如果所有浏览器都支持 CSS 样式，那么网页设计者只需要使用一种统一标记，就会在不同浏览器上显示统一样式效果。

当 CSS 被所有浏览器接受和支持的时候，整个网页设计将会变得非常容易，其布局会更加合理，样式会更加美观。到那个时候，整个 Web 页面显示会焕然一新。虽然现在 CSS 还没有完全普及，各个浏览器对 CSS 支持还处于发展阶段，但 CSS 是一个新的、具有很大发展潜力的技术，在样式修饰方面是其他技术无法替代的。应尽早学习 CSS 技术，这样才能保证技术不落伍。

1.1.3 CSS 的发展历史

万维网联盟(W3C)，这个非营利性标准化联盟，在 1996 年制定并发布了一个网页排版样式标准，即层叠样式表，用来对 HTML 有限的表现功能进行补充。

随着 CSS 的广泛应用，CSS 技术越来越成熟。CSS 现在有 3 个不同层次的标准，CSS1、CSS2 和 CSS3。

CSS1(CSS Level 1)是 CSS 的第一层次标准，它正式发布于 1996 年 12 月 17 日，后来于 1999 年 1 月 11 日进行了修改。该标准提供简单的样式表机制，使得网页的编者能够通过附属的样式对 HTML 文档的表现进行描述。

CSS2(CSS Level 2)是 1998 年 5 月 12 日被正式作为标准发布的。CSS2 基于 CSS1，包含了 CSS1 所有的特色和功能，并在多个领域进行完善，把表现样式文档和文档内容进行了分离。CSS2 支持多媒体样式表，使得我们能够根据不同的输出设备给文档制定不同的表现形式。

2001 年 5 月 23 日，W3C 完成了 CSS 的工作草案，在该草案中制定了 CSS 的发展路线图，详细列出了所有模块，并计划在未来逐步进行规范。在以后的时间内，W3C 逐渐发布了不同模块。

CSS1 主要定义了网页的基本属性，如字体、颜色、空白边等。CSS2 在此基础上添加了一些高级功能，如浮动和定位；以及一些高级的选择器，如子选择器、相邻选择器、通用选择器等。CSS3 开始遵循模块化开发，这将有助于理清模块化规范之间的不同关系，减少完整文件的大小。以前的规范是一个完整的模块，实在是太庞大，而且比较复杂，所以新的 CSS3 规范将其分为了多个模块。

1.2 CSS 常用单位

CSS 当中常用的单位包括颜色单位与长度单位两种，利用这些单位可以完成网页元素的搭配与网页布局的设定，如网页图片颜色的搭配、网页表格长度的设定等。

1.2.1 颜色单位

通常颜色用于设定字体及背景的颜色显示。在 CSS 中颜色设置的方法很多，有命名颜色、RGB 颜色、十六进制颜色、网络安全色。相较于以前版本，CSS 新增了 HSL 色彩模式、

HSLA 色彩模式、RGBA 色彩模式。

1. 命名颜色

CSS 中可以直接用英文单词命名与之相应的颜色，这种方法优点是简单、直接、容易掌握。此处预设了 16 种颜色及这 16 种颜色的衍生色。这 16 种颜色是 CSS 规范推荐的，而且一些主流的浏览器都能够识别它们，如表 1-1 所示。

表 1-1　CSS 推荐颜色

颜　色	名　称	颜　色	名　称
aqua	水绿	black	黑
blue	蓝	fuchsia	紫红
gray	灰	green	绿
lime	浅绿	maroon	褐
navy	深蓝	olive	橄榄
purple	紫	red	红
silver	银	teal	深青
white	白	yellow	黄

这些颜色最初来源于基本的 Windows VGA 颜色，而且浏览器还可以识别这些颜色。例如，在 CSS 定义字体颜色时，便可以直接使用这些颜色的名称。

```
p{color:red}
```

直接使用颜色的名称，简单、直接而且不容易忘记。但是，除了这 16 种颜色外，还可以使用其他 CSS 预定义颜色。多数浏览器能够识别 140 多种颜色名，其中包括这 16 种颜色，如 orange、PaleGreen 等。

在不同的浏览器中，命名颜色种类也是不同的，即使使用了相同的颜色名，它们颜色也有可能存在差异。因此，虽然每一种浏览器都命名了大量颜色，但是这些颜色大多数在其他浏览器上却是不能识别的，而真正通用的标准颜色只有 16 种。

2. RGB 颜色

如果要使用十进制表示颜色，则需要使用 RGB 颜色。十进制表示颜色，最大值为 255，最小值为 0。要使用 RGB 颜色，必须使用 rgb(R,G,B)，其中 R、G、B 分别表示红、绿、蓝的十进制值，通过这三个值的变化结合，便可以形成不同的颜色。例如，rgb(255,0,0)表示红色，rgb(0,255,0)表示绿色，rgb(0,0,255)则表示蓝色。黑色表示为 rbg(0,0,0)，则白色可以表示为 rgb(255,255,255)。

RGB 设置方法一般分为两种：百分比设置和直接用数值设置，例如将 p 标记设置颜色，有两种方法：

```
p{color:rgb(123,0,25)}
p{color:rgb(45%,0%,25%)}
```

这两种方法都是用三个值表示"红""绿""蓝"三种颜色。这三种基本色的取值范围都是 0～255。通过定义这三种基本色分量，可以定义出各种各样的颜色。

3. 十六进制颜色

当然，除了 CSS 预定义的颜色外，设计者为了使页面色彩更加丰富，则可以使用十六进制颜色和 RGB 颜色。十六进制颜色的基本格式为#RRGGBB，其中 R 表示红色，G 表示绿色，B 表示蓝色。而 RR、GG、BB 最大值为 FF，表示十进制中的 255，最小值为 00，表示十进制中的 0。例如，#FF0000 表示红色，#00FF00 表示绿色，#0000FF 表示蓝色。#000000表示黑色，那么白色的表示就是#FFFFFF，而其他颜色分别是通过这三种基本色的结合而形成的。例如，#FFFF00 表示黄色，#FF00FF 表示紫红色。

对于浏览器不能识别的颜色名称，就可以使用所需颜色的十六进制值或 RGB 值。如表 1-2 所示，列出了几种常见的预定义颜色值的十六进制值和 RGB 值。

表 1-2　颜色对照表

颜 色 名	十六进制值	RGB 值
红色	#FF0000	rgb(255,0,0)
橙色	#FF6600	rgb(255,102,0)
黄色	#FFFF00	rgb(255,255,0)
绿色	#00FF00	rgb(0,255,0)
蓝色	#0000FF	rgb(0,0,255)
紫色	#800080	rgb(128,0,128)
紫红色	#FF00FF	rgb(255,0,255)
水绿色	#00FFFF	rgb(0,255,255)
灰色	#808080	rgb(128,128,128)
褐色	#800000	rgb(128,0,0)
橄榄色	#808000	rgb(128,128,0)
深蓝色	#000080	rgb(0,0,128)
银色	#C0C0C0	rgb(192,192,192)
深青色	#008080	rgb(0,128,128)
白色	#FFFFFF	rgb(255,255,255)
黑色	#000000	rgb(0,0,0)

4. HSL 色彩模式

CSS 新增加了 HSL 颜色表现方式。HSL 色彩模式是工业界的一种颜色标准，它通过对色调(H)、饱和度(S)、亮度(L)三个颜色通道的改变以及它们相互之间的叠加来获得各种颜色。这个标准几乎包括了人类视力可以感知的所有颜色，在屏幕上可以重现 16 777 216 种颜色，是目前运用最广的颜色系统之一。

在 CSS3 中，HSL 色彩模式的表示语法如下：

```
hsl(<length> , <percentage> , <percentage>)
```

hsl()函数的三个参数如表 1-3 所示。

表 1-3　HSL 函数属性说明表

属性名称	说　明
length	表示色调(Hue)。Hue 衍生于色盘,取值可以为任意数值,其中 0(或 360,或-360)表示红色,60 表示黄色,120 表示绿色,180 表示青色,240 表示蓝色,300 表示洋红,当然可以设置其他数值来确定不同的颜色
percentage	表示饱和度(Saturation),表示该色彩被使用了多少,即颜色的深浅程度和鲜艳程度。取值范围为 0%～100%,其中 0%表示灰度,即没有使用该颜色;100%的饱和度最高,即颜色最鲜艳
percentage	表示亮度(Lightness)。取值为 0%到 100%之间的值,其中 0%最暗,显示为黑色;50%表示均值;100%最亮,显示为白色

其使用示例如下:

```
p{color:hsl(0,80%,80%);}
p{color:hsl(80,80%,80%);}
```

5. HSLA 色彩模式

HSLA 也是 CSS 新增颜色模式,HSLA 色彩模式是 HSL 色彩模式的扩展,在色相、饱和度、亮度三要素的基础上增加了不透明度参数。使用 HSLA 色彩模式,设计师能够更灵活地设计不同的透明效果。其语法格式如下:

```
hsla(<length> , <percentage> , <percentage> , <opacity>)
```

其中前 3 个参数与 hsl()函数的参数的意义和用法相同,第 4 个参数<opacity>表示不透明度,取值在 0 到 1 之间。

使用示例如下:

```
p{color:hsla(0,80%,80%,0.9);}
```

6. RGBA 色彩模式

RGBA 也是 CSS 新增颜色模式,RGBA 色彩模式是 RGB 色彩模式的扩展,在红、绿、蓝三原色的基础上增加了不透明度参数。其语法格式如下:

```
rgba(r, g , b , <opacity>)
```

其中 r、g、b 分别表示红色、绿色和蓝色三种原色所占的比重。r、g、b 的值可以是正整数或者百分数,正整数值的取值范围为 0～255,百分数值的取值范围为 0.0%～100.0%,超出范围的数值将被截至其最接近的取值极限。注意,并非所有浏览器都支持使用百分数值。第四个参数<opacity>表示不透明度,取值在 0 到 1 之间。

使用示例如下:

```
p{color:rgba(0,23,123,0.9);}
```

7. 网络安全色

网络安全色由 216 种颜色组成，被认为在任何操作系统和浏览器中都是相对稳定的，也就是说显示的颜色是相同的。因此，这 216 种颜色被称为"网络安全色"。这 216 种颜色都是由红、绿、蓝 3 种基本色从 0、51、102、153、204、255 这六个数值中取值，组成的 6×6×6 种颜色。

1.2.2　长度单位

为保证页面元素能够在浏览器中完全显示，又要布局合理，就需要设定元素间的间距，及元素本身的边界等，这些都离不开长度单位的使用。在 CSS 中，长度单位可以被分为两类：绝对单位和相对单位。

1. 绝对单位

绝对单位用于设定绝对位置。主要有下列 5 种绝对单位。

1) 英寸(in)

英寸对中国设计而言，使用比较少，它主要是国外常用的量度单位。1 英寸等于 2.54 厘米，而 1 厘米等于 0.394 英寸。

2) 厘米(cm)

厘米是常用的长度单位。它可以用来设定距离比较大的页面元素框。

3) 毫米(mm)

毫米可以用来比较精确地设定页面元素距离或大小。10 毫米等于 1 厘米。

4) 磅(pt)

磅一般用来设定文字的大小。它是标准的印刷量度，广泛应用于打印、文字程序等。72 磅等于 1 英寸，也就是说等于 2.54 厘米。另外英寸、厘米和毫米也可以用来设定文字的大小。

5) pica(pc)

pica 是另一种印刷量度。1pica 等于 12 磅，该单位不常用。

2. 相对单位

相对单位是指在量度时需要参照其他页面元素的单位值。使用相对单位所量度的实际距离可能会随着这些单位值的改变而改变。CSS 提供了 3 种相对单位：em、ex 和 px。

1) em

在 CSS 中，em 用于给定字体的 font-size 值。例如，一个元素字体大小为 12pt，那么 1em 就是 12pt，如果该元素字体大小改为 15pt，则 1em 就是 15pt。简单来说，无论字体大小是多少，1em 总是字体的大小值。em 的值总是随着字体大小的变化而变化的。

例如，分别设定页面元素 h1、h2 和 p 的字体大小为 20pt、15pt 和 10pt，各元素的左边距为 1em，样式规则如下：

```
h1{font-size:20pt}
h2{font-size:15pt}
p{font-size:10pt}
h1,h2,p{margin-left:1em}
```

对于 h1，1em 等于 20pt；对于 h2，1em 等于 15pt；对于 p，1em 等于 10pt，所以 em 的值是随着相应元素字体大小的变化而变化的。

另外，em 值有时还相对于其上级元素的字体大小。例如，上级元素字体大小为 20pt，设定其子元素字体大小为 0.5em，则子元素显示出的字体大小则为 10pt，

2) ex

ex 是以给定字体的小写字母 x 高度作为基准，对不同的字体来说，小写字母 x 高度是不同的，所有 ex 单位的基准也不同。

3) px

px 也叫像素，这是目前来说使用最为广泛的一种单位，1 像素也就是屏幕上的一个小方格，这个通常是看不出来的。由于显示器有多种不同的大小，它的每个小方格大小是有所差异的，所以像素单位的标准也不都是一样的。在 CSS 的规范中是假设 90px=1 英寸，但是在通常情况下，浏览器都会使用显示器的像素值来做标准。

1.3   编辑和浏览 CSS

CSS 文件是纯文本格式文件。在编辑 CSS 时有多种选择，可以使用一些简单纯文本编辑工具，如记事本等，同样可以选择专业的 CSS 编辑工具，如 Dreamweaver 等。记事本编辑工具适合于初学者，不适合大项目编辑。但专业工具软件通常占用空间较大，打开不太方便。

1.3.1   手工编写 CSS

使用记事本编写 CSS，和使用记事本编写 HTML 文档基本一样。首先需要打开一个记事本，然后在里面输入相应 CSS 代码即可。具体步骤如下。

step 01 ▶ 打开记事本，输入 HTML 代码，如图 1-1 所示。

图 1-1   记事本开发 HTML

step 02 ▶ 添加 CSS 代码，修饰 HTML 元素。在 head 标记中间，添加 CSS 样式代码，如图 1-2 所示。从窗口中可以看出，在 head 标记中间，添加了一个 style 标记，即 CSS 样式标记。在 style 标记中间，对 p 样式进行了设定，设置段落居中显示并且颜色为红色。

step 03 ▶ 运行网页文件。网页编辑完成后，使用 IE 11.0 打开，如图 1-3 所示，可以看到段落在页面中间以红色字体显示。

图 1-2　添加 CSS 样式

图 1-3　CSS 样式显示窗口

1.3.2　使用 Dreamweaver 编写 CSS

除了使用记事本手工编写 CSS 代码外，还可以使用专用的 CSS 编辑器，如 Dreamweaver 的 CSS 编辑器和 Visual Studio 的 CSS 编辑器。这些编辑器有语法着色，带输入提示，甚至有自动创建 CSS 的功能，因此深受开发人员喜爱。

使用 Dreamweaver 创建 CSS 的步骤如下。

step 01　创建 HTML 文档。使用 Dreamweaver 创建 HTML 文档，此处创建了一个名称为 3.2.html 文档，输入内容如图 1-4 所示。

图 1-4　新建 HTML 文档

step 02　添加 CSS 样式。在设计模式中，选中"春花秋月何时了……"段落后，右击并在弹出的快捷菜单中选择【CSS 样式】➤【新建】命令，弹出【新建 CSS 规则】对话框，在【为 CSS 规则选择上下文选择器类型】下拉列表框中，选择【标签(重新定义 HTML 元素)】选项，如图 1-5 所示。

step 03　选择完成后，单击【确定】按钮，打开【body 的 CSS 规则定义】对话框，在其中设置相关的类型，如图 1-6 所示。

图 1-5　新建 CSS 规则　　　　　　　　　图 1-6　body 的 CSS 规则定义

step 04 单击【确定】按钮，即可完成 body 样式的设置。设置完成，HTML 文档内容发生变化，如图 1-7 所示。从代码模式窗口中，可以看到在 head 标记中，增加了一个 style 标记，用来放置 CSS 样式。其样式用来修饰段落 body。

图 1-7　设置完成显示

step 05 运行 HTML 文档。在 IE 11.0 浏览器中预览该网页，其显示结果如图 1-8 所示，可以看到字体颜色设置为浅红色，大小为 12px，字体较粗。

图 1-8　CSS 样式显示

1.4　在 HTML 中调用 CSS 的方法

CSS 样式表能很好地控制页面显示，以达到分离网页内容和样式代码的目的。CSS 样式表控制 HTML 页面能达到好的样式效果，其方式通常包括行内样式、内嵌样式、链接样式和导入样式。

1.4.1　行内样式

行内样式是所有样式中比较简单、直观的方法，就是直接把 CSS 代码添加到 HTML 的标记中，即作为 HTML 标记的属性标记存在。通过这种方法，可以很简单地对某个元素单独定义样式。

使用行内样式方法是直接在 HTML 标记中使用 style 属性，该属性的内容就是 CSS 的属性和值，例如：

```
<p style="color:red">段落样式</p>
```

【例 1.3】设置行内样式(案例文件：ch01\1.3.html)。

```
<!DOCTYPE html>
<html>
<head>
<title>行内样式</title>
</head>
<body>
<p style="color:red;font-size:20px;text-decoration:underline;text-
align:center">此段落使用行内样式修饰</p>
<p style="color:blue;font-style:italic">群山万壑赴荆门，生长明妃尚有村。一去紫台连
朔漠，独留青冢向黄昏。画图省识春风面，环佩空归夜月魂。千载琵琶作胡语，分明怨恨曲中论。
</p>
</body>
</html>
```

在 IE 11.0 中浏览效果如图 1-9 所示，可以看到 2 个 p 标记中都使用了 style 属性，并且设置了 CSS 样式，各个样式之间互不影响，分别显示自己的样式效果。第 1 个段落设置红色字体，居中显示，带有下划线。第二个段落设置蓝色字体，以斜体显示。

图 1-9　行内样式显示

尽管行内样式简单，但这种方法不常使用，因为这样添加无法完全发挥样式表内容结构和样式控制代码分离的优势。而且这种方式也不利于样式的重用，如果需要为每一个标记都设置 style 属性，后期维护成本很高，网页容易过大，故不推荐使用。

1.4.2 内嵌样式

内嵌样式就是将 CSS 样式代码添加到<head>与</head>之间，并且用<style>和</style>标记进行声明。这种写法虽然没有实现页面内容和样式控制代码的完全分离，但可以设置一些比较简单的样式，并统一页面样式。

其语法格式如下：

```
<head>
  <style type="text/css" >
   p
   {
     color:red;
     font-size:12px;
   }
  </style>
</head>
```

有些较低版本的浏览器不能识别<style>标记，因而不能正确地将样式应用到页面显示上，而是直接将标记中的内容以文本的形式显示。为了解决此类问题，可以使用 HTML 注释将标记中的内容隐藏。如果浏览器能够识别<style>标记，则标记内被注释的 CSS 样式定义代码依旧能够发挥作用。

```
<head>
  <style type="text/css" >
  <!--
   p
   {
     color:red;
     font-size:12px;
   }
  -->
  </style>
</head>
```

【例 1.4】设置内嵌样式(案例文件：ch01\1.4.html)。

```
<!DOCTYPE html>
<html>
<head>
<title>内嵌样式</title>
<style type="text/css">
p{
     color:orange;
     text-align:center;
     font-weight:bolder;
```

```
        font-size:25px;
}
</style>
</head><body>
<p>此段落使用内嵌样式修饰</p>
<p>故人具鸡黍，邀我至田家。绿树村边合，青山郭外斜。开轩面场圃，把酒话桑麻。待到重阳日，还
来就菊花。</p>
</body>
</html>
```

在 IE 11.0 中浏览效果如图 1-10 所示，可以看到 2 个 p 标记中都被 CSS 样式修饰，其样
式保持一致，段落居中、加粗并以橙色字体显示。

图 1-10 内嵌样式显示

 在例 1.4 中，所有 CSS 编码都在 style 标记中，方便了后期维护，页面相对也比
较小。但如果一个网站，拥有很多页面，对于不同页面 p 标记都希望采用同样风格
时，内嵌方式就显得有点麻烦。此种方法只适用于特殊页面设置单独的样式风格。

1.4.3 链接样式

链接样式是 CSS 中使用频率最高，也是最实用的方法。它很好地将页面内容和样式风格
代码分离成两个文件或多个文件，实现了页面框架 HTML 代码和 CSS 代码的完全分离，使前
期制作和后期维护都十分方便。

链接样式是指在外部定义 CSS 样式表并形成以.css 为扩展名的文件，然后在页面中通过
<link>链接标记链接到页面中，而且该链接语句必须放在页面的<head>标记区，如下所示：

```
<link rel="stylesheet" type="text/css" href="1.css" />
```

(1) rel 指定链接到样式表，其值为 stylesheet。

(2) type 表示样式表类型为 CSS 样式表

(3) href 指定了 CSS 样式表所在位置，此处表示当前路径下名称为 1.css 文件。

这里使用的是相对路径。如果 HTML 文档与 CSS 样式表没有在同一路径下，则需要指定
样式表的绝对路径或引用位置。

【例 1.5.1】设置链接样式(案例文件：ch01\1.5.html)。

```
<!DOCTYPE html>
<html>
```

```
<head>
<title>链接样式</title>
<link rel="stylesheet" type="text/css" href="3.5.css" />
</head><body>
<h1>CSS 的链接样式</h1>
<p>荆溪白石出，天寒红叶稀。山路元无雨，空翠湿人衣。</p>
</body>
</html>
```

【例 1.5.2】链接的样式表(案例文件：ch01\1.5.css)。

```
h1{text-align:center;}
p{font-weight:29px;text-align:center;font-style:italic;}
```

在 IE 11.0 中浏览效果如图 1-11 所示，可以让标题和段落以不同样式显示，标题居中显示，段落以斜体居中显示。

图 1-11　链接样式显示

链接样式最大优势就是将 CSS 代码和 HTML 代码完全分离，并且同一个 CSS 文件能被不同的 HTML 所链接使用。

在设计整个网站时，可以将所有页面链接到同一个 CSS 文件，使用相同的样式风格。如果整个网站需要修改样式，只修改 CSS 文件即可。

1.4.4　导入样式

导入样式和链接样式基本相同，都是创建一个单独的 CSS 文件，然后引入 HTML 文件中，只不过语法和运作方式有差别。采用导入样式的样式表，在 HTML 文件初始化时，会被导入 HTML 文件内，作为文件的一部分，类似于内嵌效果。而链接样式是在 HTML 标记需要样式风格时才以链接方式引入。

导入外部样式表是指在内部样式表的<style>标记中，使用@import 导入一个外部样式表，例如：

```
<head>
  <style type="text/css" >
  <!--
  @import "1.css"
  -->  </style>
</head>
```

导入外部样式表相当于将样式表导入内部样式表中，这种方式更有优势。导入外部样式表必须在样式表的开始部分、其他内部样式表上面。

【例 1.6.1】设置导入样式(案例文件：ch01\1.6.html)。

```
<!DOCTYPE html>
<html>
<head>
    <title>导入样式</title>
    <style>
    @import "1.6.css"
    </style>
    </head>
    <body>
    <h1>江雪</h1>
    <p>千山鸟飞绝，万径人踪灭。孤舟蓑笠翁，独钓寒江雪。</p>
    </body>
    </html>
```

【例 1.6.2】要导入的样式表(案例文件：ch01\1.6.css)。

```
h1{text-align:center;color:#0000ff}
    p{font-weight:bolder;text-decoration:underline;font-size:20px;}
```

在 IE 11.0 中浏览效果如图 1-12 所示，可以让标题和段落以不同样式显示，标题居中显示，颜色为蓝色，段落以大小 20px 并加粗显示。

导入样式与链接样式相比，最大的优点就是可以一次导入多个 CSS 文件，其代码格式如下：

```
<style>
@import "1.6.css"
@import "test.css"
</style>
```

图 1-12　导入样式显示

1.5　调用方法的优先级

如果同一个页面采用了多种 CSS 使用方式，如使用行内样式、链接样式和内嵌样式，而这几种样式共同作用于同一个标记，就会出现优先级问题，即究竟哪种样式设置有效果。例如，内嵌样式设置字体为宋体，链接样式设置为红色，那么二者会同时生效；如果都设置字体颜色，情况就会复杂。

1.5.1 行内样式和内嵌样式的比较

例如,有这样一种情况:

```
<style>
.p{color:red}
</style>
<p style = " color:blue ">段落应用样式</p>
```

在样式定义中,段落标记<p>匹配了两种样式规则,一种使用内嵌样式定义颜色为红色,一种使用 p 行内样式定义颜色为蓝色。但是,标记内容最终会以哪一种样式显示呢?

【例 1.7】行内样式和内嵌样式的比较(案例文件:ch01\1.7.html)。

```
<!DOCTYPE html>
<html>
<head>
<title>优先级比较</title>
<style>
.p{color:red}
</style>
</head>
<body>
<p style = " color:blue ">解落三秋叶,能开二月花。过江千尺浪,入竹万竿斜。</p>
</body>
</html>
```

在 IE 11.0 中浏览效果如图 1-13 所示,段落以蓝色字体显示,可以知道行内优先级大于内嵌优先级。

图 1-13　行内样式与内嵌样式优先级显示

1.5.2 内嵌样式和链接样式的比较

以相同例子测试内嵌样式和链接样式优先级,将设置颜色样式代码单独放在一个 CSS 文件中,使用链接样式引入。

【例 1.8.1】内嵌样式和链接样式的比较(案例文件:ch01\1.8.html)。

```
<!DOCTYPE html>
<html>
<head>
    <title>优先级比较</title>
    <link href="1.8.css" type="text/css" rel="stylesheet">
    <style>p{color:red}
```

```
</style></head>
<body>
<p>远上寒山石径斜，白云深处有人家。停车坐爱枫林晚，霜叶红于二月花。</p>
</body>
</html>
```

【例 1.8.2】要链接的样式表(案例文件：ch01\1.8.css)。

```
p{color:yellow}
```

在 IE 11.0 中浏览效果如图 1-14 所示，段落以红色字体显示。

图 1-14　内嵌样式与链接样式优先级测试

从上面代码中可以看出，内嵌样式和链接样式同时对段落 p 修饰，段落以红色字体显示。可以知道，内嵌样式优先级大于链接样式。

1.5.3　链接样式和导入样式的比较

现在进行链接样式和导入样式测试，分别创建两个 CSS 文件，一个作为链接，一个作为导入文件。

【例 1.9.1】链接样式和导入样式的比较(案例文件：ch01\1.9.html)。

```
<!DOCTYPE html>
<html>
<head>
    <title>优先级比较</title>
    <style>
    @import "1.9_2.css"
    </style>
    <link href="1.9_1.css" type="text/css" rel="stylesheet">
    </head><body>
    <p>尚有绨袍赠，应怜范叔寒。不知天下士，犹作布衣看。</p>
    </body>
</html>
```

【例 1.9.2】要链接的样式表(案例文件：ch01\1.9_1.css)。

```
p{color:green}
```

【例 1.9.3】要导入的样式表(案例文件：ch01\1.9_2.css)。

```
p{color:purple}
```

在 IE 11.0 中浏览效果如图 1-15 所示，段落以绿色显示。由此可以看出，此时链接样式优先级大于导入样式。

图 1-15　优先级比较

1.6　综合案例——制作产品销售统计表

本案例介绍前面介绍的在 HTML 中使用 CSS 的方法当中的优先级问题，来制作一个产品销售统计表。具体的操作步骤如下。

step 01　打开记事本，在其中输入如下代码。

```
<!DOCTYPE HTML>
<html>
<head>
<title>产品销售统计表</title>
<style type="text/css">
<!--
    #dataTb
    {
      font-family:宋体, sans-serif;
      font-size:20px;
      background-color:#66CCCC;
    border-top:1px solid #000000;
    border-left:1px solid #FF00BB;
    border-bottom:1px solid #FF0000;
    border-right:1px solid #FF0000;
    }
    table
    {
      font-family:楷体_GB2312, sans-serif;
      font-size:20px;
      background-color:#EEEEEF;
    border-top:1px solid #FFFF00;
    border-left:1px solid #FFFF00;
    border-bottom:1px solid #FFFF00;
    border-right:1px solid #FFFF00;
    }
        .tbStyle
    {
      font-family:隶书, sans-serif;
      font-size:16px;
      background-color:#EEEEEF;
    border-top:1px solid #000FFF;
    border-left:1px solid #FF0000;
    border-bottom:1px solid #0000FF;
    border-right:1px solid #000000;
```

```
        }
//-->
</style>
</head>
<body>
  <form name="frmCSS" method="post" action="#">
    <table width="400" align="center" border="1" cellspacing="0"
id="dataTb" class= "tbStyle">
        <tr>
            <th>编号</th>
            <th>名称</th>
            <th>销售区域</th>
<th>销售额</th>
        </tr>
        <tr>
            <td>001</td>
            <td>冰箱</td>
            <td>北京</td>
<td>136 万</td>
                        </tr>
        <tr>
            <td>002</td>
            <td>洗衣机</td>
            <td>上海</td>
<td>226 万</td>
                        </tr>
        <tr>
            <td>004</td>
            <td>空调</td>
            <td>北京</td>
<td>368 万</td>
        </tr>
    </table>
  </form>
</body>
</html>
```

step 02 保存网页，在 IE 11.0 中预览效果如图 1-16 所示。

编号	名称	销售区域	销售额
001	冰箱	北京	136万
002	洗衣机	上海	226万
004	空调	北京	368万

图 1-16　产品销售统计表最终效果

1.7 大 神 解 惑

小白：CSS 在网页制作中一般有 4 种用法，那么具体在使用时该采用哪种用法？

大神：当有多个网页要用到的 CSS，采用外连 CSS 文件的方式，这样网页的代码极大减少，修改起来非常方便；只在单个网页中使用的 CSS，采用文档头部方式；只在一个网页一两个地方才用到的 CSS，采用行内插入方式。

小白：CSS 的行内样式、内嵌样式和链接样式可以在一个网页中混用吗？

大神：3 种用法可以混用，且不会造成混乱。这就是它为什么称为"层叠样式表"的原因。浏览器在显示网页时是这样处理的：先检查有没有行内插入式 CSS，有就执行了，针对本句的其他 CSS 就不去管它了；其次检查内嵌方式的 CSS，有就执行了；在前两者都没有的情况下再检查外连文件方式的 CSS。由此可以看出，3 种 CSS 的执行优先级是：行内样式、内嵌样式、链接样式。

1.8 跟我练练手

练习 1：上网查询 CSS 的功能和版本。

练习 2：使用手工和 Dreamweaver 两种方式编辑 CSS 样式表。

练习 3：制作一个使用行内样式和内嵌样式的网页。

练习 4：制作一个使用链接样式和导入样式的网页。

练习 5：制作一个员工信息统计表。

第 2 章

CSS3 样式的基本语法

通过 CSS 可以轻松地设置网页元素的显示位置和格式，还可以产生滤镜、图像淡化、网页淡入淡出等渐变效果，这将极大提升网站的美观程度。本章就来介绍 CSS 样式的基本语法知识。

本章要点(已掌握的在方框中打钩)

☐ 掌握美化项目列表的方法

☐ 掌握美化网页菜单的方法

☐ 掌握制作 soso 导航栏的方法

☐ 掌握将段落变成列表的方法

2.1 CSS 基础语法

在网页中加入 CSS 样式的目的是将网页结构代码与网页格式风格代码分离开来，从而使网页设计者可以对网页的布局进行更多的控制。

2.1.1 CSS 构造规则

CSS 样式表由若干条样式规则组成，这些样式规则可以应用到不同的元素或文档来定义它们显示的外观。每一条样式规则由三部分构成：选择符(selector)、属性(properties)和属性值(value)，基本格式如下：

```
selector{property: value}
```

(1) selector 选择符可以采用多种形式，可以为文档中的 HTML 标记，如<body>、<table>、<p>等，但是也可以是 XML 文档中的标记。

(2) property 属性则是选择符指定的标记所包含的属性。

(3) value 指定了属性的值。如果定义选择符的多个属性，则属性和属性值为一组，组与组之间用分号(;)隔开。基本格式如下：

```
selector{property1: value1; property2: value2;…… }
```

下面就给出一条样式规则：

```
p{color:red}
```

该样式规则为选择符 p，为段落标记<p>提供样式，color 为指定文字颜色属性，red 为属性值。此样式表示标记<p>指定的段落文字为红色。

如果要为段落设置多种样式，则可以使用下列语句：

```
p{font-family:"隶书"; color:red; font-size:40px; font-weight:bold}
```

2.1.2 CSS 的注释

CSS 的注释可以帮助用户对自己写的 CSS 文件进行说明，如说明某段 CSS 代码所作用的地方、功能、样式等，便于以后维护时更加方便，同时在团队开发网页时，合理适当的注释有利于团队看懂 CSS 样式是对应 html 哪里的，以便顺利、快速开发 div css 网页。

CSS 的注释样式如下：

```
./* body定义 */
.body{ text-align:center; margin:0 auto;}
/* 头部css定义 */
.#header{ width:960px; height:120px;}
```

2.2 CSS 的常用选择器

选择器(selector)也被称为选择符，所有 HTML 语言中的标记都是通过不同的 CSS3 选择器进行控制的。选择器不只是 HTML 文档中的元素标记，它还可以是类、ID 或是元素的某种状态。根据 CSS 选择符用途可以把选择器分为标签选择器、类选择器、全局选择器、ID 选择器、伪类选择器等。

2.2.1 标签选择器

HTML 文档是由多个不同标记组成的，而 CSS3 选择器就是声明哪些标记采用样式。例如，p 选择器就是用于声明页面中所有<p>标记的样式风格。同样也可以通过 h1 选择器来声明页面中所有<h1>标记的 CSS 风格。

标签选择器最基本的形式如下：

```
tagName{property:value}
```

其中 tagName 表示标记名称，例如 p、h1 等 HTML 标记；property 表示 CSS3 属性；value 表示 CSS3 属性值。

【例 2.1】设置标签选择器(案例文件：ch02\2.1.html)。

```
<!DOCTYPE html>
<html>
<head>
<title>标签选择器</title>
<style>
p{color:blue;font-size:20px;}
</style>
</head>
<body>
<p>枯藤老树昏鸦，小桥流水人家，古道西风瘦马。夕阳西下，断肠人在天涯。</p>
</body>
</html>
```

在 IE 11.0 中浏览效果如图 2-1 所示，可以看到段落以蓝色字体显示，大小为 20px。

图 2-1 标签选择器显示

如果在后期维护中需要调整段落颜色，只需要修改 color 属性值即可。

> CSS3 语言对于所有属性和值都有相对严格的要求，如果声明的属性在 CSS3 规范中没有，或者某个属性值不符合属性要求，都不能使 CSS 语句生效。

2.2.2 类选择器

在一个页面中，使用标签选择器，会控制该页面中所有此标记显示样式。如果需要重新设定此类标记中某一个标记，此时仅使用标签选择器是不能达到效果的，还需要使用类(class)选择器。

类选择器用来为一系列标记定义相同的呈现方式，其常用语法格式如下：

```
. classValue {property:value}
```

classValue 是选择器的名称，具体名称由 CSS 制定者自己命名。

【例 2.2】设置类选择器(案例文件：ch02\2.2.html)。

```
<!DOCTYPE html>
<html>
<head><title>类选择器</title>
<style>
.aa{
  color:blue;
  font-size:20px;
}
.bb{
  color:red;
  font-size:22px;
}
</style></head><body>
<h3 class=bb>学习类选择器</h3>
<p class="aa">此处使用类选择器 aa 控制段落样式</p>
<p class="bb">此处使用类选择器 bb 控制段落样式</p>
</body>
</html>
```

在 IE 11.0 中浏览效果如图 2-2 所示，可以看到第一个段落以蓝色字体显示，大小为 20px；第二个段落以红色字体显示，大小为 22px；标题以红色字体显示，大小为 22px。

图 2-2 类选择器显示

2.2.3　ID 选择器

ID 选择器和类选择器类似，都是针对特定属性的属性值进行匹配。ID 选择器定义的是某一个特定的 HTML 元素，一个网页文件中只能有一个元素使用某一 ID 的属性值。

定义 ID 选择器的基本语法格式如下：

```
#idValue{property:value}
```

在上述语法格式中，idValue 是选择器名称，可以由 CSS 定义者自己命名。

【例 2.3】设置 ID 选择器(案例文件：ch02\2.3.html)。

```
<!DOCTYPE html>
<html>
<head>
<title>ID 选择器</title>
<style>
#fontstyle{
    color:blue;
    font-weight:bold;
}
#textstyle{
    color:red;
    font-size:22px;
}
</style>
</head>
<body>
<h3 id=textstyle>学习 ID 选择器</h3>
<p id=textstyle>此处使用 ID 选择器 aa 控制段落样式</p>
<p id=fontstyle>此处使用 ID 选择器 bb 控制段落样式</p>
</body>
</html>
```

在 IE 11.0 中浏览效果如图 2-3 所示，可以看到第一个段落以红色字体显示，大小为 22px；第二个段落以红色字体显示，大小为 22px；标题以蓝色字体显示，大小为 20px。

图 2-3　ID 选择器显示

2.2.4　选择器的声明

在 CSS 中，除了常规的选择器声明外，还有"集体声明"和"嵌套声明"两种方式，在

"集体声明"中，我们可以为多个 HTML 标签声明同一个 CSS 样式，如下面的代码，就是同时为 h1、h2、p 三个标签声明了相同的样式。

```
h1,h2,p{
 color:red;
font-size:20px;
font-weight:bolder;
}
```

此外，还有"嵌套声明"方式，即对指定位置的 HTML 标记进行修饰。例如，当<p>与</p>之间包含<a></a>标记时，就可以使用这种嵌套声明方式对 HTML 标记进行修饰。

【例 2.4】选择器的声明(案例文件：ch02\2.4.html)。

```
<!DOCTYPE html>
<html>
<head>
<title>多重嵌套声明</title>
<style>
p{font-size:20px;}
p a{color:red;font-size:30px;font-weight:bolder;}
</style></head><body>
<p>头上红冠不用裁，满身雪白走将来。平生不敢轻言语，一叫千门万户开。<a href="">画鸡
</a></p>
</body>
</html>
```

在 IE 11.0 中浏览效果如图 2-4 所示，可以看到在段落中，超级链接以红色字体显示，大小为 30px，其原因是使用了嵌套声明。

图 2-4　多重嵌套声明

2.3　综合案例——制作炫彩网站 Logo

使用 CSS，可以给网页中的文字设置不同的字体样式。下面就来制作一个网站的文字 Logo。具体步骤如下。

step 01 分析需求。

本案例要求简单，使用标记 h1 创建一个标题文字，然后使用 CSS 样式对标题文字进行修饰，可以从颜色、尺寸、字体、背景、边框等方面入手。案例完成后，其效果如图 2-5 所示。

step 02 构建 HTML 页面。

创建 HTML 页面，完成基本框架并创建标题。其代码如下：

```
<html>
<head>
<title>炫彩 Logo</title>
</head>
<body>
<body>
<h1>
<span class=c1>缤</span>
<span class=c2>纷</span>
<span class=c3>夏</span>
<span class=c4>衣</span></h1>
</body>
</html>
```

在 IE 11.0 中浏览效果如图 2-6 所示，可以看到标题 h1 在网页显示，没有任何修饰。

图 2-5　五彩标题显示　　　　　　　　图 2-6　标题显示

step 03 使用内嵌样式。

如果要对 h1 标题进行修饰，需要添加 CSS，此处使用内嵌样式，在<head>标记中添加 CSS，其代码如下：

```
<style>
h1 {}
</style>
```

在 IE 11.0 中浏览效果如图 2-7 所示，可以看到此时没有任何变化，只是在代码中引入了<style>标记。

step 04 改变颜色、字体和尺寸。

添加 CSS 代码，改变标题样式，其样式在颜色、字体和尺寸方面设置。其代码如下：

```
h1 { font-family: Arial, sans-serif; font-size: 50px; color: #369; }
```

在 IE 11.0 中浏览效果如图 2-8 所示，可以看字体大小为 24px，颜色为浅蓝色，字体为 Arial。

step 05 加入灰色底线。

为 h1 标题加入底线，其代码如下：

```
padding-bottom: 4px;
border-bottom: 2px solid #ccc;
```

网站开发案例课堂

在 IE 11.0 中浏览效果如图 2-9 所示，可以看到"美食介绍"文字下面，添加一个边框，边框和文字距离是 4px。

图 2-7　引入 style 标记　　　　　　　　　　　图 2-8　添加文本修饰标记

step 06 增加背景图。

使用 CSS 样式为标记<h1>添加背景图片，其代码如下：

```
background: url(01.jpg) repeat-x bottom;
```

在 IE 11.0 中浏览效果如图 2-10 所示，可以看到"缤纷夏衣"文字下面添加了一个背景图片，图片在水平(X)轴方向进行平铺。

图 2-9　添加边框样式　　　　　　　　　　　图 2-10　添加背景

step 07 定义标题宽度。

使用 CSS 属性，将标题变小，使其正好符合四个字体的宽度，其代码如下：

```
width:250px;
```

在 IE 11.0 中浏览效果如图 2-11 所示，可以看到"缤纷夏衣"文字下面背景图缩短，正好与字体宽度相同。

step 08 定义字体颜色。

在 CSS 样式中，为每个字定义颜色，其代码如下：

```
.c1{ color: #B3EE3A; }
.c2{ color:#71C671; }
.c3{ color: #00F5FF; }
.c4{ color:#00EE00; }
```

在 IE 11.0 中浏览效果如图 2-12 所示，可以看到每个字体显示不同颜色。

图 2-11 定义宽度

图 2-12 定义字体颜色

2.4 大神解惑

小白：CSS 定义字体在不同浏览器中大小不一样？

大神：例如使用 font-size:14px 定义的宋体文字，在 IE 下实际高是 16px，下空白是 3px，Firefox 浏览器下实际高是 17px、上空 1px、下空 3px。其解决办法是在文字定义时设定 line-height，并确保所有文字都有默认的 line-height 值。

小白：如何下载网页中的 CSS 文件？

大神：选择网页上面的【查看】➤【源文件】菜单命令，如果有 CSS，可以直接复制下来，如果没有，可以找找有没有类似下面这种链接的代码，例如：

```
<link href="/index.css" rel="stylesheet" type="text/css">
```

例如这个 CSS 文件，就可以通过打开网址后面直接加 "/index.css"，然后按 Enter 键就行了。

2.5 跟我练练手

练习 1：对 CSS 进行注释操作。

练习 2：使用标签选择器控制文本的颜色和大小。

练习 3：使用类选择器控制文本的颜色和大小。

练习 4：使用 ID 选择器控制文本的颜色和大小。

练习 5：制作一个网站 Logo 效果。

第 3 章

CSS3 的高级特性

在前面的章节已经了解到 CSS 的 3 个基本选择器，但如果仅仅依靠这 3 种选择器完成页面制作会比较烦琐。本章学习 CSS 的高级属性，在提高页面制作效率上会有很大帮助。CSS3 的高级属性包括复合选择器、CSS3 新增选择器、CSS3 的层叠特性及继承特性等。

本章要点(已掌握的在方框中打钩)

☐ 掌握复合选择器的使用方法

☐ 掌握 CSS3 新增选择器的使用方法

☐ 熟悉 CSS3 的继承关系

☐ 熟悉 CSS3 的层叠特性

☐ 掌握制作新闻菜单的方法

网站开发案例课堂

3.1 复合选择器

通过对基本选择器的组合，可以得到更多种类的选择器，从而实现更强、更方便的选择功能。这种通过基本选择器组合得到的选择器就是复合选择器。

3.1.1 全局选择器

如果想要一个页面中所有 html 标记使用同一种样式，可以使用全局选择器。全局选择器，顾名思义，就是对所有 HTML 元素都起作用的选择器。其语法格式如下：

```
*{property:value}
```

其中"*"表示对所有元素都起作用；property 表示 CSS3 属性名称；value 表示属性值。其使用示例如下：

```
*{margin:0; padding:0;}
```

【例 3.1】设置全局选择器(案例文件：ch03\3.1.html)。

```
<!DOCTYPE html>
<html>
<head><title>全局选择器</title>
<style>
*{ color:red; font-size:30px }
</style>
</head>
<body>
<p>使用全局选择器修饰</p>
<p>林花谢了春红，太匆匆。无奈朝来寒雨晚来风。</p>
<h1>胭脂泪，相留醉，几时重。自是人生长恨水长东。</h1>
</body>
</html>
```

在 IE 11.0 中浏览效果如图 3-1 所示，可以看到两个段落和标题都是以红色字体显示，大小为 30px。

图 3-1 使用全局选择器

3.1.2　交集选择器

交集选择器由两个选择器直接连接构成，其结果是选中二者各自元素范围的交集。其中第 1 个必须是标记选择器，第 2 个必须是类选择器或 ID 选择器。这两个选择器之间不能有空格，必须连续书写，这种方式构成的选择器，将选中同时满足前后二者定义的元素，也就是前者所定义的标记类型，并且指定了后者的类别或者 id 的元素，因此被称为交集选择器。

【例 3.2】设置交集选择器(案例文件：ch03\3.2.html)。

```
<!DOCTYPE html>
<head>
<title>交集选择器</title>
<style type="text/css">
P{color:blue;font-size:18px;}
p.p1{color:red;font-size:24px;} /*交集选择器*/
.p1{ color:black; font-size:30px}
</style>
</head>
<body>
<p>使用 p 标记</p>
<p class="p1">众芳摇落独暄妍，占尽风情向小园。疏影横斜水清浅，暗香浮动月黄昏。</p>
<h3 class="p1">霜禽欲下先偷眼，粉蝶如知合断魂。幸有微吟可相狎，不须檀板共金尊。</h3>
</body>
</html>
```

上面代码中定义了 p.p1 的样式，也定义了.p1 的样式，p.p1 的样式会作用在<P class="p1">标记上，p.p1 中定义的样式不会影响 h 标签使用了.p 的标记，在浏览器中预览，显示效果如图 3-2 所示。

图 3-2　使用交集选择器

3.1.3　并集选择器

并集选择器的结果是同时选中各个基本选择器所选择的范围。任何形式的选择器(包括标记选择器、类选择器、ID 选择器)都可以作为并集选择器的一部分。并集选择器是多个选择器通过逗号连接而成的。如果某些选择器的风格是完全相同的，那么这时便可以利用并集选择器同时声明风格相同的 CSS 选择器。

【例 3.3】设置并集选择器(案例文件：ch3\3.3.html)。

```
<!DOCTYPE html>
<html>
<head>
<title>并集选择器</title>
<style type="text/css">
 h1,h2,p{ color:red; font-size:20px; font-wcight:bolder; }
</style></head><body>
<h1>相思似海深，旧事如天远。</h1>
<h2>泪滴千千万万行，更使人愁肠断。要见无因见，了拼终难拼。</h2>
<p>若是前生未有缘，待重结、来生愿。 </p>
</body>
</html>
```

在 IE 11.0 中浏览效果如图 3-3 示，可以看到网页上标题 1、标题 2 和段落都以红色字体加粗显示，并且大小为 20px。

图 3-3　使用并集选择器

3.1.4　继承选择器

继承选择器也被称为后代选择器，它的规则是子代标记在没有定义的情况下所有的样式是继承父代标记的，当子代标记重复定义了父代标记已经定义过的声明时，子代标记就执行后面的声明；与父代标记不冲突的地方仍然沿用父代标记的声明。CSS 的继承是指后代元素继承祖先元素的某些属性。

使用示例如下：

```
<div class="test">
<span><img src="xxx" alt="示例图片"/></span>
</div>
```

对上面层而言，如果其修饰样式为下面代码：

```
.test span img {border:1px blue solid;}
```

则表示该选择器先找到 class 为 test 的标记，再从它的子标记里查找 span 标记，再从 span 的子标记中找到 img 标记。也可以采用下面的形式：

```
div span img {border:1px blue solid;}
```

可以看出其规律是从左往右，依次细化，最后锁定要控制的标记。

【例 3.4】 设置继承选择器(案例文件：ch03\3.4.html)。

```
<!DOCTYPE html>
<html>
<head>
<title>继承选择器</title>
<style type="text/css">
h1{color:red; text-decoration:underline;}
h1 strong{color:#004400; font-size:40px;}
</style>
</head>
<body>
<h1>测试 CSS 的<strong>继承</strong>效果</h1>
<h1>此处使用继承<font>选择器</font>了么？</h1>
</body>
</html>
```

在 IE 11.0 中浏览效果如图 3-4 所示，可以看到第一个段落颜色为红色，但是"继承"两个字使用绿色显示，并且大小为 40px，除了这两个设置外，其他的 CSS 样式都是继承父标记 `<h1>` 的样式，例如下划线设置。第二个标题中，虽然使用了 font 标记修饰选择器，但其样式都是继承于父类标记 h1。

图 3-4　使用继承选择器

3.2　CSS3 新增的选择器

选择器(selector)也被称为选择符。所有 HTML 语言中的标记都是通过不同的 CSS 选择器进行控制的。在 CSS3 中，新增选择器包括属性选择器、结构伪类选择器、UI 元素状态伪类选择器等。

3.2.1　属性选择器

不通过标记名称或自定义名称，通过直接标记属性来修饰网页，直接使用属性控制 HTML 标记样式，称为属性选择器。

属性选择器就是根据某个属性是否存在或属性值来寻找元素，因此能够实现某些非常有意思和强大的效果。CSS2 中已经出现了属性选择器，但在 CSS3 版本中，又新加了 3 个属性选择器。也就是说，现在 CSS3 中，共有 7 个属性选择器，共同构成了 CSS 的功能强大的标记属性过滤体系。

在 CSS3 版本中，常见属性选择器如表 3-1 所示。

表 3-1　CSS3 属性选择器

属性选择器格式	说　明
E[foo]	选择匹配 E 的元素，且该元素定义了 foo 属性。注意，E 选择器可以省略，表示选择定义了 foo 属性的任意类型元素
E[foo="bar"]	选择匹配 E 的元素，且该元素将 foo 属性值定义为了 bar。注意，E 选择器可以省略，用法与上一个选择器类似
E[foo~="bar"]	选择匹配 E 的元素，且该元素定义了 foo 属性，foo 属性值是一个以空格符分隔的列表，其中一个列表的值为 bar。注意，E 选择符可以省略，表示可以匹配任意类型的元素 例如，a[title~="b1"]匹配 \<a title="b1 b2 b3"\>\</a\>，而不匹配 \<a title="b2 b3 b5"\>\</a\>
E[foo|="en"]	选择匹配 E 的元素，且该元素定义了 foo 属性，foo 属性值是一个用连字符(-)分隔的列表，值开头的字符为 en 注意，E 选择符可以省略，表示可以匹配任意类型的元素。例如，[lang|="en"]匹配\<body lang="en-us"\>\</body\>，而不是匹配\<body lang="f-ag"\>\</body\>
E[foo^="bar"]	选择匹配 E 的元素，且该元素定义了 foo 属性，foo 属性值包含了前缀为"bar"的子字符串。注意，E 选择符可以省略，表示可以匹配任意类型的元素。例如，body[lang^="en"] 匹配 \<body lang="en-us"\>\</body\>，而不匹配 \<body lang="f-ag"\>\</body\>
E[foo$="bar"]	选择匹配 E 的元素，且该元素定义了 foo 属性，foo 属性值包含后缀为 bar 的子字符串。注意 E 选择符可以省略，表示可以匹配任意类型的元素。例如，img[src$="jpg"]匹配\<img src="p.jpg"/\>，而不匹配\<img src="p.gif"/\>
E[foo*="bar"]	选择匹配 E 的元素，且该元素定义了 foo 属性，foo 属性值包含 b 的子字符串。注意，E 选择器可以省略，表示可以匹配任意类型的元素。例如，img[src$="jpg"]匹配\<img src="p.jpg/\>，而不匹配\<img src="p.gif"/\>

【例 3.5】使用属性选择器(案例文件：ch03\3.5.html)。

```
<!DOCTYPE html>
<html>
<head>
<title>属性选择器</title>
<style>
[align]{color:red}
[align="left"]{font-size:20px;font-weight:bolder;}
[lang^="en"]{color:blue;text-decoration:underline;}
[src$="gif"]{border-width:5px;boder-color:#ff9900}
</style>
</head>
<body>
```

```
<p align=center>这是使用属性定义样式</p>
<p align=left>这是使用属性值定义样式</p>
<p lang="en-us">此处使用属性值前缀定义样式</p>
<p>下面使用了属性值后缀定义样式
<img src="2.gif" border="1"/>
</body>
</html>
```

在 IE11.0 中浏览效果如图 3-5 所示，可以看到第一个段落使用属性 align 定义样式，其字体颜色为红色。第二个段落使用属性值 left 修饰样式，并且大小为 20px，加粗显示，其字体颜色为红色，是因为该段落使用了 align 这个属性。第三个段落显示为红色，且带有下划线，是因为属性 lang 的值前缀为 en。最后一个图片，以边框样式显示，是因为属性值后缀为 gif。

图 3-5　使用属性选择器

3.2.2　结构伪类选择器

结构伪类(structural pseudo-classes)是 CSS3 新增的类型选择器。顾名思义，结构伪类就是利用文档结构树(DOM)实现元素过滤，也就是说，通过文档结构的相互关系来匹配特定的元素，从而减少文档内对 class 属性和 ID 属性的定义，使得文档更加简洁。

在 CSS3 版本中，新增结构伪类选择器如表 3-2 所示。

表 3-2　结构伪类选择器

选 择 器	含 义
E:root	匹配文档的根元素，对于 HTML 文档，就是 HTML 元素
E:nth-child(n)	匹配其父元素的第 n 个子元素，第一个编号为 1
E:nth-last-child(n)	匹配其父元素的倒数第 n 个子元素，第一个编号为 1
E:nth-of-type(n)	与:nth-child()作用类似，但是仅匹配使用同种标签的元素
E:nth-last-of-type(n)	与:nth-last-child()作用类似，但是仅匹配使用同种标签的元素
E:last-child	匹配父元素的最后一个子元素，等同于:nth-last-child(1)
E:first-of-type	匹配父元素下使用同种标签的第一个子元素，等同于:nth-of-type(1)
E:last-of-type	匹配父元素下使用同种标签的最后一个子元素，等同于:nth-last-of-type(1)

续表

选 择 器	含 义
E:only-child	匹配父元素下仅有的一个子元素，等同于:first-child:last-child 或 :nth-child(1):nth-last-child(1)
E:only-of-type	匹配父元素下使用同种标签的唯一一个子元素，等同于:first-of-type:last-of-type 或 :nth-of-type(1):nth-last-of-type(1)
E:empty	匹配一个不包含任何子元素的元素(注意，文本节点也被看作子元素)

【例 3.6】使用结构伪类选择器(案例文件：ch03\3.6.html)。

```
<!DOCTYPE html>
<html>
<head><title>结构伪类</title>
<style>
tr:nth-child(even){
background-color:#f5fafe
}
tr:last-child{font-size:20px;}
</style>
</head>
<body>
<table border=1 width=80%>
<th>编号 </th><th>名称</th><th>价格</th>
<tr><td>001</td><td>芹菜</td><td>1.2元/kg </td></tr>
<tr><td>002</td><td>白菜</td><td>0.65元/kg </td></tr>
<tr><td>003</td><td>西红柿</td><td>1.8元/kg </td></tr>
<tr><td>004</td><td>萝卜</td><td>0.78元/kg </td></tr>
</table>
</body>
</html>
```

在 IE11.0 中浏览效果如图 3-6 所示，可以看到表格中奇数行显示指定颜色，并且最后一行字体以 20px 显示，其原因就是采用了结构伪类选择器。

图 3-6　使用结构伪类选择器

3.2.3　UI 元素状态伪类选择器

UI 元素状态伪类(The UI element states pseudo-classes)也是 CSS3 新增选择器。其中 UI 即

User Interface(用户界面)的简称。UI 设计则是指对软件的人机交互、操作逻辑、界面美观的整体设计。好的 UI 设计不仅要让软件变得有个性有品位，还要让软件的操作变得舒适、简单、自由、充分体现软件的定位和特点。

UI 元素的状态一般包括：可用、不可用、选中、未选中、获取焦点、失去焦点、锁定、待机等。CSS 3 定义了 3 种常用的 UI 元素状态伪类选择器，详细说明如表 3-3 所示。

表 3-3　UI 元素状态伪类

选 择 器	说　明
E:enabled	选择匹配 E 的所有可用 UI 元素。注意，在网页中，UI 元素一般是指包含在 form 元素内的表单元素。例如 input:enabled 匹配 \<form>\<input type=text/>\<input type=button disabled=disabled/>\</form>代码中的文本框，而不匹配代码中的按钮
E:disabled	选择匹配 E 的所有不可用元素，注意，在网页中，UI 元素一般是指包含在 form 元素内的表单元素。例如 input:disabled 匹配 \<form>\<input type=text/>\<input type=button disabled=disabled/>\</form>代码中的按钮，而不匹配代码中的文本框
E:checked	选择匹配 E 的所有可用 UI 元素。注意在网页中，UI 元素一般是指包含在 form 元素内的表单元素。例如 input:checked 匹配 \<form>\<input type=checkbox/>\<input type=radio checked=checked/>\</form>代码中的单选按钮，但不匹配该代码中的复选框

【例 3.7】使用链接 CSS 文件(案例文件：ch03\3.7.html)。

```html
<!DOCTYPE html>
<html>
<head>
<title>UI 元素状态伪类选择器</title>
<style>
input:enabled {       border:1px dotted #666;      background:#ff9900;      }
input:disabled {      border:1px dotted #999;      background:#F2F2F2;      }
</style>
</head>
<body>
<center>
<h3 align=center>用户登录</h3>
<form method="post" action="">
用户名: <input type=text name=name><br>
密  码: <input type=password name=pass disabled="disabled"><br>
<input type=submit value=提交>
<input type=reset value=重置>
</form>
<center>
</body>
</html>
```

在 IE11.0 中浏览效果如图 3-7 所示，可以看到表格中可用的表单元素都显示为浅黄色，而不可用元素显示为灰色。

图 3-7 使用 UI 元素状态伪类选择器

3.2.4 伪类选择器

伪类也是选择器的一种，但是用伪类定义的 CSS 样式并不是作用在标记上的。伪类作用在标记的状态上。由于很多浏览器支持不同类型的伪类，没有一个统一标准，所以很多伪类都不常用。伪类包括:first-child、:link:、:vistited、:hover、:active、:focus 和:lang 等。其中有一组伪类是主流浏览器都支持的，就是超链接的伪类，包括:link:、:vistited、:hover 和active。

伪类选择符定义的样式最常应用在标记<a>上，它表示链接 4 种不同的状态：未访问链接(link)、已访问链接(visited)、激活链接(active)和鼠标指针停留在链接上(hover)。要注意的是，a 可以只具有一种状态(:link)，或者同时具有 2 种或者 3 种状态。例如，任何一个有 HREF 属性的 a 标签，在未有任何操作时都已经具备了:link 的条件，也就是满足了有链接属性这个条件；如果访问过的 a 标记，同时会具备 :link :visited 2 种状态。把鼠标指针移到访问过的 a 标记上时，a 标记就同时具备了:link :visited :hover 3 种状态。

使用示例如下：

```
a:link{color:#FF0000; text-decoration:none}
a:visited{color:#00FF00; text-decoration:none}
a:hover{color:#0000FF; text-decoration:underline}
a:active{color:#FF00FF; text-decoration:underline}
```

  上面的样式表示该链接未访问时颜色指针为红色且无下划线，访问后是绿色且无下划线，激活链接时为蓝色且有下划线，鼠标指针放在链接上时为紫色且有下划线。

【例 3.8】设置伪类(案例文件：ch03\3.8.html)。

```
<!DOCTYPE html>
<html>
<head>
<title>伪类</title>
<style>
a:link {color: red}          /* 未访问的链接 */
a:visited {color: green}     /* 已访问的链接 */
a:hover {color:blue}         /* 鼠标移动到链接上 */
a:active {color: orange}     /* 选定的链接 */
</style>
</head>
```

```
<body>
<a href="">链接到本页</a>
<a href="http://www.sohu.com">搜狐</a>
</body>
</html>
```

在 IE 11.0 中浏览效果如图 3-8 所示，可以看到两个超级链接，第一个超级链接是鼠标指针停留在上方时，显示颜色为蓝色，另一个是访问过后，显示颜色为绿色。

图 3-8　伪类显示

3.3　CSS 的继承特性

继承是一种机制，它允许样式不仅可以应用于某个特定的元素，还可以应用于它的后代。从表现形式上说它是被包含的标记具有其外层标签的样式性质。在 CSS3 中，继承相应比较简单，具体来说就是指定的 CSS 属性向下传递给子孙元素的过程。

3.3.1　继承关系

在 CSS 中也不是所有的属性都支持继承。如果每个属性都支持继承的话，对于开发者来说有时候带来的方便可能没有带来的麻烦多。开发者需要把不需要的 CSS 属性一个一个的关掉。CSS 研制者考虑得很周到，只有那些能带来轻松书写的属性才可以被继承。

以下属性是可以被继承的。

(1) 文本相关的属性是可以被继承的，比如：

```
font-family,font-size,font-style,font-weight,font,line-height,text-align,text-indent,word-spaceing
```

(2) 列表属性相关的事可以被继承的，比如：

```
list-style-image,list-style-position,list-style-type,list-style
```

(3) 颜色属性相关的是可以继承的，比如：

```
color
```

【例 3.9】设置继承关系(案例文件：ch03\3.9.html)。

```
<!DOCTYPE html>
<head>
```

```
<title>继承关系</title>
<style type="text/css">
p{color:red;}
</style>
</head>
<body>
<p>嵌套使<span>用 CSS</span>标记的方法</p>
</body>
</html>
```

在案例中 p 标签里面嵌套了一个 span 标签，可以说 p 是 span 的父标签，在样式的定义中只定义 p 标签的样式，运行结果如图 3-9 所示。

图 3-9　继承关系预览效果

可以看见，span 标签中的字也变成了红色，这就是由于 span 继承了 p 的样式。

3.3.2　CSS 继承的运用

运用继承，可以让开发者更方便轻松地书写 CSS 样式，否则就需要对每个内嵌标签都要书写样式；使用继承同时减少了 CSS 文件的大小，提高下载速度。下面通过一个例子深入理解继承的应用。

【例 3.10】继承关系的运用(案例文件：ch03\3.10.html)。

```
<!DOCTYPE html>
<head>
<title>继承关系的运用</title>
<style>
h1{color:blue; text-decoration:underline; }
em{ color:red; }
li{ font-weight:bold; }
</style>
</head>
<body>
<h1>继承<em>关系的</em>运用</h1>
<ul>
<li>第一层行一
<ul>
<li>第二层行一</li>
<li>第二层行二
<ul>
<li>第二层行二下第三层行一</li>
<li>第二层行二下第三层行二</li>
<li>第二层行二下第三层行三</li>
```

```
</ul>
</li>
<li>第二层行三</li>
</ul>
</li>
<li>第一层行二:
<ol>
<li>第一层行二下第二层行一</li>
<li>第一层行二下第二层行二</li>
<li>第一层行二下第二层行三</li>
</ol>
</li>
</ul>
</body>
</html>
```

在 IE 11.0 中浏览效果如图 3-10 所示，从图中可以知道，em 标签继承了 h1 的下划线，所有 li 都继承了加粗属性。

图 3-10　继承关系的应用

3.4　CSS 的层叠特性

CSS 意思本身就是层叠样式表，所以"层叠"是 CSS 的一个最为重要的特征。"层叠"可以被理解为覆盖的意思，是 CSS 中样式冲突的一种解决方法。

3.4.1　同一选择器被多次定义的处理

当同一选择器被多次定义后，就需要 CSS 的层叠特性来进行处理了。下面给出一个具体的案例，来看一下这种情况的处理方式。

【例 3.11】设置层叠特性(案例文件：ch03\3.11.html)。

```
<!DOCTYPE html>
<head>
```

```
<title>层叠特性</title>
<style>
h1{color:blue;}
 h1{color:red;}
 h1{color:green;}
</style>
</head>
<body>
<h1>江汉曾为客，相逢每醉还。浮云一别后，流水十年间。</h1>
</body>
</html>
```

在代码中，为 h1 标签定义了三次颜色：蓝、红、绿，这时候就产生了冲突，在 CSS 规则中最后有效的样式将覆盖前面的样式，具体到本例就是最后的绿色生效，在 IE 11.0 中浏览效果如图 3-11 所示。

图 3-11　层叠特性的应用

3.4.2　同一标签运用不同类型选择器的处理

当遇到同一标签运用不同类型选择器时，也需要利用 CSS 的层叠特定进行处理。下面给出一个具体的案例。

【例 3.12】应用层叠特性(案例文件：ch03\3.12.html)。

```
<!DOCTYPE html >
<head>
<title>层叠特性</title>
<style type="text/css">
p{color:black;}
.red{color:red;}
. purple {color:purple;}
#p1{color:blue;}
</style>
</head>
<body>
<p >这是第 1 行文本</p>
<p class="red">这是第 2 行文本</p>
<p id="p1" class="red">这是第 3 行文本</p>
<p style="color:green;" id="p1">这是第 4 行文本</p>
<p class=" purple red">这是第 5 行文本</p>
</body>
</html>
```

在 IE 11.0 中浏览效果如图 3-12 所示。

图 3-12　层叠特性的应用

在代码中，有 5 个 p 标签和声明了 4 个选择器，第一行 p 标签没有使用类别选择器或者 ID 选择器，所以第一行的颜色就是 p 标记选择器确定的颜色黑色。第二行使用了类别选择器，这就与 P 标记选择器产生了冲突，这将根据优先级的先后确定到底显示谁的颜色。由于类别选择器优先于标记选择器，所以第二行的颜色就是红色。第三行由于 ID 选择器优先于类别选择器，所以显示蓝色。第四行由于行内样式优先于 ID 选择器，所以显示绿色。在第五行，是两个类选择器，它们的优先级是一样的，这时候就按照层叠覆盖处理，颜色是样式表中最后定义的那个选择器，所以显示紫色。

3.5　综合案例——制作新闻菜单

网上浏览新闻是每个上网者都喜欢做的事情。一个布局合理、样式美观大方的新闻菜单是吸引人的主要途径之一。本案例使用 CSS 控制 HTML 标记，创建新闻菜单。具体步骤如下。

step 01　分析需求。

创建一个新闻菜单，需要包含两个部分：一是父菜单，用来表明新闻类别；二是子菜单，介绍具体的新闻消息。菜单的创建方式很多，可以 table 创建，也可以用列表创建，同样也可以使用段落 p 创建。本案例采用 p 标记结合 div 创建。案例完成后，效果如图 3-13 所示。

step 02　分析局部和整体，构建 HTML 网页。

在一个新闻菜单中，可以分为三个层次：一是新闻父菜单；二是新闻焦点；三是新闻子菜单。它们分别使用 div 创建。其 HTML 代码如下：

```
<!DOCTYPE html>
<html >
<head><title>导航菜单</title>
</head><body>
    <div class="big">
    <h2>时事热点 </h2>
    <div class="up">
        <a href="#">7 月周周爬房团报名</a>
```

```
        </div> <div class="down">
            <p>·50万买下两居会员优惠 全世界大学排名 工薪阶层留学美国</p><p>
·家电 | 买房上焦点打电话送礼 楼市松动百余项目打折</p><p>
·财经 | 油价大跌  CPI 新高 </p>
        </div> </div>
</body>
</html>
```

在 IE 11.0 中显示效果如图 3-14 所示。会看到 1 个标题、1 个超级链接和 3 个段落，以普通样式显示，其布局只存在上下层次。

图 3-13 新闻菜单显示

图 3-14 没有添加样式的效果

step 03 添加 CSS 代码，修饰整体样式。

对于 HTML 页面，需要有一个整体样式，其代码如下：

```
<style>
*{padding:0px;margin:0px;}
body{font-family:"宋体";font-size:12px;}
.big{width:400px;border:#33CCCC 1px solid;}
</style>
```

在 IE11.0 中显示效果如图 3-15 所示。可以看到全局层 div 会以边框显示，宽度为 400px，其颜色为浅绿色，body 文档内容中字体采用宋体，大小为 12px，并且定义内容和层之间空隙为零，层和层之间空隙为零。

step 04 添加 CSS 代码，修饰新闻父菜单。

对新闻父类菜单，进行 CSS 控制，其代码如下：

```
h2{background-color:olive;
    display:block;
    width:400px;
    height:18px;
    line-height:18px;
    font-size:14px;}
```

在 IE11.0 中显示效果如图 3-16 所示。可以看到超级链接"时事热点"会以矩形方框显示，其背景色为橄榄色，字体大小为 14px，行高为 18px。

step 05 添加 CSS 菜单，修饰子菜单。代码如下：

```
.up{padding-bottom:5px;text-align:center;}
p{  line-height:20px;}
```

在 IE11.0 中显示效果如图 3-17 所示。可以看到"7 月周周爬房团报名"居中显示，即在第二层 div 中使用类标记 up 修饰。所有段落之间间隙增大，即为 p 标记设置行高。

图 3-15　整体添加样式

图 3-16　修饰超级链接

step 06　添加 CSS 菜单，修饰超级链接。代码如下：

```
a{font-size:16px; font-weight:800; text-decoration:none; margin-top:5px;
display:block;}
a:hover{color:#FF0000; text-decoration:underline;}
```

在 IE11.0 中显示效果如图 3-18 所示。可以看到"7 月周周爬房团报名"字体变大，并且加粗，无下划线显示，当鼠标指针放在此超级链接上，以红色字体显示，并且下面带有下划线。

图 3-17　子菜单样式显示

图 3-18　超级链接修饰显示

3.6　大神解惑

小白：如何解决继承带来的错误？

大神：有时候继承也会带来些错误，比如说下面这条 CSS 定义。

```
Body{color:red;}
```

在有些浏览器中这句定义会使除表格之外的文本变成红色。从技术上来说，这是不正确的，但是它确实存在。所以经常需要借助于某些技巧，比如将 CSS 定义成这样：

```
Body,table,th,td{color:red;}
```

这样表格内的文字也会变成红色。

小白：在 Firefox 浏览器下，多层嵌套时内层设置了浮动、外层设置了背景时，背景不显示？

大神：这主要是内层设置浮动后，外层高度在 Firefox 下变为 0，所以应该在外层与内层间再嵌一层，设置浮动和宽度，然后再给这个层设置背景。

3.7　跟我练练手

练习 1：使用全局选择器控制文本的样式。

练习 2：使用交集选择器控制文本的样式。

练习 3：使用并集选择器控制文本的样式。

练习 4：使用属性选择器控制文本的样式。

练习 5：使用 CSS 继承关系来控制文本的样式。

练习 6：制作一个新闻菜单。

第 II 篇

核 心 技 术

第 4 章

使用 CSS3 控制
网页字体与
段落样式

　　常见的网站、博客是使用文字或图片来阐述自己的观点，其中文字是传递信息的主要手段。而美观大方的网站或者博客需要使用 CSS 样式修饰。设置文本样式是 CSS 技术的基本功能。通过 CSS 文本标记语言，可以设置文本的样式、粗细等。

本章要点(已掌握的在方框中打钩)

☐ 掌握 CSS 控制字体样式的方法

☐ 掌握 CSS3 新增的高级样式标记的使用方法

☐ 掌握通过 CSS 控制段落格式的方法

☐ 掌握网页标题的制作方法

☐ 掌握制作新闻页面的方法

4.1 通过 CSS 控制字体样式

在 HTML 中，CSS 字体属性用于定义文字的字体、大小、粗细等。常见的字体属性包括字体、字号、字体风格、字体颜色等。

4.1.1 控制字体类型

font-family 属性用于指定文字字体类型，如宋体、黑体、隶书、Times New Roman 等，即在网页中，展示字体不同的形状。具体的语法如下：

```
{font-family : name}
{font-family : cursive | fantasy | monospace | serif | sans-serif}
```

从语法格式上可以看出，font-family 有两种声明方式。第一种声明方式使用 name 字体名称，按优先顺序排列，以逗号隔开，如果字体名称包含空格，则应使用引号括起，在 CSS3 中，比较常用的是第一种声明方式。第二种声明方式使用所列出的字体序列名称。如果使用 fantasy 序列，将提供默认字体序列。

【例 4.1】设置字型(案例文件：ch04\4.1.html)。

```
<!DOCTYPE html>
<html>
<style type=text/css>
p{font-family:黑体}
</style>
<body>
<p align=center>天行健，君子以自强不息。</p>
</body>
</html>
```

在 IE 11.0 中浏览效果如图 4-1 所示，可以看到文字居中并以黑体显示。

图 4-1 字型显示

提示：在设计页面时，一定要考虑字体的显示问题，为了保证页面达到预计的效果，最好提供多种字体类型，而且最好以最基本的字体类型作为最后一个。

其样式设置如下：

```
p
{
  font-family:华文彩云,黑体,宋体
}
```

当 font-family 属性值中的字体类型由多个字符串和空格组成，如 Times New Roman，那么该值就需要使用双引号引起来。相应的代码如下：

```
p
{
  font-family: "Times New Roman"
}
```

4.1.2 定义字体大小

在 CSS3 新规定中，通常使用 font-size 设置文字大小。其语法格式如下：

```
{font-size : 数值| inherit | xx-small | x-small | small | medium | large |
x-large | xx-large | larger | smaller | length}
```

其中，通过数值来定义字体大小。例如，用 font-size:12px 的方式定义字体大小为 12 个像素。此外，还可以通过 medium 之类的参数定义字体的大小，其参数含义如表 4-1 所示。

表 4-1　font-size 参数

参　　数	说　　明
xx-small	绝对字体尺寸。根据对象字体进行调整。最小
x-small	绝对字体尺寸。根据对象字体进行调整。较小
small	绝对字体尺寸。根据对象字体进行调整。小
medium	默认值。绝对字体尺寸。根据对象字体进行调整。正常
large	绝对字体尺寸。根据对象字体进行调整。大
x-large	绝对字体尺寸。根据对象字体进行调整。较大
xx-large	绝对字体尺寸。根据对象字体进行调整。最大
larger	相对字体尺寸。相对于父对象中字体尺寸进行相对增大。使用成比例的 em 单位计算
smaller	相对字体尺寸。相对于父对象中字体尺寸进行相对减小。使用成比例的 em 单位计算
length	百分数或由浮点数字和单位标识符组成的长度值，不可为负值。其百分比取值是基于父对象中字体的尺寸

【例 4.2】设置字体大小(案例文件：ch04\4.2.html)。

```
<!DOCTYPE html>
<html>
<body>
<div style="font-size:10pt">上级标记大小
  <p style="font-size:small">小</p>
  <p style="font-size:larger">大</p>
    <p style="font-size:x-small">小</p>
  <p style="font-size:x-larger">大</p>
  <p style="font-size:50%">子标记</p>
    <p style="font-size:25pt">子标记</p>
</div>
```

网站开发案例课堂

```
</body>
</html>
```

在 IE 11.0 中浏览效果如图 4-2 所示，可以看到网页中文字被设置成不同的大小，其设置方式采用了绝对数值、关键字、百分比等形式。

图 4-2　字体大小显示

在上面例子中，font-size 字体大小为 50%时，其比较对象是上一级标签中的 10pt。

同样我们还可以使用 inherit 值，直接继承上级标记的字体大小。例如：

```
<div style="font-size:50pt">上级标记
  <p style="font-size: inherit ">继承</p>
</div>
```

4.1.3　定义字体风格

font-style 通常用来定义字体风格，即字体的显示样式。在 CSS3 新规定中，其语法格式如下：

```
font-style : normal | italic | oblique |inherit
```

其属性值有 4 个，具体含义如表 4-2 所示。

表 4-2　font-style 参数

属 性 值	含　　义
normal	默认值。浏览器显示一个标准的字体样式
italic	浏览器会显示一个斜体的字体样式
oblique	没有斜体变量的特殊字体，浏览器会显示一个倾斜的字体样式
inherit	规定应该从父元素继承字体样式

【例 4.3】设置字体风格(案例文件：ch04\4.3.html)。

```
<!DOCTYPE html>
<html>
<body>
  <p style="font-style:italic">梅花香自苦寒来</p>
```

```
 <p style="font-style:normal">梅花香自苦寒来</p>
 <p style="font-style:oblique">梅花香自苦寒来</p>
</body>
</html>
```

在 IE 11.0 中浏览效果如图 4-3 所示，可以看到文字分别显示不同的样式，如斜体。

图 4-3　字体风格显示

4.1.4　控制文字的粗细

通过 CSS3 中的 font-weight 属性可以定义字体的粗细程度，其语法格式如下：

```
{font-weight:100-900|bold|bolder|lighter|normal;}
```

font-weight 属性有 13 个有效值，分别是 bold、bolder、lighter、normal、100~900。如果没有设置该属性，则使用其默认值 normal。属性值设置为 100~900，值越大，加粗的程度就越高。其具体含义如表 4-3 所示。

表 4-3　font-weight 属性值

值	描　述
bold	定义粗体字体
bolder	定义更粗的字体，相对值
lighter	定义更细的字体，相对值
normal	默认，标准字体

浏览器默认的字体粗细是 400，另外也可以通过参数 lighter 和 bolder 使得字体在原有基础上显得更细或更粗。

【例 4.4】设置字体粗细(案例文件：ch04\4.4.html)。

```
<!DOCTYPE html>
<html>
<body>
  <p style="font-weight:bold">梅花香自苦寒来(bold)</p>
  <p style="font-weight:bolder">梅花香自苦寒来(bolder)</p>
  <p style="font-weight:lighter">梅花香自苦寒来(lighter)</p>
  <p style="font-weight:normal">梅花香自苦寒来(normal)</p>
  <p style="font-weight:100">梅花香自苦寒来(100)</p>
  <p style="font-weight:400">梅花香自苦寒来(400)</p>
  <p style="font-weight:900">梅花香自苦寒来(900)</p>
```

```
</body>
</html>
```

在 IE 11.0 中浏览效果如图 4-4 所示，可以看到文字居中并以不同方式加粗，其中使用了关键字加粗和数值加粗。

图 4-4　字体粗细显示

4.1.5　将小写字母转换为大写字母

font-variant 属性设置大写字母的字体显示文本，这意味着所有的小写字母均会被转换为大写，但是所有使用大写字体的字母与其余文本相比，其字体尺寸更小。在 CSS3 中，其语法格式如下：

```
font-variant : normal | small-caps |inherit
```

font-variant 有 3 个属性值，分别是 normal、small-caps 和 inherit。其具体含义如表 4-4 所示。

表 4-4　font-variant 属性值

属 性 值	说　　明
normal	默认值。浏览器会显示一个标准的字体
small-caps	浏览器会显示小型大写字母的字体
inherit	规定应该从父元素继承 font-variant 属性的值

【例 4.5】小写字母转换为大写字母(案例文件：ch04\4.5.html)。

```
<!DOCTYPE html>
<html>
<body>
<p style="font-variant:normal">Happy BirthDay to You</p>
<p style="font-variant:small-caps">Happy BirthDay to You</p>
</body>
</html>
```

在 IE 11.0 中浏览效果如图 4-5 所示，可以看到字母以大写形式显示。

图 4-5 中通过对两个属性值产生的效果进行比较可以看到，设置为 normal 属性值的文本以正常文本显示，而设置为 small-caps 属性值的文本中有稍大的大写字母，也有小的大写字

母。也就是说，使用了 small-caps 属性值的段落文本全部变成了大写，只是大写字母的尺寸不同。

图 4-5　字母大小写转换

4.1.6　设置字体的复合属性

在设计网页时，为了使网页布局合理且文本规范，对字体设计需要使用多种属性。例如定义字体粗细并定义字体大小。但是，多个属性分别书写相对比较麻烦，在 CSS3 样式表提供了 font 属性就解决了这一问题。

font 属性可以一次性地使用多个属性的属性值定义文本字体。其语法格式如下：

```
{font:font-style font-variant font-weight font-size font-family}
```

font 属性中的属性排列顺序是 font-style、font-variant、font-weight、font-size 和 font-family，各属性的属性值之间使用空格隔开。但是，如果 font-family 属性要定义多个属性值，则须使用逗号(,)隔开。

 注意　在属性排列中，font-style、font-variant 和 font-weight 这 3 个属性值是可以自由调换的。而 font-size 和 font-family 则必须按照固定的顺序出现，而且还必须都出现在 font 属性中。如果这两者的顺序不对，或缺少一个，那么，整条样式规则可能就会被忽略。

【例 4.6】设置字体复合属性(案例文件：ch04\4.6.html)。

```
<!DOCTYPE html>
<html>
<style type=text/css>
p{
    font:normal small-caps bolder 20pt "Cambria","Times New Roman",宋体
}
</style>
<body>
<p>
众里寻他千百度，蓦然回首，那人却在灯火阑珊处。
</p>
</body>
</html>
```

在 IE 11.0 中浏览效果如图 4-6 所示，可以看到文字被设置成宋体并加粗。

图 4-6　复合属性 font 显示

4.1.7　定义文字的颜色

在 CSS3 样式中，通常使用 color 属性来设置颜色。其属性值通常使用以下方式设定，如表 4-5 所示。

表 4-5 color 属性值

属 性 值	说　明
color_name	规定颜色值为颜色名称的颜色(例如 red)
hex_number	规定颜色值为十六进制值的颜色(例如#ff0000)
rgb_number	规定颜色值为 rgb 代码的颜色(例如 rgb(255,0,0))
inherit	规定应该从父元素继承颜色
hsl_number	规定颜色值为 HSL 代码的颜色(例如 hsl(0,75%,50%))，此为 CSS3 新增加的颜色表现方式
hsla_number	规定颜色值为 HSLA 代码的颜色(例如 hsla(120,50%,50%,1))，此为 CSS3 新增加的颜色表现方式
rgba_number	规定颜色值为 RGBA 代码的颜色(例如 rgba(125,10,45,0.5))，此为 CSS3 新增加的颜色表现方式

【例 4.7】设置文字的颜色(案例文件：ch04\4.7.html)。

```html
<!DOCTYPE html>
<html>
<head>
<style type="text/css">
body {color:red}
h1 {color:#00ff00}
p.ex {color:rgb(0,0,255)}
p.hs{color:hsl(0,75%,50%)}
p.ha{color:hsla(120,50%,50%,1)}
p.ra{color:rgba(125,10,45,0.5)}
</style>
</head>
<body>
<h1>《青玉案 元夕》</h1>
<p>众里寻他千百度，蓦然回首，那人却在灯火阑珊处。
</p>
<p class="ex">众里寻他千百度，蓦然回首，那人却在灯火阑珊处。(该段落定义了
class="ex"。该段落中的文本是蓝色的。)</p>
<p class="hs">众里寻他千百度，蓦然回首，那人却在灯火阑珊处。(此处使用了 CSS3 中的新增加
的 HSL 函数，构建颜色。)</p>
<p class="ha">众里寻他千百度，蓦然回首，那人却在灯火阑珊处。(此处使用了 CSS3 中的新增加
的 HSLA 函数，构建颜色。)</p>
<p class="ra">众里寻他千百度，蓦然回首，那人却在灯火阑珊处。(此处使用了 CSS3 中的新增加
的 RGBA 函数，构建颜色。)</p>
</body>
</html>
```

在 IE 11.0 中浏览效果如图 4-7 所示，可以看到文字以不同颜色显示，并采用了不同的颜色取值方式。

图 4-7　color 属性显示

4.2　CSS3 中新增的文本高级样式

对于一些特殊要求的文本，如文字存在阴影、字体种类发生变化。如果再使用上面所介绍的 CSS 样式，进行定义，其结果就不会得到正确显示，这时就需要一些特定的 CSS 标记来完成这些要求。

4.2.1　添加文本的阴影效果

在显示字体时，有时根据需求，需要给出文字的阴影效果，以增强网页整体的吸引力，并且为文字阴影添加颜色。这时就需要用到 CSS3 样式中的 text-shadow 属性。实际上，在 CSS 2.1 中，W3C 就已经定义了 text-shadow 属性，但在 CSS3 中又重新定义了它，并增加了不透明度效果。其语法格式如下：

```
{text-shadow : none | <length> none | [<shadow>, ] * <opacity> 或 none |
<color> [, <color> ]* }
```

其属性值如表 4-6 所示。

表 4-6　text-shadow 属性值

属 性 值	说 明
<color>	指定颜色
<length>	由浮点数字和单位标识符组成的长度值。可为负值。指定阴影的水平延伸距离
<opacity>	由浮点数字和单位标识符组成的长度值。不可为负值。 指定模糊效果的作用距离。如果你仅仅需要模糊效果，将前两个 length 全部设定为 0

text-shadow 属性有 4 个属性值，最后两个是可选的，第一个属性值表示阴影的水平位移，可取正负值；第二值表示阴影垂直位移，可取正负值；第三个值表示阴影模糊半径，该值可选；第四个值表示阴影颜色值，该值可选。具体如下：

```
text-shadow:阴影水平偏移值(可取正负值)；  阴影垂直偏移值(可取正负值)；阴影模糊值；阴影颜色
```

【例4.8】设置文本阴影效果(案例文件：ch04\4.8.html)。

```
<!DOCTYPE html>
<html>
<body>
    <p align=center style="text-shadow:0.1em 2px 6px blue;font-size:80px;">
这是TextShadow的阴影效果</p>
    </body>
    </html>
```

在IE 11.0中浏览效果如图4-8所示，可以看到文字居中并带有阴影显示。

图4-8　阴影显示效果

通过上面的案例，可以看出阴影偏移由两个 length 值指定到文本的距离。第一个长度值指定到文本右边的水平距离，负值会把阴影放置在文本左边。第二个长度值指定到文本下边的垂直距离，负值会把阴影放置在文本上方。在阴影偏移之后，可以指定一个模糊半径。

4.2.2　设置文本溢出效果

text-overflow 属性用来定义当文本溢出时是否显示省略标记，即定义省略文本的出来方式。并不具备其他的样式属性定义。要实现溢出时产生省略号的效果还须定义：强制文本在一行内显示(white-space:nowrap)及溢出内容为隐藏(overflow:hidden)，只有这样才能实现溢出文本显示省略号的效果。

text-overflow 语法如下：

```
text-overflow : clip | ellipsis
```

其属性值含义如表4-7所示。

表4-7　text-overflow 属性值

属 性 值	说 明
clip	不显示省略标记(...)，而是简单的裁切
ellipsis	当对象内文本溢出时显示省略标记(...)

【例 4.9】设置文本溢出效果(案例文件：ch04\4.9.html)。

```html
<!DOCTYPE html>
<html>
<body>
<style type="text/css">
  .test_demo_clip{text-overflow:clip; overflow:hidden; white-space:nowrap;
width:200px; background:#ccc;}
  .test_demo_ellipsis{text-overflow:ellipsis; overflow:hidden; white-
space:nowrap; width:200px;
background:#ccc;}
</style>
<h2>text-overflow : clip </h2>
  <div class="test_demo_clip">
  不显示省略标记，而是简单的裁切条
</div>
<h2>text-overflow : ellipsis </h2>
    <div class="test_demo_ellipsis">
    显示省略标记，不是简单的裁切条
    </div>
    </body>
    </html>
```

在 IE 11.0 中浏览效果如图 4-9 所示，可以看到文字在指定位置被裁切，但 ellipsis 属性被执行，以省略号形式出现。

图 4-9　文本省略处理

4.2.3　控制文本的换行

当在一个指定区域显示一整行文字时，如果文字在一行显示不完时，需要进行换行。如果不进行换行，则会超出指定区域范围，此时我们可以采用 CSS3 中新增加的 word-wrap 文本样式，来控制文本换行。

word-wrap 语法格式如下：

```
word-wrap : normal | break-word
```

其属性值含义比较简单，如表 4-8 所示。

表 4-8　word-wrap 属性值

属 性 值	说 明
normal	控制连续文本换行
break-word	内容将在边界内换行。如果需要，词内换行(word-break)也会发生

【例 4.10】控制文本的换行(案例文件：ch04\4.10.html)。

```html
<!DOCTYPE html>
<html >
```

```
<body>
<style type="text/css">
    div{ width:300px;word-wrap:break-word;border:1px solid #999999;}
</style>
<div>wordwrapbreakwordwordwrapbreakwordwordwrapbreakwordwordwrapbreakword</
div><br>
            <div>全中文的情况，全中文的情况，全中文的情况全中文的情况全中文的情况
</div><br>
            <div>This is all English,This is all English,This is all
English,This is all English,</div>
</body>
</html>
```

在 IE 11.0 中浏览效果如图 4-10 所示，可以看到文字在指定位置被控制换行。

可以看出，word-wrap 属性可以控制换行，当属性取值 break-word 时，将强制换行，中文文本没有任何问题，英文语句也没有任何问题。但是对于长串的英文就不起作用，也就是说，break-word 属性是控制是否断词，而不是断字符。

图 4-10 文本强制换行

4.2.4 设置字体尺寸

有时候在同一行的文字，由于所采用字体种类不一样或者修饰样式不一样，而导致其字体尺寸，即显示大小不一样，整行文字看起来就显得杂乱。此时需要 CSS3 的属性标签 font-size-adjust 处理。

font-size-adjust 用来定义整个字体序列中，所有字体的大小是否保持同一个尺寸。其语法格式如下：

```
font-size-adjust : none | number
```

其属性值含义如表 4-9 所示。

表 4-9 font-size-adust 属性值

属 性 值	说 明
none	默认值。允许字体序列中每一字体遵守它自己的尺寸
number	为字体序列中所有字体强迫指定同一尺寸

【例 4.11】设置字体尺寸(案例文件：ch04\4.11 html)。

```
<!DOCTYPE html>
<html>
 <style>
   .big { font-family: sans-serif; font-size: 40pt; }
   .a { font-family: sans-serif; font-size: 15pt; font-size-adjust: 1; }
   .b { font-family: sans-serif; font-size: 30pt; font-size-adjust: 0.5; }
 </style>
```

```
<body>
  <p class="big"><span class="b">厚德载物</span></p>
  <p class="big"><span class="a">厚德载物</span></p>
</body>
</html>
```

在 IE 11.0 中浏览效果如图 4-11 所示，可以看到同一行的字体大小相同。

图 4-11　尺寸一致显示

4.3　通过 CSS 控制文本间距与对齐方式

段落是文章的基本单位，同样也是网页的基本单位。段落的放置与效果的显示会直接影响到页面的布局及风格。CSS 样式表提供了文本属性来实现对页面中段落文本的控制。

4.3.1　设置单词之间的间隔

单词之间的间隔如果设置合理，一是会给整个网页布局节省空间；二是可以给人赏心悦目的感觉，提高人的阅读效果。在 CSS 中，可以使用 word-spacing 属性直接定义指定区域或者段落中字符之间的间隔。

word-spacing 属性用于设定词与词之间的间距，即增加或者减少词与词之间的间隔。其语法格式如下：

```
word-spacing : normal | length
```

其中属性值 normal 和 length 的含义如表 4-10 所示。

表 4-10　单词间隔属性值

属 性 值	说　　明
normal	默认，定义单词之间的标准间隔
length	定义单词之间的固定宽带，可以接受正值或负值

【例 4.12】设置词间隔(案例文件：ch04\4.12.html)。

```
<!DOCTYPE html>
```

```
<html>
<body>
<p style="word-spacing:normal">Welcome to my home</p>
<p style="word-spacing:15px">Welcome to my home</p>
<p style="word-spacing:15px">欢迎来到我家</p>
</body>
</html>
```

在 IE 11.0 中浏览效果如图 4-12 所示，可以看到段落中单词以不同间隔显示。

从上面显示结果可以看出，word-spacing 属性不能用于设定汉字之间的间隔。

图 4-12　设定词间隔显示

4.3.2　设置字符之间的间隔

在一个网页中，词与词之间可以通过 word-spacing 进行设置，那么字符之间使用什么设置呢？在 CSS3 中，可以通过 letter-spacing 来设置字符文本之间的距离。即在文本字符之间插入多少空间，这里允许使用负值，这会让字母之间更加紧凑。其语法格式如下：

```
letter-spacing : normal | length
```

其属性值含义如表 4-11 所示。

表 4-11　字符间隔属性值

属 性 值	说 明
normal	默认间隔，即以字符之间的标准间隔显示
length	由浮点数字和单位标识符组成的长度值，允许为负值

【例 4.13】设置字符间隔(案例文件：ch04\4.13.html)。

```
<!DOCTYPE html>
<html>
<body>
<p style=" letter-spacing:normal">Welcome to my home</p>
<p style=" letter-spacing:5px">Welcome to my home</p>
<p style="letter-spacing:1ex">这里的字间距是1ex</p>
<p style="letter-spacing:-1ex">这里的字间距是-1ex</p>
<p style="letter-spacing:1em">这里的字间距是1em</p>
</body>
</html>
```

在 IE 11.0 中浏览效果如图 4-13 所示，可以看到文字间距以不同大小显示。

从上述代码中可以看出，通过 letter-spacing 定义了多个字间距的效果。特别注意，当设置的字间距是-1ex，所以文字就会粘到一块。

图 4-13　字间距效果

4.3.3　为文本添加下划线、上划线、删除线

在 CSS3 中，text-decoration 属性是文本修饰属性，该属性可以为页面提供多种文本的修饰效果，如下划线、删除线、闪烁等。

text-decoration 属性语法格式如下：

```
text-decoration:none||underline||blink||overline||line-through
```

其属性值含义如表 4-12 所示。

表 4-12　text-decoration 属性值

属 性 值	描　　述
none	默认值，对文本不进行任何修饰
underline	下划线
overline	上划线
line-through	删除线
blink	闪烁

【例 4.14】为文本添加下划线、上划线和删除线(案例文件：ch04\4.14.html)。

```
<!DOCTYPE html>
<html>
<body>
  <p style="text-decoration:none">采得百花成蜜后，为谁辛苦为谁甜？</p>
  <p style="text-decoration:underline">采得百花成蜜后，为谁辛苦为谁甜？</p>
  <p style="text-decoration:overline">采得百花成蜜后，为谁辛苦为谁甜？</p>
  <p style="text-decoration:line-through">采得百花成蜜后，为谁辛苦为谁甜？</p>
  <p style="text-decoration:blink">采得百花成蜜后，为谁辛苦为谁甜？</p>
</body>
</html>
```

打开 IE 11.0 中浏览效果如图 4-14 所示。可以看到段落中出现了下划线、上划线、删除线等。

这里需要注意的是：blink 闪烁效果只有 Mozilla 和 Netscape 浏览器支持，而 IE 和其他浏览器（如 Opera）都不支持该效果。

网站开发案例课堂

4.3.4 设置垂直对齐方式

在 CSS 中，可以直接使用 vertical-align 属性设定垂直对齐方式。该属性定义行内元素的基线相对于该元素所在行的基线的垂直对齐。允许指定负长度值和百分比值。这会使元素降低而不是升高。在表单元格中，这个属性会设置单元格框中的单元格内容的对齐方式。

图 4-14 文本修饰显示

vertical-align 属性语法格式如下：

```
{vertical-align:属性值}
```

vertical-align 属性值有 8 个预设值可使用，也可以使用百分比。这 8 个预设值如表 4-13 所示。

表 4-13 vertical-align 属性值

属 性 值	说 明
baseline	默认。元素放置在父元素的基线上
sub	垂直对齐文本的下标
super	垂直对齐文本的上标
top	把元素的顶端与行中最高元素的顶端对齐
text-top	把元素的顶端与父元素字体的顶端对齐
middle	把此元素放置在父元素的中部
bottom	把元素的顶端与行中最低的元素的顶端对齐
text-bottom	把元素的底端与父元素字体的底端对齐
length	设置元素的堆叠顺序
%	使用 "line-height" 属性的百分比值来排列此元素。允许使用负值

【例 4.15】设置垂直对齐方式(案例文件：ch04\4.15.html)。

```
<!DOCTYPE html>
<html>
<body>
<p>
    世界杯<b style=" font-size:8pt;vertical-align:super">2014</b>！
    中国队<b style="font-size: 8pt;vertical-align: sub">[注]</b>！
    加油！<img src="1.gif" style="vertical-align: baseline">
</p>
<p><img src="2.gif" style="vertical-align:middle"/>
    世界杯！中国队！加油！<img src="1.gif" style="vertical-align:top">
</p>
<hr/>
<p ><img src="2.gif" style="vertical-align:middle"/>
    世界杯！中国队！加油！<img src="1.gif" style="vertical-align:text-top">
</p>
```

```
<p><img src="2.gif" style="vertical-align:middle"/>
    世界杯！中国队！加油！<img src="1.gif" style="vertical-align:bottom">
</p>
<hr/>
<p ><img src="2.gif" style="vertical-align:middle"/>
    世界杯！中国队！加油！<img src="1.gif" style="vertical-align:text-bottom">
</p>
<p>
    世界杯<b style=" font-size:8pt;vertical-align:100%">2008</b>！
    中国队<b style="font-size: 8pt;vertical-align: -100%">[注]</b>！
    加油！<img src="1.gif" style="vertical-align: baseline">
</p>
</body>
</html>
```

在 IE 11.0 中浏览效果如图 4-15 所示，可以看到文字在垂直方向以不同的对齐方式显示。

图 4-15　垂直对齐显示

从上面案例中，可以看出上下标在页面中的数学运算或注释标号使用得比较多。顶端对齐有两种参照方式：一是参照整个文本块；二是参照文本。底部对齐同顶端对齐方式相同，分别参照文本块和文本块中包含的文本。

vertical-align 属性值还能使用百分比来设定垂直高度，该高度具有相对性，它是基于行高的值来计算的。而且百分比还能使用正负号，正百分比使文本上升，负百分比使文本下降。

4.3.5　转换文本的大小写

根据需要，将小写字母转换为大写字母，或者将大写字母转换小写，在文本编辑中都是很常见的。在 CSS 样式中，其中 text-transform 属性可用于设定文本字体的大小写转换。text-transform 属性语法格式如下：

```
text-transform : none | capitalize | uppercase | lowercase
```

其属性值含义如表 4-14 所示。

表 4-14 text-transform 的属性值

属 性 值	说 明
none	无转换发生
capitalize	将每个单词的第一个字母转换成大写，其余无转换发生
uppercase	转换成大写
lowercase	转换成小写

因为文本转换属性仅作用于字母型文本，相对来说比较简单。

【例 4.16】转换文本的大小写(案例文件：ch04\4.16.html)。

```
<!DOCTYPE html>
<html>
<body style="font-size:15pt; font-weight:bold">
  <p style="text-transform:none">welcome to home</p>
  <p style="text-transform:capitalize">welcome to home</p>
  <p style="text-transform:lowercase">WELCOME TO HOME</p>
  <p style="text-transform:uppercase">welcome to home</p>
</body>
</html>
```

在 IE 11.0 中浏览效果如图 4-16 所示，可以看到字母以大写字母显示。

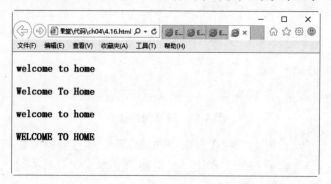

图 4-16 大小写字母转换显示

4.3.6 设置文本的水平对齐方式

一般情况下，居中对齐适用于标题类文本，其他对齐方式可以根据页面布局来选择使用。根据需要，可以设置多种对齐，如水平方向上的居中、左对齐、右对齐或者两端对齐等。在 CSS 中，可以通过 text-align 属性进行设置。

text-align 属性用于定义对象文本的对齐方式，与 CSS2.1 相比，CSS3 增加了 start、end 和 string 属性值。text-align 语法格式如下：

```
{ text-align: sTextAlign }
```

其属性值含义如表 4-15 所示。

表 4-15 text-align 的属性值

属 性 值	说 明
start	文本向行的开始边缘对齐
end	文本向行的结束边缘对齐
left	文本向行的左边缘对齐。在垂直方向的文本中,文本在 left-to-right 模式下向开始边缘对齐
right	文本向行的右边缘对齐。在垂直方向的文本中,文本在 left-to-right 模式下向结束边缘对齐
center	文本在行内居中对齐
justify	文本根据 text-justify 的属性设置方法分散对齐。即两端对齐,均匀分布
match-parent	继承父元素的对齐方式,但有个例外:继承的 start 或者 end 值是根据父元素的 direction 值进行计算的,因此计算的结果可能是 left 或者 right
<string>	string 是一个单个的字符,否则,就忽略此设置。按指定的字符进行对齐。此属性可以跟其他关键字同时使用,如果没有设置字符,则默认值是 end 方式
inherit	继承父元素的对齐方式

在新增加的属性值中,start 和 end 属性值主要是针对行内元素的,即在包含元素的头部或尾部显示;而<string>属性值主要用于表格单元格中,将根据某个指定的字符对齐。

【例 4.17】设置文本的水平对齐方式(案例文件:ch04\4.17.html)。

```
<!DOCTYPE html>
<html>
<body>
<h1 style="text-align:center">登幽州台歌</h1>
<h3 style="text-align:left">选自:</h3>
<h3 style="text-align:right">
  <img src="1.gif" />
  唐诗三百首</h3>
<p style="text-align:justify">
 前不见古人
 后不见来者
 (这是一个测试,这是一个测试,这是一个测试,)
</p>
<p style="text-align:start">念天地之悠悠</p>
<p style="text-align:end">独怆然而涕下</p>
</body>
</html>
```

在 IE 11.0 中浏览效果如图 4-17 所示,可以看到文字在水平方向上以不同的对齐方式显示。

　　　　text-align 属性只能用于文本块,而不能直接应用到图像标记<img>。如果要使图像同文本一样应用对齐方式,那么就必须将图像包含在文本块中。如上例,由于向右对齐方式作用于<h3>标记定义的文本块,图像包含在文本块中,所以图像能够同文本一样向右对齐。

图 4-17 对齐效果

　　CSS 只能定义两端对齐方式，并按要求显示，但对于具体的两端对齐文本如何分配字体空间以实现文本左右两边均对齐，CSS 并不规定。这就需要设计者自行定义了。

4.3.7 设置文本的缩进效果

在普通段落中，通常首行缩进两个字符，用来表示这是一个段落的开始。同样在网页的文本编辑中可以通过指定属性来控制文本缩进。CSS 的 text-indent 属性就是用来设定文本块中首行的缩进。

text-indent 属性语法格式如下：

```
text-indent : length
```

其中，length 属性值表示有百分比数字或有由浮点数字和单位标识符组成的长度值，允许为负值。可以这样认为，text-indent 属性可以定义两种缩进方式，一种是直接定义缩进的长度；另一种是定义缩进百分比。使用该属性，HTML 任何标记都可以让首行以给定的长度或百分比缩进。

【例 4.18】设置文本的缩进效果(案例文件：ch04\4.18.html)。

```
<!DOCTYPE html>
<html>
<body>
<p style="text-indent:10mm">
    此处直接定义长度，直接缩进。
</p>
<p style="text-indent:10%">
  此处使用百分比，进行缩进。
</p>
</body>
</html>
```

在 IE 11.0 中浏览效果如图 4-18 所示，可以看到文字以首行缩进方式显示。

如果上级标记定义了 text-indent 属性，那么子标记可以继承其上级标记的缩进长度。

图 4-18　缩进显示窗口

4.3.8　设置文本的行高

在 CSS 中，line-height 属性用来设置行间距，即行高。其语法格式如下：

```
line-height : normal | length
```

其属性值的具体含义如表 4-16 所示。

表 4-16　行高属性值

属 性 值	说　明
normal	默认行高，即网页文本的标准行高
length	百分比数字或由浮点数字和单位标识符组成的长度值，允许为负值。其百分比取值是基于字体的高度尺寸

【例 4.19】设置文本的行高(案例文件：ch04\4.19.html)。

```
<!DOCTYPE html>
<html>
<body>
  <div style="text-indent:10mm;">
    <p style="line-height:50px">
        世界杯(World Cup,FIFA World Cup)，国际足联世界杯，世界足球锦标赛)是世界上最
高水平的足球比赛，与奥运会、F1 并称为全球三大顶级赛事。
    </p>    <p style="line-height:50%">
        世界杯(World Cup,FIFA World Cup)，国际足联世界杯，世界足球锦标赛)是世界上最高
水平的足球比赛，与奥运会、F1 并称为全球三大顶级赛事。
    </p>
  </div>
</body>
</html>
```

在 IE 11.0 中浏览效果如图 4-19 所示，可以看到有段文字重叠在一起，即行高设置较小。

图 4-19　设定文本行高显示

73

4.3.9 文本的空白处理

在 CSS 中，white-space 属性用于设置对象内空格字符的处理方式。与 CSS2.1 相比，CSS3 新增了 2 个属性值。white-space 属性对文本的显示有着重要的影响。在标记上应用 white-space 属性可以影响浏览器对字符串或文本间空白的处理方式。

white-space 属性语法格式如下：

```
white-space :normal | pre | nowrap | pre-wrap | pre-line
```

其属性值含义如表 4-17 所示。

表 4-17 空白属性值

属 性 值	说　明
normal	默认。空白会被浏览器忽略
pre	空白会被浏览器保留。其行为方式类似 HTML 中的 \<pre\> 标签
nowrap	文本不会换行，文本会在同一行上继续，直到遇到 \<br\> 标签为止
pre-wrap	保留空白符序列，但是正常地进行换行
pre-line	合并空白符序列，但是保留换行符
inherit	规定应该从父元素继承 white-space 属性的值

【例 4.20】处理文本的空白(案例文件：ch04\4.20.html)。

```
<!DOCTYPE html>
<html>
<body>
  <h1 style="color:red; text-align:center;white-space:pre">蜂 蜜 的 功 效 与
作 用！</h1>
  <div >
    <p style="white-space:nowrap;text-indent:10mm">
        蜂蜜，是昆虫蜜蜂从开花植物的花中采得的花蜜在蜂巢中酿制的蜜。<br>
蜂蜜的成分除了葡萄糖、果糖之外还含有各种维生素、矿物质和氨基酸。1千克的蜂蜜含有2940卡的
热量。蜂蜜是糖的过饱和溶液，低温时会产生结晶，生成结晶的是葡萄糖，不产生结晶的部分主要是果糖。
    </p>
    <p style="white-space:pre-wrap;text-indent:10mm">
        蜂蜜的成分除了葡萄糖、果糖之外还含有各种维生素、矿物质和氨基酸。
        1千克的蜂蜜含有2940卡的热量。<br/>
        蜂蜜是糖的过饱和溶液，低温时会产生结晶，生成结晶的是葡萄糖，不产生结晶的部分主要是果糖。
    </p>
    <p style="white-space:pre-line;text-indent:10mm">
            蜂蜜的成分除了葡萄糖、果糖之外还含有各种维生素、矿物质和氨基酸。
        1千克的蜂蜜含有2940卡的热量。<br/>
        蜂蜜是糖的过饱和溶液，低温时会产生结晶，生成结晶的是葡萄糖，不产生结晶的部分主要是果糖。

    </p>
  </div>
</body>
</html>
```

在 IE 11.0 中浏览效果如图 4-20 所示，可以看到文字处理空白的不同方式。

图 4-20　处理空白显示

4.3.10　文本的反排

在网页文本编辑中，通常英语文档的基本方向是从左至右。如果文档中某一段的多个部分包含从右至左阅读的语言，则该语言的方向将正确地显示为从右至左。此时可以通过 CSS 提供的两个属性 unicode-bidi 和 direction 解决这个文本反排的问题。

unicode-bidi 属性语法格式如下：

```
unicode-bidi : normal | bidi-override | embed
```

其属性值含义如表 4-18 所示。

表 4-18　unicode-bidi 属性值

属　性　值	说　　明
normal	默认值。元素不会打开一个额外的嵌入级别。对于内联元素，隐式的重新排序将跨元素边界起作用
bidi-override	与 embed 值相同，但除了这一点外：在元素内，重新排序依照 direction 属性严格按顺序进行。此值替代隐式双向算法
embed	元素将打开一个额外的嵌入级别。direction 属性的值指定嵌入级别。重新排序在元素内是隐式进行的

direction 属性用于设定文本流的方向，其语法格式如下：

```
direction : ltr | rtl | inherit
```

其属性值含义如表 4-19 所示。

表 4-19　direction 属性值

属 性 值	说　明
ltr	文本流从左到右
rtl	文本流从右到左
inherit	文本流的值不可继承

【例 4.21】文本的反排(案例文件：ch04\4.21.html)。

```
<!DOCTYPE html>
<html>
<head>
<style type="text/css">
a {color:#000;}
</style>
</head>
<body>
<h3>文本的反排</h3>
<div style=" direction:rtl; unicode-bidi:bidi-override; text-align:left">秋
风吹不尽，总是玉关情。
</div>
</body>
</html>
```

在 IE 11.0 中浏览效果如图 4-21 所示，可以看到文字以反转形式显示。

图 4-21　文本反转显示

4.4　综合案例 1——设置网页标题

本节创建一个网站的网页标题，主要利用了文字和段落方面的 CSS 属性。具体的操作步骤如下。

step 01　分析需求。

本综合案例的要求如下，要求在网页的最上方显示出标题，标题下方是正文，其中正文部分是文字段落部分。在设计这个网页标题时，需要将网页标题加粗，并将网页居中显示。用大号字体显示标题，用来和下面正文区分。上述要求使用 CSS 样式属性实现。其案例效果图如图 4-22 所示。

图 4-22　案例效果显示

step 02 分析布局并构建 HTML。

首先需要创建一个 HTML 页面，并用 DIV 将页面划分两个层：一个是网页标题层；另一个是正文部分。

step 03 导入 CSS 文件。

在 HTML 页面，将 CSS 文件使用 link 方式，导入到 HTML 页面中。此 CSS 页面，定义了这个页面的所有样式，其导入代码如下：

```
<link href="index.css" rel="stylesheet" type="text/css" />
```

step 04 完成标题样式设置。

首先设置标题的 HTML 代码，此处使用 DIV 构建，其代码如下：

```
<div>
    <h1>蜂王浆的作用与功效</h1>
 <div  class="ar">搜狐网    2017年03月01日<span ></span></div>
 </div>
```

step 05 使用 CSS 代码对其进行修饰，其代码如下：

```
h1{text-align:center;color:red}
.ar{text-align:right;font-size:15px;}
.lr{text-align:left;font-size:15px;color:}
```

step 06 开发正文部分代码和样式。

首先使用 HTML 代码完成网页正文部分，此处使用 DIV 构建，其代码如下：

```
    <div >
      <P >
1、　辅助降低血糖。此作用主要因其含有的胰岛素样肽类推理得来，胰岛素样肽类是治疗糖尿病的特效
药物。
</P >
<P >
2、　抗氧化功效。此作用是蜂王浆被大众普遍肯定的作用，它对细胞的修复以及再生具有很强的作用。
在蜂王浆中检测出的超氧化物歧化酶(SOD)是抗氧化的主要成分。
</P >
<P >
```

3、 降低血脂。蜂王浆含有人体必需的维生素达 10 种以上，能平衡脂肪代谢和糖代谢，可降低肥胖者的高血脂和高血糖，非常适合肥胖型糖尿病患者。
```
</P >
<P >
```
4、 控制血管扩张、降低血压。这个结论来自于其所含的 10-羟基-癸烯酸 (王浆酸) 以及王浆主要蛋白-1。</P>
```
</div>
```

step 07 ▶ 使用 CSS 代码进行修饰，其代码如下：

```
p{text-indent:8mm;line-height:7mm;}
```

4.5　综合案例 2——制作新闻页面

本案例来制作一个新闻页面，具体操作步骤如下。

step 01 ▶ 打开记事本，在其中输入如下代码：

```
<!DOCTYPE html>
<html>
<head>
<title>新闻页面</title>
<style type="text/css">
<!--
h1{font-family:黑体;
text-decoration:underline overline;
text-align:center;
    }
p{ font-family: Arial, "Times New Roman";
    font-size:20px;
    margin:5px 0px;
    text-align:justify;
    }
#p1{
    font-style:italic;
    text-transform:capitalize;
    word-spacing:15px;
    letter-spacing:-1px;
        text-indent:2em;
    }
#p2{
    text-transform:lowercase;
    text-indent:2em;
    line-height:2;
    }
#firstLetter{
    font-size:3em;
    float:left;
    }
h1{
    background:#678;
    color:white;
    }
```

```
-->
</style>
</head>
<body>
<h1>英国现两个多世纪来最多雨冬天</h1>
<p id="p1">在 3 月的第一天，阳光"重返"英国大地，也预示着春天的到来。</p>
<p id="p2">英国气象局发言人表示："今天的阳光很充足，这才像春天的感觉。这是春天的一个非
常好的开局。"前几天英国气象局发布的数据显示，刚刚过去的这个冬天是过去近 250 年来最多雨的
冬天。</p>
</body>
</html>
```

step 02　保存网页，在 IE 11.0 中预览效果如图 4-23 所示。

图 4-23　浏览效果

4.6　大神解惑

小白：字体为什么在别的电脑上不显示？

大神：楷体很漂亮，草书也不逊色于宋体。但不是所有人的电脑都安装有这些字体。所以在设计网页时，不要为了追求漂亮美观，而采用一些比较新奇的字体。有时这样往往达不到效果。用最基本的字体，是最好的选择。

不要使用难以阅读的花哨字体。当然，某些字体可以让网站精彩纷呈。不过它们容易阅读吗？网页主要目的是传递信息并让读者阅读，我们应该让读者阅读过程舒服些。 不要用小字体。如上一条所述，虽然 Firefox 有放大功能，但如果必须放大才能看清一个网站的话，以后读者就再也不会去访问它了。

小白：网页中空白处理吗？

大神：注意不留空白。不要用图像、文本和不必要的动画 GIF 来充斥网页，即使有足够的空间，在设计时也应该避免使用。

小白：文字和图片导航速度谁快呀？

大神：使用文字做导航栏。文字导航不仅速度快，而且更稳定。例如，有些用户上网时会关闭图片。在处理文本时，不要在普通文本上添加下划线或者颜色。除非特别需要，否则不要为普通文字添加下划线。就像用户需要识别哪些能点击一样，读者不应当将本不能点击的文字误认为能够点击。

4.7　跟我练练手

练习1：使用CSS控制字体的样式，包括字体类型、大小、字体、粗细、颜色等属性。

练习2：使用CSS3中新增的标记为文本添加阴影效果和换行效果。

练习3：使用CSS样式表来控制段落的对齐方式。

练习4：制作一个网页的标题效果。

练习5：制作一个新闻的网页。其中标题需要居中和加粗显示。

第 5 章

使用 CSS 控制
网页图片样式

一个网页如果都是文字，时间长了会给浏览者枯燥的感觉，而一张恰如其分的图片，会给网页带来许多生趣。图片是直观、形象的，一张好的图片会带给网页很高的点击率。在 CSS3 中，定义了很多属性用来美化和设置图片。

本章要点(已掌握的在方框中打钩)

☐ 掌握控制图片缩放的方法

☐ 掌握设置图片对齐方式的方法

☐ 掌握图文混排的方法。

☐ 掌握制作学校宣传单的方法

☐ 掌握制作简单图文混排网页的方法

5.1　图　片　缩　放

网页上显示一张图片时，默认情况下都是以图片的原始大小显示。如果要对网页进行排版，通常情况下，还需要对图片进行大小的重新设定。如果对图片设置不恰当，会造成图片的变形和失真，所以一定要保持宽度和高度属性的比例适中。对于图片大小设定，可以采用 3 种方式完成。

5.1.1　通过描述标记 width 和 height 缩放图片

在 HTML 标记语言中，通过 img 的描述标记 height 和 width 可以设置图片大小。width 和 height 分别表示图片的宽度和高度，其中二者值可以是数值或百分比，单位可以是 px。需要注意的是，高度属性 height 和宽度属性 width 设置要求相同。

【例 5.1】使用标记缩放图片(案例文件：ch05\5.1.html)。

```
<!DOCTYPE html>
<html>
<head>
<title>缩放图片</title>
</head>
<body>
<img src="01.jpg" width=200 height=120>
</body>
</html>
```

在 IE 11.0 中浏览效果如图 5-1 所示，可以看到网页显示了一张图片，其宽度为 200px，高度为 120px。

图 5-1　使用标记缩放图片

5.1.2　使用 CSS3 中的 max-width 和 max-height 缩放图片

max-width 和 max-height 分别用来设置图片的宽度最大值和高度最大值。在定义图片大小时，如果图片默认尺寸超过了定义的大小，那么就以 max-width 所定义的宽度值显示，而图片高度将同比例变化，如果定义的是 max-height 那么就以定义的高度显示，图片宽度将同比例变化。但是如果图片的尺寸小于最大宽度或者高度，那么图片就按原尺寸大小显示。max-width 和 max-height 的值一般是数值类型。

其语法格式如下：

```
img{
    max-height:180px;
}
```

【例 5.2】同比例缩放图片(案例文件：ch05\5.2.html)。

```
<!DOCTYPE html>
<html>
<head>
<title>缩放图片</title>
<style>
img{
    max-height:300px;
}
</style>

</head>
<body>
<img src="01.jpg" >
</body>
</html>
```

在 IE 11.0 中浏览效果如图 5-2 所示，可以看到网页显示了一张图片，其显示高度是 300px，宽度将做同比例缩放。

图 5-2　同比例缩放图片

在本例中，也可以只设置 max-width 来定义图片最大宽度，而让高度自动缩放。

5.1.3　使用 CSS3 中的 width 和 height 缩放图片

在 CSS3 中，可以使用属性 width 和 height 来设置图片的宽度和高度，从而实现对图片的缩放效果。

【例5.3】用CSS指定图片大小(案例文件：ch05\5.3.html)。

```html
<!DOCTYPE html>
<html>
<head>
<title>缩放图片</title>
</head>
<body>
<img src="01.jpg" >
<img src="01.jpg"  style="width:150px;height:100px" >
</body>
</html>
```

在 IE 11.0 中浏览效果如图 5-3 所示，可以看到网页显示了两张图片：第一张图片以原大小显示；第二张图片以指定大小显示。

图 5-3　用 CSS 指定图片大小

　　需要注意的是，当仅仅设置了图片的 width 属性，而没有设置 height 属性时，图片本身会自动等纵横比例缩放，如果只设定 height 属性也是一样的道理。只有当同时设定 width 和 height 属性时才会不等比例缩放。

5.2　设置图片的对齐方式

一个凌乱的图文网页，是每一个浏览者都不喜欢看的。而一个图文并茂、排版格式整洁简约的页面，更容易让网页浏览者接受。可见图片的对齐方式是非常重要的。下面介绍使用 CSS3 属性定义图文对齐方式。

5.2.1　设置图片横向对齐

所谓图片横向对齐，是指在水平方向上进行对齐，其对齐样式和文字对齐比较相似，都是有 3 种对齐方式，分别为"左""右"和"中"。

如果要定义图片对齐方式，不能在样式表中直接定义图片样式，需要在图片的上一个标记级别即父标记定义，让图片继承父标记的对齐方式。之所以这样定义父标记对齐方式，是因为 img(图片)本身没有对齐属性，需要使用 CSS 继承父标记的 text-align 来定义对齐方式。

【例 5.4】设置图片横向对齐(案例文件：ch05\5.4.html)。

```
<!DOCTYPE html>
<html>
<head>
<title>图片横向对齐</title>
</head>
<body>
<p style="text-align:left"><img src="02.jpg" style="max-width:140px;">图片左
对齐</p>
<p style="text-align:center"><img src="02.jpg" style="max-width:140px;">图
片居中对齐</p>
<p style="text-align:right"><img src="02.jpg" style="max-width:140px;">图片
右对齐</p>
</body>
</html>
```

在 IE 11.0 中浏览效果如图 5-4 所示，可以看到网页上显示 3 张图片，大小一样，但对齐方式分别是左对齐、居中对齐和右对齐。

图 5-4　图片横向对齐

5.2.2　设置图片纵向对齐

纵向对齐就是垂直对齐，即在垂直方向上和文字进行搭配使用。通过对图片的垂直方向上的设置，可以设定图片和文字的高度一致。在 CSS3 中，对于图片纵向设置，通常使用 vertical-align 属性来定义。

vertical-align 属性设置元素的垂直对齐方式，即定义行内元素的基线相对于该元素所在行的基线的垂直对齐。允许指定负长度值和百分比值。在表单元格中，这个属性会设置单元格框中的单元格内容的对齐方式。其语法格式如下：

```
vertical-align : baseline |sub | super |top |text-top |middle |bottom
|text-bottom |length
```

上面参数的含义如表5-1所示。

表5-1　参数含义

参数名称	说　　明
baseline	支持 valign 特性的对象的内容与基线对齐
sub	垂直对齐文本的下标
super	垂直对齐文本的上标
top	将支持 valign 特性的对象的内容与对象顶端对齐
text-top	将支持 valign 特性的对象的文本与对象顶端对齐
middle	将支持 valign 特性的对象的内容与对象中部对齐
bottom	将支持 valign 特性的对象的文本与对象底端对齐
text-bottom	将支持 valign 特性的对象的文本与对象顶端对齐
length	由浮点数字和单位标识符组成的长度值或者百分数可为负数。定义由基线算起的偏移量。基线对于数值来说为 0，对于百分数来说就是 0%

【例5.5】设置图片纵向对齐(案例文件：ch05\5.5.html)。

```
<!DOCTYPE html>
<html>
<head>
<title>图片纵向对齐</title>
<style>
img{
max-width:100px;
}
</style>
</head>
<body>
<p>纵向对齐方式:baseline<img src=02.jpg style="vertical-align:baseline"></p>
<p>纵向对齐方式:bottom<img src=02.jpg style="vertical-align:bottom"></p>
<p>纵向对齐方式:middle<img src=02.jpg style="vertical-align:middle"></p>
<p>纵向对齐方式:sub<img src=02.jpg style="vertical-align:sub"></p>
<p>纵向对齐方式:super<img src=02.jpg style="vertical-align:super"></p>
<p>纵向对齐方式:数值定义<img src=02.jpg style="vertical-align:20px"></p>
</body>
</html>
```

在 IE 11.0 中浏览效果如图 5-5 所示，可以看到网页显示 6 张图片，垂直方向上分别是 baseline、bottom、middle、sub、super 和数值对齐。

仔细观察图片和文字的不同对齐方式，即可深刻理解各种纵向对齐的不同之处。

图 5-5　图片纵向对齐

5.3　图　文　混　排

一个普通的网页，最常见的方式就是图文混排，文字说明主题，图像显示新闻情境，二者结合起来相得益彰。下面介绍图片和文字的排版方式。

5.3.1　设置文字环绕效果

在网页中进行排版时，可以将文字设置成环绕图片的形式，即文字环绕。文字环绕应用非常广泛，如果再配合背景，效果会更绚丽。

在 CSS3 中，可以使用 float 属性定义该效果。float 属性主要定义元素在哪个方向浮动。一般情况下这个属性总应用于图像，使文本围绕在图像周围，有时它也可以定义其他元素浮动。浮动元素会生成一个块级框，而不论它本身是何种元素。如果浮动非替换元素，则要指定一个明确的宽度；否则，它们会尽可能地窄。

float 语法格式如下：

```
float : none | left |right
```

　　　　参数 none 表示默认值对象不漂浮，left 表示文本流向对象的右边；right 表示文本流向对象的左边。

【例 5.6】设置文字环绕效果(案例文件：ch05\5.6.html)。

```
<!DOCTYPE html>
<html>
<head>
<title>文字环绕</title>
<style>
img{
max-width:120px;
float:left;
}
</style>
</head>
<body>
<p>
可爱的向日葵。
<img src="03.jpg">
向日葵，别名太阳花，是菊科向日葵属的植物。因花序随太阳转动而得名。一年生植物，高1~3米，
茎直立，粗壮，圆形多棱角，被白色粗硬毛，性喜温暖，耐旱，能产果实葵花籽。原产北美洲，主要分
布在我国东北、西北和华北地区，世界各地均有栽培！
向日葵，1年生草本，高1.0～3.5米，对于杂交品种也有半米高的。茎直立，粗壮，圆形多棱角，为
白色粗硬毛。叶通常互生，心状卵形或卵圆形，先端锐突或渐尖，有基出3脉，边缘具粗锯齿，两面粗
糙，被毛，有长柄。头状花序，极大，直径10~30厘米，单生于茎顶或枝端，常下倾。总苞片多层，
叶质，覆瓦状排列，被长硬毛，夏季开花，花序边缘生黄色的舌状花，不结实。花序中部为两性的管状
花，棕色或紫色，结实。瘦果，倒卵形或卵状长圆形，稍扁压，果皮木质化，灰色或黑色，俗称葵花
籽。性喜温暖，耐旱。
</p>
</body>
</html>
```

在 IE 11.0 中浏览效果如图 5-6 所示，可以看到图片被文字所环绕，并在文字的左方向显示。如果将 float 属性的值设置为 right，其图片会在文字右方显示并环绕。

图 5-6　文字环绕效果

5.3.2　设置图片与文字的间距

如果需要设置图片和文字之间的距离，即文字之间存在一定间距，不是紧紧地环绕，可以使用 CSS3 中的属性 padding 来设置。

padding 属性主要用来在一个声明中设置所有内边距属性，即可以设置元素所有内边距的宽度，或者设置各边上内边距的宽度。如果一个元素既有内边距又有背景，从视觉上看可能会延伸到其他行，有可能还会与其他内容重叠。元素的背景会延伸穿过内边距。

其语法格式如下：

```
padding :padding-top | padding-right | padding-bottom | padding-left
```

其参数值 padding-top 用来设置距离顶部内边距；padding-right 用来设置距离右部内边距；padding-bottom 用来设置距离底部内边距；padding-left 用来设置距离左部内边距。

【例 5.7】设置图片与文字的间距(案例文件：ch05\5.7.html)。

```
<!DOCTYPE html>
<html>
<head>
<title>文字环绕</title>
<style>
img{
max-width:120px;
float:left;
padding-top:10px;
padding-right:50px;
padding-bottom:10px;
}
</style>
</head>
<body>
<p>
可爱的向日葵。
<img src="03.jpg">
向日葵，别名太阳花，是菊科向日葵属的植物。因花序随太阳转动而得名。一年生植物，高 1~3 米，茎直立，粗壮，圆形多棱角，被白色粗硬毛，性喜温暖，耐旱，能产果实葵花籽。原产北美洲，主要分布在我国东北、西北和华北地区，世界各地均有栽培！
向日葵，1 年生草本，高 1.0～3.5 米，对于杂交品种也有半米高的。茎直立，粗壮，圆形多棱角，为白色粗硬毛。叶通常互生，心状卵形或卵圆形，先端锐突或渐尖，有基出 3 脉，边缘具粗锯齿，两面粗糙，被毛，有长柄。头状花序，极大，直径 10～30 厘米，单生于茎顶或枝端，常下倾。总苞片多层，叶质，覆瓦状排列，被长硬毛，夏季开花，花序边缘生黄色的舌状花，不结实。花序中部为两性的管状花，棕色或紫色，结实。瘦果，倒卵形或卵状长圆形，稍扁压，果皮木质化，灰色或黑色，俗称葵花籽。性喜温暖，耐旱。
</p>
</body>
</html>
```

在 IE 11.0 中浏览效果如图 5-7 所示，可以看到图片被文字所环绕，并且文字和图片右边间距为 50px，上下各为 10px。

图 5-7　设置图片和文字的边距

5.4　综合案例1——制作学校宣传单

每年暑假，高校招收学生的宣传页到处都是，下面就来制作一个学校宣传页，从而巩固图文混排的相关CSS知识。具体步骤如下。

step 01　分析需求。

本案例包含两个部分，一个部分是图片信息，介绍学校场景；另一个部分是段落信息，介绍学校历史和理念。这两部分都放在一个div中。案例完成后，效果如图5-8所示。

图5-8　宣传效果图

step 02　构建HTML网页。

创建HTML页面，页面中包含一个div，div中包含图片和两个段落信息。其代码如下：

```html
<html >
<head>
<title>学校宣传单</title>
</head>
<body>
<div>
    <img src="04.jpg" /><p>某大学风景优美</p><p>学校发扬"百折不挠、艰苦创业"的办学传统，坚持"质量立校、人才兴校、创新强校、文化铸校、和谐荣校"的办学理念，弘扬"爱国荣校、民主和谐、求真务实、开放创新"的精神</p>
</div>
</body>
</html>
```

在IE 11.0中浏览效果如图5-9所示，可以看到在网页中标题和内容被一个虚线隔开。

step 03　添加CSS代码，修饰div。具体代码如下。

```html
<style>
    big{
        width:430px;
        }
</style>
```

在HTML代码中，将big引用到div中，代码如下：

```
<div class=big>
    <img src="xuexiao.jpg" /><p>某大学风景优美</p><p> 学校发扬 "百折不挠、艰苦创
业"的办学传统，坚持"质量立校、人才兴校、创新强校、文化铸校、和谐荣校"的办学理念，弘扬
"爱国荣校、民主和谐、求真务实、开放创新"的精神</p>
</div>
```

在 IE 11.0 中浏览效果如图 5-10 所示，可以看到在网页中段落以块的形式显示。

图 5-9　HTML 页面显示

图 5-10　修饰 div 层

step 04 添加 CSS 代码，修饰图片。具体代码如下：

```
img{
    width:260px;
    height:220px;
    border:#009900 2px solid;
    float:left;
     padding-right:0.5px;
    }
```

在 IE 11.0 中浏览效果如图 5-11 所示，可以看到在网页中图片以指定大小显示，并且带有边框，并向左面进行浮动。

step 05 添加 CSS 代码，修饰段落。具体代码如下：

```
p{
font-family:"宋体";
font-size:14px;
line-height:20px;
}
```

在 IE 11.0 中浏览效果如图 5-12 所示，可以看到在网页中段落以宋体显示，大小为 14px，行高为 20px。

图 5-11　修饰图片

图 5-12　修饰段落

5.5　综合案例2——制作简单图文混排网页

在一个网页中，出现最多的就是文字和图片，二者放在一起，图文并茂，能够生动地表达新闻主题。本案例创建一个图片与文字的简单混排。具体步骤如下。

step 01 分析需求。

本综合案例要求在网页的最上方显示出标题，标题下方是正文，在正文显示部分显示图片。在设计这个网页标题时，其方法同上面案例相同。上述要求使用 CSS 样式属性实现。其案例效果图如图 5-13 所示。

step 02 分析布局并构建 HTML。

首先需要创建一个 HTML 页面，并用 DIV 将页面划分为两个层：一是网页标题层；二是正文部分。

step 03 导入 CSS 文件。

在 HTML 页面，将 CSS 文件使用 link 方式，导入到 HTML 页面中。此 CSS 页面，定义了这个页面的所有样式，其导入代码如下：

```
<link href="CSS.css" rel="stylesheet" type="text/css" />
```

图 5-13 图文混排显示

step 04 完成标题部分。

首先设置网页标题部分，创建一个 div，用来放置标题。其 HTML 代码如下：

```
<div>
<h1>【3.8 节活动】《妈咪妈咪看过来——说说孕期那些事儿》
</h1>
```

</div 在 CSS 样式文件中修饰 HTML 元素，其 CSS 代码如下：

```
h1{text-align:center;text-shadow:0.1em 2px 6px blue;font-size:18px;}
```

step 05 完成正文和图片部分。

下面设置网页正文部分，正文中包含了一张图片。其 HTML 代码如下：

```
<div>
<p>活动主题：《妈咪妈咪看过来——说说孕期那些事儿》。
</p>
<p> 活动时间：2017 年 2 月 28 日——2017 年 3 月 9 日 10 点
</p>
<DIV class="im">
<img src="8.jpg"  width="300" height="200"/>
</DIV>
<p>3 月到来，万物复苏，终于可以脱掉寒冬时厚厚的棉衣，沐浴在春风和阳光之下，迎来了 3 月第一
个活动。怀孕对于每一个女性来说，都是人生经历中的最重要的一段旅程，随着孕期的进行，你会遇到
很多未曾遇见的怀孕体验，而，这些体验 正在等待被你发现和分享！这，就是本次的活动主题，妈妈
和准妈妈们还在等什么，Come on 快来 e 站分享出这段旅程——让帖子记录下那一撮幸福的记忆…….
</p>
</div>
```

CSS 样式代码如下：

```
p{text-indent:8mm;line-height:7mm;}
.im{width:300px; float:left; border:#000000 solid 1px;}
```

5.6 大神解惑

小白：网页进行图文排版时，哪些是必须要做的？

大神：在进行图文排版时，通常有下面 5 个方面，需要网页设计者考虑，分别如下。

(1) 首行缩进。段落的开头应该空两格，HTML 中空格键起不了作用了。当然，可以用"nbsp;"来代替一个空格，但这不是理想的方式，可以用 CSS3 中首行缩进，其大小为 2em。

(2) 图文混排。在 CSS3 中，可以用 float 来让文字在没有清理浮动的时候显示在图片以外的空白处。

(3) 设置背景色。设置网页背景，增加效果。此内容会在后面介绍。

(4) 文字居中。可以用 CSS 的 text-align 设置文字居中。

(5) 显示边框。通过 border 为图片添加一个边框。

小白：设置文字环绕时，float 元素为什么失去作用？

大神：很多浏览器在显示未指定 width 的 float 元素时会有错误。所以不管 float 元素的内容如何，一定要为其指定 width 属性。

5.7 跟我练练手

练习 1：使用 width 和 height 标记控制图片的缩放效果。

练习 2：使用 CSS3 的标记控制图片的最大宽度和最大高度。

练习 3：设置图片的横向和纵向对齐方式。

练习 4：设置图片的文字环绕效果。

练习 5：设置图片与文字的间距。

练习 6：制作一个图文并茂的公司宣传单。

第 6 章
使用 CSS 控制
网页背景与
边框样式

任何一个页面，首先映入访问者眼帘的就是网页的背景色和基调，不同类型网站有不同背景和基调。因此，页面中的背景通常是网站设计时一个重要的步骤。对于单个 HTML 元素，可以通过 CSS3 属性设置元素边框样式，包括宽度、显示风格、颜色等。本章重点介绍网页背景设置和 HTML 元素边框样式。

本章要点(已掌握的在方框中打钩)

☐ 掌握 CSS 控制网页背景的方法

☐ 掌握 CSS3 中新增控制网页背景属性的使用方法

☐ 掌握使用 CSS 控制边框样式的方法。

☐ 掌握 CSS3 中新增边框圆角效果的使用方法

☐ 掌握 CSS3 中渐变效果的使用方法

☐ 掌握制作公司简单主页的方法

☐ 掌握制作简单生活资讯主页的方法

网站开发案例课堂

6.1 使用 CSS 控制网页背景

背景是网页设计时的重要因素之一,一个背景优美的网页总能吸引不少访问者。例如,喜庆类网站都是以火红背景为主题,CSS 的强大表现功能在背景方面同样发挥得淋漓尽致。

6.1.1 设置背景颜色

background-color 属性用于设定网页背景色,同设置前景色的 color 属性一样,background-color 属性接受任何有效的颜色值,而对于没有设定背景色的标记,默认背景色为透明(transparent)。

其语法格式如下:

```
{background-color : transparent | color}
```

关键字 transparent 是个默认值,表示透明。背景颜色 color 设定方法可以采用英文单词、十六进制、RGB、HSL、HSLA 和 RGBA。

【例 6.1】设置背景颜色(案例文件:ch06\6.1.html)。

```
<!DOCTYPE html>
<html>
<head>
<title>背景色设置</title>
<head>
<body style="background-color:PaleGreen; color:Blue">
  <p>
    background-color 属性设置背景色,color 属性设置字体颜色。
  </p>
</body>
</html>
```

在 IE 11.0 中浏览效果如图 6-1 所示,可以看到网页背景色显示为浅绿色,而字体颜色显示为蓝色。注意,在网页设计时,其背景色不要使用太艳的颜色,会给人一种喧宾夺主的感觉。

图 6-1 设置背景色

background-color 不仅可以设置整个网页的背景颜色,同样还可以设置指定 HTML 元素的背景色,例如设置 h1 标题的背景色,设置段落 p 的背景色。可以想象,在一个网页中,可以根据需要，设置不同 HTML 元素的背景色。

【例 6.2】设置不同 HTML 元素的背景色(案例文件：ch06\6.2.html)。

```
<!DOCTYPE html>
<html>
<head>
<title>背景色设置</title>
<style>
h1 {
     background-color: red;
     color: black;
   text-align:center;
}
p{
     background-color:gray;
     color:blue;
     text-indent:2em;
}
</style>
<head>
<body >
   <h1>颜色设置</h1>
 <p>
   background-color 属性设置背景色，color 属性设置字体颜色。
 </p>
</body>
</html>
```

在 IE 11.0 中浏览效果如图 6-2 所示，可以看到网页中标题区域背景色为红色，段落区域背景色为灰色，并且分别为字体设置了不同的前景色。

图 6-2 设置 HTML 元素背景色

6.1.2 设置背景图片

网页中不但可以使用背景色来填充网页背景，同样也可以使用背景图片来填充网页。通过 CSS3 属性可以对背景图片进行精确定位。background-image 属性用于设定标记的背景图片，通常情况下，在标记<body>中应用，将图片用于整个页面中。

background-image 语法格式如下：

```
background-image : none | url (url)
```

其默认属性是无背景图,当需要使用背景图时可以用 url 进行导入,url 可以使用绝对路径,也可以使用相对路径。

【例 6.3】设置背景图片(案例文件:ch06\6.3.html)。

```
<!DOCTYPE html>
<html>
<head>
<title>背景色设置</title>
<style>
body{
    background-image:url(01.jpg)
    }
</style>
<head>
<body>
<p>夕阳无限好,只是近黄昏!</p>
</body>
</html>
```

在 IE 11.0 中浏览效果如图 6-3 所示,可以看到网页中显示背景图,但如果图片大小小于整个网页大小时,此时图片为了填充网页背景色,会重复出现并铺满整个网页。

图 6-3　设置背景图片

在设定背景图片时,最好同时也设定背景色,这样当背景图片因某种原因无法正常显示时,可以使用背景色来代替。当然,如果正常显示,背景图片会覆盖背景色的。

6.1.3　背景图片重复

在进行网页设计时,通常都是一个网页使用一张背景图片,如果图片大小小于背景图片时,会直接重复铺满整个网页。但这种方式不适用于大多数页面,在 CSS 中可以通过

background-repeat 属性设置图片的重复方式，包括水平重复、垂直重复、不重复等。

background-repeat 属性用于设定背景图片是否重复平铺。各属性值说明如表 6-1 所示。

表 6-1　background-repeat 属性值

属 性 值	描　　　述
repeat	背景图片水平和垂直方向都重复平铺
repeat-x	背景图片水平方向重复平铺
repeat-y	背景图片垂直方向重复平铺
no-repeat	背景图片不重复平铺

background-repeat 属性重复背景图片是从元素的左上角开始平铺，直到水平、垂直或全部页面都被背景图片所覆盖。

【例 6.4】设置背景图片不重复平铺(案例文件：ch06\6.4.html)。

```
<!DOCTYPE html>
<html>
<head>
<title>背景图片重复</title>
<style>
body{
    background-image:url(01.jpg);
    background-repeat:no-repeat;
  }
</style>
<head>
<body>
<p>夕阳无限好，只是近黄昏！</p>
</body>
</html>
```

在 IE 11.0 中浏览效果如图 6-4 所示，可以看到网页中显示背景图片，但图片以默认大小显示，而没有对整个网页背景进行填充。这是因为代码中，设置了背景图片不重复平铺。

同样可以在上面代码中，设置 background-repeat 的属性值为其他值，例如可以设置值为 repeat-x，表示图片在水平方向平铺。此时，在 IE 11.0 中浏览效果如图 6-5 所示。

图 6-4　背景图片不重复平铺

图 6-5　水平方向平铺

6.1.4　背景图片显示

对一个文本较多、一屏显示不了的页面来说，如果使用的背景图片不足够覆盖整个页面，而且只将背景图片应用在页面的一个位置上，那么在浏览页面时，肯定会出现看不到背景图片的情况；再者，还可能出现背景图片初始可见，而随着页面的滚动又不可见。也就是说，背景图片不能时刻地随着页面的滚动而显示。

要解决上述问题，要使用 background-attachment 属性，该属性用来设定背景图片是否随文档一起滚动。该属性包含两个属性值：scroll 和 fixed，并适用于所有元素，如表 6-2 所示。

表 6-2　background-attachment 属性值

属 性 值	描　　述
scroll	默认值，当页面滚动时，背景图片随页面一起滚动
fixed	背景图片固定在页面的可见区域里

使用 background-attachment 属性，可以使背景图片始终处于视野范围内，以避免出现因页面的滚动而消失的情况。

【例 6.5】设置背景图片的显示方式(案例文件：ch06\6.5.html)。

```html
<!DOCTYPE html>
<html>
<head>
<title>背景显示方式</title>
<style>
body{
    background-image:url(01.jpg);
    background-repeat:no-repeat;
    background-attachment:fixed;
  }
p{
   text-indent:2em;
    line-height:30px;
  }
h1{
    text-align:center;
  }
</style>
<head>
<body>
<h1>兰亭序</h1>
<p>
永和九年，岁在癸(guǐ)丑，暮春之初，会于会稽(kuài jī)山阴之兰亭，修禊(xì)事也。群贤毕
至，少长咸集。此地有崇山峻岭，茂林修竹， 又有清流激湍(tuān)，映带左右。引以为流觞(shāng)
曲( qū)水，列坐其次，虽无丝竹管弦之盛，一觞(shang)一咏，亦足以畅叙幽情。
</p>
<p>是日也，天朗气清，惠风和畅。仰观宇宙之大，俯察品类之盛，所以游目骋(chěng)怀，足以极视
听之娱，信可乐也。</p>
<p> 夫人之相与，俯仰一世。或取诸怀抱，晤言一室之内；或因寄所托，放浪形骸(hái)之外。虽趣
(qǔ)舍万殊，静躁不同，当其欣于所遇，暂得于己，快然自足，不知老之将至。及其所之既倦，情随
```

事迁，感慨系(xì)之矣。向之所欣，俯仰之间，已为陈迹，犹不能不以之兴怀。况修短随化，终期于尽。古人云："死生亦大矣。"岂不痛哉！</p>
<p>每览昔人兴感之由，若合一契，未尝不临文嗟(jiē)悼，不能喻之于怀。固知一死生为虚诞，齐彭殇(shāng)为妄作。后之视今，亦犹今之视昔，悲夫！故列叙时人，录其所述。虽世殊事异，所以兴怀，其致一也。后之览者，亦将有感于斯文。</p>
</body>
</html>

在 IE 11.0 中浏览效果如图 6-6 所示，可以看到网页 background-attachment 属性的值为 fixed 时，背景图片的位置固定并不是相对于页面的，而是相对于页面的可视范围。

6.1.5 背景图片位置

我们知道，背景图片位置都是从设置了 background 属性的标记(例如 body 标记)的左上角开始出现，但在实际网页设计中，可以根据需要直接指定背景图片出现的位置。在 CSS3 中，可以通过 background-position 属性轻松调整背景图片位置。

background-position 属性用于指定背景图片在页面中所处位置。该属性值可以分为 4

图 6-6 图片显示方式

类：绝对定义位置(length)、百分比定义位置(percentage)、垂直对齐值和水平对齐值。其中，垂直对齐值包括 top、center 和 bottom，水平对齐值包括 left、center 和 right，如表 6-3 所示。

表 6-3 background-position 属性值

属 性 值	描　　述
length	设置图片与边距水平与垂直方向的距离长度，后跟长度单位(cm、mm、px 等)
percentage	以页面元素框的宽度或高度的百分比放置图片
top	背景图片顶部居中显示
center	背景图片居中显示
bottom	背景图片底部居中显示
left	背景图片左部居中显示
right	背景图片右部居中显示

垂直对齐值还可以与水平对齐值一起使用，从而决定图片的垂直位置和水平位置。

【例 6.6】设置背景位置(案例文件：ch06\6.6.html)。

```
<!DOCTYPE html>
<html>
<head>
<title>背景位置设定</title>
<style>
```

```
body{
     background-image:url(01.jpg);
     background-repeat:no-repeat;
     background-position:top right;
     }
</style>
<head>
<body>
</body>
</html>
```

在 IE 11.0 中浏览效果如图 6-7 所示，可以看到网页中显示背景，其背景开始是从顶部和右边开始。

使用垂直对齐值和水平对齐值只能格式化地放置图片，如果在页面中要自由地定义图片的位置，则需要使用确定数值或百分比。此时在上面代码中，将

```
background-position:top right;
```

语句修改为

```
background-position:20px 30px
```

在 IE 11.0 中浏览效果如图 6-8 所示，可以看到网页中显示背景，其背景开始是从左上角开始，但并不是(0，0)坐标位置开始，而是从(20，30)坐标位置开始。

图 6-7　设置背景位置

图 6-8　指定背景位置

6.2　CSS3 中新增控制网页背景属性

CSS3 中也新增了一些控制网页背景的属性，下面将详细讲述它们的使用方法和技巧。

6.2.1　背景图片大小

在以前的网页设计中，背景图片的大小是不可以控制的，如果想要图片填充整个背景，则需要事先设计一个较大的背景图片，要么只能让背景图片以平铺的方式来填充页面元素。

在 CSS3 中，新增了一个 background-size 属性，用来控制背景图片大小，从而降低网页设计的开发成本。

background-size 语法格式如下：

```
background-size : [ <length> | <percentage> | auto ]{1,2} | cover | contain
```

其参数值含义如表 6-4 所示。

表 6-4　background-size 属性参数

参 数 值	说 明
<length>	由浮点数字和单位标识符组成的长度值。不可为负值
<percentage>	取值范围为 0%～100%。不可为负值
cover	保持背景图像本身的宽高比例，将图片缩放到正好完全覆盖所定义的背景区域
contain	保持图像本省的宽高比较，将图片缩放到宽度或高度正好适应所定义的背景区域

【例 6.7】设置背景图片的大小(案例文件：ch06\6.7.html)。

```
<!DOCTYPE html>
<html>
<head>
<title>背景大小设定</title>
<style>
body{
    background-image:url(01.jpg);
    background-repeat:no-repeat;
    background-size:cover;
  }
</style>
<head>
<body>
</body>
</html>
```

在 IE 11.0 中浏览效果如图 6-9 所示，可以看到网页中背景图片填充了整个页面。

图 6-9　设定背景图片大小

也可以用像素或百分比指定背景大小显示。当指定为百分比时，大小会由所在区域的宽度、高度，以及 background-origin 的位置决定。使用示例如下：

```
background-size:900 800;
```

此时 background-size 属性可以设置 1 个或 2 个值，1 个位必填，1 个位选填。其中第 1 个值用于指定图片宽度，第 2 个值用于指定图片高度，如果只设定一个值，则第 2 个值默认为 auto。

6.2.2　背景显示区域

在网页设计中，如果能改善背景图片的定位方式，使设计师能够更灵活地决定背景图片应该显示的位置，将会极大减少设计成本。在 CSS3 中，新增了一个 background-origin 属性，用来完成背景图片的定位。

在默认情况下，background-position 属性总是以元素左上角原点作为背景图像定位，使用 background-origin 属性可以改变这种定位方式。Background-origin 属性的语法格式如下：

```
background-origin : border | padding | content
```

其参数含义如表 6-5 所示。

表 6-5　background-origin 参数值

参 数 值	说 明
border	从 border 区域开始显示背景
padding	从 padding 区域开始显示背景
content	从 content 区域开始显示背景

【例 6.8】设置背景显示区域(案例文件：ch06\6.8.html)。

```
<!DOCTYPE html>
<html>
<head>
<title>背景显示区域设定</title>
<style>
div{
    text-align:center;
    height:500px;
    width:416px;
    border:solid 1px red;
    padding:32px 2em 0;
    background-image:url(02.jpg);
    background-origin:padding;
    }
div h1{
    font-size:18px;
    font-family:"幼圆";
}
div p{
    text-indent:2em;
    line-height:2em;
```

```
        font-family:"楷体";
  }
</style>
<head>
<body>
<div>
<h1>神笔马良的故事</h1>
<p>
从前，有个孩子名字叫马良。父亲母亲早就死了，靠他自己打柴、割草过日子。他从小喜欢学画，可
是，他连一支笔也没有啊！
</p>
<p>
一天，他走过一个学馆门口，看见学馆里的教师，拿着一支笔，正在画画。他不自觉地走了进去，对教
师说："我很想学画，借给我一支笔可以吗？"教师瞪了他一眼，"呸！"一口唾沫啐在他脸上，骂
道："穷娃子想拿笔，还想学画？做梦啦！"说完，就将他撵出大门来。马良是个有志气的孩子，他
说："偏不相信，怎么穷孩子连画也不能学了！"。
</p>
</div>
</body>
</html>
```

在 IE 11.0 中浏览效果如图 6-10 所示，可以看到网页中，背景图片以指定大小在网页左侧显示，在背景图片上显示了相应的段落信息。

图 6-10 设置背景显示区域

6.2.3 背景图片裁剪区域

在 CSS3 中，新增了一个 background-clip 属性，用来定义背景图片的裁剪区域。background-clip 属性和 background-origin 属性有几分相似。通俗地说，background-clip 属性用来判断背景是否包含边框区域，而 background-origin 属性用来决定 background-position 属性定位的参考位置。

background-clip 语法格式如下：

```
background-clip : border-box | padding-box | content-box | no-clip
```

其参数值含义如表 6-6 所示。

表 6-6　background-clip 参数值

参　数　值	说　　明
border	从 border 区域开始显示背景
padding	从 padding 区域开始显示背景
content	从 content 区域开始显示背景
no-clip	从边框区域外裁剪背景

【例 6.9】设置背景的裁剪区域(案例文件：ch06\6.9.html)。

```
<!DOCTYPE html>
<html>
<head>
<title>背景裁剪</title>
<style>
div{
    height:150px;
    width:200px;
     border:dotted 50px red;
     padding:50px;
     background-image:url(02.jpg);
     background-repeat:no-repeat;
     background-clip:content;
    }
</style>
<head>
<body>
<div>
</div>
</body>
</html>
```

在 IE 11.0 中浏览效果如图 6-11 所示，可以看到网页中，背景图片仅在内容区域内显示。

图 6-11　以内容边缘裁剪背景图片

6.2.4 背景复合属性

在 CSS3 中，background 属性依然保持了以前的用法，即综合了以上所有与背景有关的属性(即以 back-ground-开头的属性)，可以一次性地设定背景样式。语法格式如下：

```
background:[background-color] [background-image] [background-repeat]
          [background-attachment] [background-position]
 [background-size] [background-clip] [background-origin]
```

其中的属性顺序可以自由调换，并且可以选择设定。没有设定的属性，那么系统会自行为该属性添加默认值。

【例 6.10】设置背景的复合属性(案例文件：ch06\6.10.html)。

```
<!DOCTYPE html>
<html>
<head>
<title>背景的复合属性</title>
<style>
body
{
    background-color:Black;
    background-image:url(01.jpg);
    background-position:center;
    background-repeat:repeat-x;
    background-attachment:fixed;
     background-size:900 800;
    background-origin:padding;
     background-clip:content;
}
</style>
<head>
<body>
</body>
</html>
```

在 IE 11.0 中浏览效果如图 6-12 所示，可以看到网页中，背景以复合方式显示。

图 6-12　设置背景的复合属性

6.3　使用 CSS 控制边框样式

边框就是将元素内容及间隙包含在其中的边线，类似于表格的外边线。每一个页面元素的边框可以从 3 个方面来描述：宽度、样式和颜色，这 3 个方面决定了边框所显示出来的外观。CSS3 中分别使用 border-style、border-width 和 border-color 这 3 个属性设定边框的 3 个方面。

6.3.1　设置边框样式

border-style 属性用于设定边框的样式即风格。设定边框格式是边框最重要的部分，它主要用于为页面元素添加边框。其语法格式如下：

```
border-style : none | hidden | dotted | dashed | solid | double | groove |
ridge | inset | outset
```

CSS3 设定了 9 种边框样式，如表 6-7 所示。

表 6-7　边框样式

属 性 值	描　　述
none	无边框，无论边框宽度设为多大
dotted	点线式边框
dashed	破折线式边框
solid	直线式边框
double	双线式边框
groove	槽线式边框
ridge	脊线式边框
inset	内嵌效果的边框
outset	突起效果的边框

【例 6.11】设置边框样式(案例文件：ch06\6.11.html)。

```
<!DOCTYPE html>
<html>
<head>
<title>边框样式</title>
<style>
h1 {
    border-style:dotted;
    color: black;
    text-align:center;
}
p{
    border-style:double;
    text-indent:2em;
}
```

```
</style>
<head>
<body >
    <h1>带有边框的标题</h1>
    <p>带有边框的段落</p>
</body>
</html>
```

在 IE 11.0 中浏览效果如图 6-13 所示，可以看到网页中，标题 H1 显示的时候，带有边框，其边框样式为点线式边框；同样段落也带有边框，其边框样式为双线式边框。

 提示

在没有设定边框颜色的情况下，groove、ridge、inset 和 outset 边框默认的颜色是灰色。dotted、dashed、solid 和 double 这 4 种边框的颜色基于页面元素的 color 值。

图 6-13　设置边框

其实，这几种边框样式还可以分别定义在一个边框中，从上边框开始按照顺时针的方向分别定义边框的上、右、下、左边框样式，从而形成多样式边框。例如，有下面一条样式规则：

```
p{border-style:dotted solid dashed groove}
```

另外，如果需要单独的定义边框的一条边的样式，则可以使用如表 6-8 所列的属性来定义。

表 6-8　各边样式属性

属　　性	描　　述
border-top-style	设定上边框的样式
border-right-style	设定右边框的样式
border-bottom-style	设定下边框的样式
border-left-style	设定左边框的样式

6.3.2　设置边框颜色

border-color 属性用于设定边框颜色，如果不想与页面元素的颜色相同，则可以使用该属性为边框定义其他颜色。border-color 属性的语法格式如下：

```
border-color : color
```

color 表示指定颜色，其颜色值通过十六进制和 RGB 等方式获取。同边框样式属性一样，border-color 属性可以为边框设定一种颜色，也可以同时设定四个边的颜色。

【例 6.12】设置边框颜色(案例文件：ch06\6.12.html)。

```
<!DOCTYPE html>
<html>
<head>
<title>设置边框颜色</title>
<style>
p{
    border-style:double;
    border-color:red;
    text-indent:2em;
}
</style>
<head>
<body >
    <p>边框颜色设置</p>
    <p style="border-style:solid; border-color:red blue yellow green">
  分别定义边框颜色
 </p>
</body>
</html>
```

在 IE 11.0 中浏览效果如图 6-14 所示，可以看到网页中，第一个段落边框颜色设置为红色，第二个段落边框颜色分别设置为红、蓝、黄、绿。

图 6-14　设置边框颜色

除了上面设置 4 个边框颜色的方法之外，还可以使用如表 6-9 所列出的属性单独为相应的边框设定颜色。

表 6-9　各边颜色属性

属　性	描　述
border-top-color	设定上边框颜色
border-right-color	设定右边框颜色
border-bottom-color	设定下边框颜色
border-left-color	设定左边框颜色

6.3.3　设置边框线宽

在 CSS3 中，可以通过设定边框宽度来增强边框效果。border-width 属性就是用来设定边框宽度的，其语法格式如下：

```
border-width : medium | thin | thick | length
```

其中预设有 3 种属性值：medium、thin 和 thick，另外还可以自行设置宽度(width)，如表 6-10 所示。

表 6-10 border-width 属性

属 性 值	描 述
medium	默认值，中等宽度
thin	比 medium 细
thick	比 medium 粗
length	自定义宽度

【例 6.13】设置边框宽度(案例文件：ch06\6.13.html)。

```
<!DOCTYPE html>
<html>
<head>
<title>设置边框宽度</title>
<head>
<body >
    <p style="border-style:dotted; border-width:medium;">边框颜色设置</p>
    <p style="border-style:dashed;border-width:thin;">边框颜色设置</p>
    <p style="border-style:solid; border-width:12px;">
  分别定义边框颜色
 </p>
</body>
</html>
```

在 IE 11.0 中浏览效果如图 6-15 所示，可以看到网页中，3 个段落边框以不同的粗细显示。

图 6-15 设置边框宽度

border-width 属性其实是 border-top-width、border-right-width、border-bottom-width 和 border-left-width 这 4 个属性的综合属性，分别用于设定上边框、右边框、下边框、左边框的宽度。

【例 6.14】分别设置 4 个边框宽度(案例文件：ch06\6.14.html)。

```
<!DOCTYPE html>
<html>
```

网站开发案例课堂

```
<head>
<title>边框宽度设置</title>
<style>
p{
border-style:solid;
border-color:#ff00ee;
border-top-width:medium;
border-right-width:thin;
bottom-width:thick;
border-left-width:15px;
}
</style>
<head>
<body >
    <p >边框宽度设置</p>
</body>
</html>
```

在 IE 11.0 中浏览效果如图 6-16 所示，可以看到网页中，段落的 4 个边框以不同的宽度显示。

图 6-16　分别设置 4 个边框宽度

6.3.4　设置边框复合属性

border 属性集合了上述所介绍的 3 种属性，为页面元素设定边框的宽度、样式和颜色。其语法格式如下：

```
border : border-width || border-style || border-color
```

其中，3 个属性顺序可以自由调换。

【例 6.15】设置边框复合属性(案例文件：ch06\6.15.html)。

```
<!DOCTYPE html>
<html>
<head>
<title>边框复合属性设置</title>
<head>
<body >
    <p style="border:dashed  red 12px">边框复合属性设置</p>
</body>
</html>
```

在 IE 11.0 中浏览效果如图 6-17 所示，可以看到网页中，段落边框样式以破折线显示，颜色为红色，宽带为12px。

图 6-17 设置边框复合属性

6.4 CSS3 中新增边框圆角效果

在 CSS3 标准没有指定之前，如果想要实现圆角效果，需要花费很大的精力。但在 CSS3 标准推出之后，网页设计者可以使用 border-radius 轻松实现圆角效果。

6.4.1 设置圆角边框

在 CSS3 中，可以使用 border-radius 属性定义边框的圆角效果，从而极大降低了圆角开发成本。border-radius 的语法格式如下：

```
border-radius : none | <length>{1,4} [ / <length>{1,4} ]?
```

其中，none 为默认值，表示元素没有圆角。<length>表示由浮点数字和单位标识符组成的长度值，不可为负值。

【例 6.16】设置圆角边框(案例文件：ch06\6.16.html)。

```
<!DOCTYPE html>
<html>
<head>
<title>圆角边框设置</title>
<style>
p{
    text-align:center;
    border:15px solid red;
    width:100px;
    height:50px;
    border-radius:10px;
}
</style>
<head>
<body >
    <p>这是一个圆角边框</p>
</body>
</html>
```

在 IE 11.0 中浏览效果如图 6-18 所示，可以看到网页中，段落边框显示时以圆角显示，其半径为 10px。

图 6-18　定义圆角边框

6.4.2　指定两个圆角半径

border-radius 属性可以包含两个参数值：第一个参数表示圆角的水平半径；第二个参数表示圆角的垂直半径。两个参数通过斜线("/")隔开。如果仅含一个参数值，则第二个值与第一个值相同，表示的是一个 1/4 的圆。如果参数值中包含 0，则这个值就是矩形，不会显示为圆角。

【例 6.17】设置不同的圆角半径(案例文件：ch06\6.17.html)。

```
<!DOCTYPE html>
<html>
<head>
<title>圆角边框设置</title>
<style>
.p1{
    text-align:center;
    border:15px solid red;
    width:100px;
    height:50px;
    border-radius:5px/50px;
}
.p2{
    text-align:center;
    border:15px solid red;
    width:100px;
    height:50px;
    border-radius:50px/5px;
}
</style>
<head>
<body>
    <p class=p1>这是一个圆角边框 A</p>
    <p class=p2>这也是一个圆角边框 B</p>
</body>
</html>
```

在 IE 11.0 中浏览效果如图 6-19 所示，可以看到网页中，显示了两个圆角边框，第一个段落圆角半径为 5px/50px，第二个段落圆角半径为 50px/5px。

图 6-19 定义不同半径圆角边框

6.4.3 绘制 4 个不同圆角边框

在 CSS3 中,实现 4 个不同圆角边框,其方法有两种:一种是 border-radius 属性;另一种是使用 border-radius 衍生属性。

1. border-radius 属性

利用 border-radius 属性可以绘制 4 个不同圆角的边框。如果直接给 border-radius 属性赋 4 个值,这 4 个值将按照 top-left、top-right、bottom-right、bottom-left 的顺序来设置。如果 bottom-left 值省略,其圆角效果和 top-right 效果相同;如果 bottom-right 值省略,其圆角效果和 top-left 效果相同;如果 top-right 的值省略,其圆角效果和 top-left 效果相同。如果为 border-radius 属性设置 4 个值的集合参数,则每个值表示每个角的圆角半径。

【例 6.18】设置不同的圆角边框(案例文件:ch06\6.18.html)。

```
<!DOCTYPE html>
<html>
<head>
<title>设置圆角边框</title>
<style>
.div1{
    border:15px solid blue;
    height:100px;
    border-radius:10px 30px 50px 70px;
}
.div2{
    border:15px solid blue;
    height:100px;
    border-radius:10px 50px 70px;
}
.div3{
    border:15px solid blue;
    height:100px;
    border-radius:10px 50px;
}
</style>
<head>
<body>
```

```
<div class=div1></div><br>
<div class=div2></div><br>
<div class=div3></div>
</body>
</html>
```

在 IE 11.0 中浏览效果如图 6-20 所示，可以看到网页中，第一个 div 层设置了 4 个不同的圆角边框；第二个 div 层设置了 3 个不同的圆角边框；第三个 div 层设置了 2 个不同的圆角边框。

图 6-20　设置不同的圆角边框

2. border-radius 衍生属性

除了上面设置圆角边框的方法之外，还可以使用如表 6-11 列出的属性单独为相应的边框设置圆角。

表 6-11　定义不同圆角

属　性	描　述
border-top-right-radius	定义右上角圆角
border-bottom-right-radius	定义右下角圆角
border-bottom-left-radius	定义左下角圆角
border-top-left-radius	定义左上角圆角

【例 6.19】绘制指定的圆角边框(案例文件：ch06\6.19.html)。

```
<!DOCTYPE html>
<html>
<head>
<title>圆角边框设置</title>
<style>
.div{
```

```
    border:15px solid blue;
    height:100px;
    border-top-left-radius:70px;
    border-bottom-right-radius:40px;
</style>
<head>
<body>
<div class=div></div><br>
</body>
</html>
```

在 IE 11.0 中浏览效果如图 6-21 所示，可以看到网页中，设置 2 个圆角边框，分别使用 border-top-left-radius 和 border-bottom-right-radius 指定。

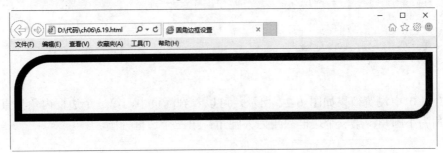

图 6-21   绘制指定的圆角边框

6.4.4   绘制不同种类的边框

border-radius 属性可以根据不同半径值来绘制不同的圆角边框。同样也可以利用 border-radius 来定义边框内部的圆角，即内圆角。需要注意的是，外部圆角边框的半径称为外半径，内边半径等于外边半径减去对应边的宽度，即将边框内部的圆的半径称为内半径。

通过外半径和边框宽度的不同设置，可以绘制出不同形状的内边框。例如绘制内直角、小内圆角、大内圆角和圆。

【例 6.20】绘制不同种类的边框(案例文件：ch06\6.20.html)。

```
<!DOCTYPE html>
<html>
<head>
<title>圆角边框设置</title>
<style>
.div1{
    border:70px solid blue;
    height:50px;
    border-radius:40px;
   }
.div2{
    border:30px solid blue;
    height:50px;
    border-radius:40px;
   }
.div3{
```

```
    border:10px solid blue;
    height:50px;
    border-radius:60px;
    }
.div4{
    border:1px solid blue;
    height:100px;
    width:100px;
    border-radius:50px;
    }
</style>
<head>
<body>
<div class=div1></div><br>
<div class=div2></div><br>
<div class=div3></div><br>
<div class=div4></div><br>
</body>
</html>
```

在 IE 11.0 中浏览效果如图 6-22 所示，可以看到网页中，第一个边框内角为直角；第二个边框内角为小圆角；第三个边框内角为大圆角；第三个边框为圆。

图 6-22　绘制不同种类的边框

当边框宽度设置大于圆角外半径，即内半径为 0，则会显示内直角，而不是圆直角，所以内外边曲线的圆心必然是一致的，见上例中第一个边框设置。如果边框宽度小于圆角半径，则内半径小于 0，则会显示小幅圆角效果，见上例中第二个边框设置。如果边框宽度设置远远小于圆角半径，则内半径远远大于 0，则会显示大幅圆角效果，见上例中第三个边框设置。如果设置元素相同，同时设置圆角半径为元素大小的一半，则会显示圆，见上例中的第四个边框设置。

6.5　CSS3 中的渐变效果

CSS3 渐变(gradients)可以实现两个或多个指定的颜色之间显示平稳过渡的效果。在 CSS3 之前的版本中，如果要实现渐变效果，只能使用图片来实现，从而增加了下载的事件和宽带。使用 CSS3 中渐变效果，不仅效果更漂亮，而且能减少下载的事件和宽带。CSS3 义了两种类型的渐变：线性渐变和径向渐变。

6.5.1　线性渐变效果

线性渐变效果为向下、向上、向左、向右或对角方向颜色过渡的效果。如果想创建一个线性渐变效果，至少需要定义两种颜色结点。定义线性渐变效果的语法格式如下：

```
background: linear-gradient(direction, color-stop1, color-stop2, ...);
```

其中，direction 用于指定渐变的方向；color-stop1 用于指定颜色的起点；color-stop2 用于指定过渡颜色或终点颜色。

下面将通过有关案例来学习如何实现从上到下线性渐变的效果。

【例 6.21】设置线性渐变效果(案例文件：ch06\6.21.html)。

```
<!DOCTYPE html>
<html>
<head>
<title>从上到下的线性渐变效果</title>
<style>
#grad1 {
    height: 200px;
    background: -webkit-linear-gradient(blue, red); /* Safari 5.1 - 6.0 */
    background: -o-linear-gradient(blue, red); /* Opera 11.1 - 12.0 */
    background: -moz-linear-gradient(blue, red); /* Firefox 3.6 - 15 */
    background: linear-gradient(blue, red); /* 标准的语法(必须放在最后) */
}
</style>
</head>
<body>
<h2>从上到下的渐变效果。起点是蓝色，慢慢过渡到红色。</h2>
<div id="grad1"></div>
</body>
</html>
```

在 IE 11.0 中浏览效果如图 6-23 所示。可见，线性渐变的默认方向为从上到下。

 Internet Explorer 9 及之前的版本不支持渐变效果。

图 6-23　线性渐变效果

用户可以定义水平渐变效果。例如将渐变方向定义为从左到右，则对应的代码如下：

```
#grad1{
  background: -webkit-linear-gradient(left, blue , red); /* Safari 5.1 - 6.0 */
  background: -o-linear-gradient(right, blue, red); /* Opera 11.1 - 12.0 */
  background: -moz-linear-gradient(right, blue, red); /* Firefox 3.6 - 15 */
  background: linear-gradient(to right, blue, red); /* 标准的语法 */
}
```

用户可以定义对角渐变效果。例如从左上角到右下角的线性渐变，则对应的代码如下：

```
#grad {
  background: -webkit-linear-gradient(left top, red , blue); /* Safari 5.1 - 6.0 */
  background: -o-linear-gradient(bottom right, red, blue); /* Opera 11.1 - 12.0 */
  background: -moz-linear-gradient(bottom right, red, blue); /* Firefox 3.6 - 15 */
  background: linear-gradient(to bottom right, red , blue); /* 标准的语法 */
}
```

如果用户想要在渐变的方向上做更多的控制，可以定义一个角度。具体语法规则如下：

```
background: linear-gradient(angle, color-stop1, color-stop2);
```

其中，angle 为水平线和渐变线之间的角度，逆时针方向计算。例如以下为带有角度的线性渐变：

```
#grad {
  background: -webkit-linear-gradient(180deg, red, blue); /* Safari 5.1 - 6.0 */
  background: -o-linear-gradient(180deg, red, blue); /* Opera 11.1 - 12.0 */
  background: -moz-linear-gradient(180deg, red, blue); /* Firefox 3.6 - 15 */
  background: linear-gradient(180deg, red, blue); /* 标准的语法 */
}
```

CSS3 渐变也支持透明度设置，可用于创建减弱变淡的效果。为了添加透明度效果，可以使用 rgba()函数来定义颜色结点。rgba() 函数中的最后一个参数可以是从 0 到 1 的值，它定义了颜色的透明度：0 表示完全透明，1 表示完全不透明。

下面的代码将实现从左边开始的线性渐变。起点是完全透明，慢慢过渡到完全不透明的蓝色，对应代码如下：

```
#grad {
  background: -webkit-linear-gradient(left,rgba(255,0,0,0),rgba(255,0,0,1));
```

```
/* Safari 5.1 - 6 */
  background: -o-linear-gradient(right,rgba(255,0,0,0),rgba(255,0,0,1)); /*
Opera 11.1 - 12*/
  background: -moz-linear-gradient(right,rgba(255,0,0,0),rgba(255,0,0,1));
/* Firefox 3.6 - 15*/
  background: linear-gradient(to right, rgba(255,0,0,0), rgba(255,0,0,1));
/* 标准的语法 */
}
```

6.5.2 径向渐变效果

径向渐变是以指定的中心点，按设置的形状和大小进行渐变的效果。径向渐变的语法格式如下：

```
background: radial-gradient(center, shape size, start-color, ..., last-color);
```

上述参数的含义如下。

(1) center 为渐变的中心，默认值为渐变的中心点。

(2) shape 为渐变的形状，它的值可以为 circle 或 ellipse。其中，circle 表示圆形，ellipse 表示椭圆形。默认值是 ellipse。

(3) size 为渐变的大小。它可以取值为：closest-side、farthest-side、closest-corner 或者 farthest-corner。

(4) start-color 为开始颜色，last-color 为结束颜色。

下面的案例将制作不同形状的径向渐变效果。

【例 6.22】设置径向渐变效果(案例文件：ch06\6.22.html)。

```
<!DOCTYPE html>
<html>
<head>
<title>径向渐变效果</title>
<style>
#grad1 {
   height: 150px;
   width: 200px;
   background: -webkit-radial-gradient(red, yellow, green); /* Safari 5.1
- 6.0 */
   background: -o-radial-gradient(red, yellow, green); /* Opera 11.6 -
12.0 */
   background: -moz-radial-gradient(red, yellow, green); /* Firefox 3.6 -
15 */
   background: radial-gradient(red, yellow, green); /* 标准的语法(必须放在最后) */
}

#grad2 {
   height: 150px;
   width: 200px;
   background: -webkit-radial-gradient(circle, red, yellow, green); /*
Safari 5.1 - 6.0 */
   background: -o-radial-gradient(circle, red, yellow, green); /* Opera
11.6 - 12.0 */
```

```
    background: -moz-radial-gradient(circle, red, yellow, green); /*
Firefox 3.6 - 15 */
    background: radial-gradient(circle, red, yellow, green); /* 标准的语法(必
须放在最后) */
}
</style>
</head>
<body>
<h3>径向渐变效果</h3>
<p><strong>椭圆形 Ellipse(默认): </strong></p>
<div id="grad1"></div>
<p><strong>圆形 Circle: </strong></p>
<div id="grad2"></div></style>
</body>
</html>
```

在 IE 11.0 中浏览效果如图 6-24 所示。

图 6-24　径向渐变效果

6.6　综合案例 1——制作简单公司主页

打开各类商业网站，最先映入眼帘的就是首页，首页也称为主页。作为一个网站的门户，主页一般要求版面整洁，美观大方。结合前面学习的背景和边框知识，我们创建一个简单的商业网站。具体步骤如下。

step 01 分析需求。

在本案例中，主页包括了 3 个部分：一是网站 logo；二是导航栏；三是主页显示内容。网站 logo 此处使用了一个背景图来代替，导航栏使用表格实现，内容列表使用无序列表实现。案例完成后，效果如图 6-25 所示。

图 6-25　商业网站主页

step 02 构建基本 HTML。

为了划分不同的区域，HTML 页面需要包含不同的 div 层，每一层代表一个内容。一个 div 包含背景图，一个 div 包含导航栏，一个 div 包含整体内容，内容又可以划分两个不同的层。其代码如下：

```
<!DOCTYPE html>
<html>
<head>
<title>公司主页</title>
</head>
<body>
<center>
<div>
<div class="div1" align=center></div>
<div class=div2>
<table width=99%><tr align=center><td>首页</td><td>最新消息</td><td>产品展示
</td><td>销售网络</td><td>人才招聘</td><td>客户服务</td></tr></table>
</div>
<div class=div3>
<div class=div4>
<ul>最新消息
<li>公司举办 2017 科技辩论大赛</li>
<li>企业安全知识大比武</li>
<li>优秀员工评比活动规则</li>
<li>人才招聘信息</li>
</ul>
</div>
<div class=div5>
<ul>成功案例
<li>上海装修建材公司</li>
<li>美衣服饰有限公司</li>
<li>天力科技有限公司</li>
<li>美方豆制品有限公司</li>
```

```
</ul>
</div>
</div>
</div>
</center>
</body>
</html>
```

在 IE 11.0 中浏览效果如图 6-26 所示，可以看到在网页中显示了导航栏和两个列表信息。

图 6-26　基本 HTML 结构

step 03　添加 CSS 代码，设置背景 Logo。具体代码如下：

```
<style>
.div1{
    height:100px;
    width:820px;
    background-image:url(03.jpg);
    background-repeat:no-repeat;
    background-position:center;
    background-size:cover;

}
</style>
```

在 IE 11.0 中浏览效果如图 6-27 所示，可以看到在网页顶部显示了一个背景图，此背景覆盖整个 div 层，并不重复。并且背景图片居中显示。

step 04　添加 CSS 代码，设置导航栏。具体代码如下：

```
.div2{
    width:820px;
    background-color:#d2e7ff;

}
table{
    font-size:12px;
    font-family:"幼圆";

}
```

在 IE 11.0 中浏览效果如图 6-28 所示，可以看到在网页中导航栏背景色为浅蓝色，表格中字体大小为 12px，字体类型是幼圆。

图 6-27　设置背景图

图 6-28　设置导航栏

step 05　添加 CSS 代码，设置内容样式。具体代码如下：

```
.div3{
    width:820px;
    height:320px;
    border-style:solid;
    border-color:#ffeedd;
    border-width:10px;
    border-radius:60px;
}
.div4{
    width:810px;
    height:150px;
    text-align:left;
    border-bottom-width: 2px;
    border-bottom-style:dotted;
     border-bottom-color:#ffeedd;
}
.div5{
    width:810px;
    height:150px;
    text-align:left;
}
```

在 IE 11.0 中浏览效果如图 6-29 所示，可以看到在网页中内容显示在一个圆角边框中，两个不同的内容块中间使用虚线隔开。

step 06　添加 CSS 代码，设置列表样式。具体代码如下：

```
ul{
    font-size:15px;
    font-family:"楷体";
}
```

在 IE 11.0 中浏览效果如图 6-30 所示，可以看到在网页中列表字体大小为 15px，字体为楷体。

图 6-29　CSS 修饰边框　　　　　　　　　　　图 6-30　美化列表信息

6.7　综合案例 2——制作简单生活资讯主页

本案例来制作一个简单的生活资讯主页。具体操作步骤如下。

step 01　打开记事本文件，在其中输入如下代码：

```
<html>
<head>
<title>生活资讯</title>
<style>
.da{border:#0033FF 1px solid;}
.title{color:blue;font-size:25px;text-align:center}
.xtitle{
        text-align:center;
        font-size:13px;
        color:gray;
      }
img{
    border-top-style:solid;
    border-right-style:dashed;
    border-bottom- style:solid;
    border-left-style:dashed;
    }
.xiao{border-bottom:#CCCCCC 1px dashed;}
</style>
</head>
<body>
<div class=da>
<div class=xiao>
<p class=title>做一碗喷香的煲仔饭，锅巴是它的灵魂</p>
<p  class=xtitle>2014-01-25 09:38 来源：生活网</p>
</div>

<div>
<p align=center>
<img src=04.jpg border=1 width="200" height="150"/>
<p>
<p style="text-indent:10mm;font-size:15px;">
首先，把米泡好，然后在砂锅里抹上一层油，不要抹多，因为之后还要放。香喷喷的土猪油最好，没有
```

的话尽量用味道不大的油比如葵花籽油、色拉油什么的，如果用橄榄油、花生油之类的话会有一股味道，这个看个人接受能力了。之后就跟知友说的一样，放米放水。水一定不能多放，因为米已经吸饱了水。具体放多少水看个人喜好了，如果不清楚的话就多做几次。总会成功的。</p>
```
<p>
<p style="text-indent:10mm;font-size:15px;">
```
然后盖上锅盖，大火，水开了之后换中火。等锅里的水变成类似于稀饭一样黏稠，没剩多少(请尽量少开几次锅盖，这个也需要经验)的时候，放一勺油，这一勺油的用处是让米饭更香更亮更好吃，最重要的一点是这样能！出！锅！巴！</p>
```
<p>
<p style="text-indent:10mm;font-size:15px;">
```
最后把配菜啥的放进去(青菜我习惯用水焯一遍就直接放到做好的饭里)，淋上酱汁。然后火稍微调小一点，盖上盖子再焖一会，等菜快熟了的时候关火，不开盖，焖 5 分钟左右，就搞定了。
```
</p>
</div>
</div>
</body>
</html>
```

step 02 保存网页，在 IE 11.0 中预览效果如图 6-31 所示。

图 6-31 网页效果

6.8 大神解惑

小白： 我制作网页的背景图片为什么不显示呢？是不是路径有问题呀？

大神： 在一般情况下，设置图片路径的代码如下：

```
background-image:url(logo.jpg);
background-image:url(../logo.jpg);
background-image:url(../images/logo.jpg);
```

对于第一种情况"url(logo.jpg)"。要看此图片是不是与 CSS 文件在同一目录。

对于第二与第三种情况，极力不推荐使用，因为网页文件可能存在于多级目录中，不同级目录的文件位置注定了相对路径是不一样的。而这样就让问题复杂化了，很可能图片在这个文件中显示正常，换了一级目标，图片就找不到影子了。

有一种方法可以轻松解决这一问题，建立一个公共文件目录，用来存放一些公用图片文件，例如 image，将图片文件也直接存于该目录中，在 CSS 文件中，可以使用下列方式。

```
url(images/logo.jpg)
```

小白：用小图片进行背景平铺好吗？

大神：不要使用过小的图片做背景平铺。这是因为宽高 1px 的图片平铺出一个宽高 200px 的区域，需要 200×200=40 000 次，占用资源。

小白：边框样式 border:0 会占有资源吗？

大神：推荐的写法是 border:none，虽然 border:0 只是定义边框宽度为零，但边框样式、颜色还是会被浏览器解析，占用资源。

6.9 跟我练练手

练习 1：制作一个包含背景图片的网页，然后设置背景的显示大小、显示区域等属性。

练习 2：制作一个包含边框的网页，然后设置边框的样式、颜色、线宽等属性。

练习 3：制作一个包含圆角边框的网页，然后设置圆角边框的半径和种类等属性。

练习 4：制作一个简单公司主页的例子。

练习 5：制作一个生活咨询主页的例子。

第 7 章

使用 CSS3 美化
网页浏览效果

超链接是网页的灵魂，各个网页都是通过超链接进行相互访问的，超链接完成了页面的跳转。通过 CSS3 属性定义，可以设置出美观大方，具有不同外观和样式的超链接，从而提升网页浏览效果。

本章要点(已掌握的在方框中打钩)

☐ 掌握美化超级链接的方法

☐ 掌握美化鼠标特效的方法

☐ 掌握制作图片版本超级链接的方法

☐ 掌握制作鼠标特效的方法

☐ 掌握制作简单导航栏的方法

7.1　使用 CSS3 美化超链接

一般情况下，超级链接是由<a></a>标记组成，超级链接可以是文字或图片。添加了超级链接的文字具有自己的样式，从而和其他文字区别，其中默认链接样式为蓝色文字，有下划线。不过，通过 CSS3 属性，可以修饰超级链接，从而达到美观的效果。

7.1.1　改变超级链接基本样式

通过 CSS3 的伪类可以改变超级链接的基本样式，使用伪类最大的用处是在不同状态下可以对超级链接定义不同的样式效果，是 CSS 本身定义的一种类。

对于超级链接伪类，其详细信息如表 7-1 所示。

表 7-1　超级链接伪类

伪　类	用　途
a:link	定义 a 对象在未被访问前的样式
a:hover	定义 a 对象在其鼠标悬停时的样式
a:active	定义 a 对象被用户激活时的样式(在鼠标单击与释放之间发生的事件)
a:visited	定义 a 对象在其链接地址已被访问过时的样式

　　　　如果要定义未被访问过的超级链接的样式，可以通过 a:link 来实现；如果要设置被访问过的超级链接的样式，可以定义 a:visited 来实现。其他要定义悬浮和激活时的样式，也能按表 7-1 所示，用 hover 和 active 来实现。

【例 7.1】用伪类修饰超级链接(案例文件：ch07\7.1.html)。

```
<!DOCTYPE html>
<html>
<head>
<title>超级链接样式</title>
<style>
a{
    color:#545454;
    text-decoration:none;
}
a:link{
    color:#545454;
    text-decoration:none;
}
a:hover{
    color:#f60;
    text-decoration:underline;
}
a:active{
    color:#FF6633;
    text-decoration:none;
```

```
}
</style>
</head>
<body>
<center>
<a  href=#>返回首页</a>|<a  href=#>成功案例</a>
<center>
</body>
</html>
```

在 IE 11.0 中浏览效果如图 7-1 所示，可以看到两个超级链接，当鼠标指针停留第一个超级链接上方时，显示颜色为黄色，并带有下划线。另一个超级链接没有被访问，不带有下划线，颜色显示灰色。

图 7-1　伪类修饰超级链接

 从上面可以知道，伪类只是提供一种途径，用来修饰超级链接，而对超级链接真正起作用的，还是文本、背景、边框等属性。

7.1.2　设置带有提示信息的超级链接

在网页显示的时候，有时一个超级链接并不能说明这个链接背后的含义，通常还要为这个链接加上一些介绍性信息，即提示信息。此时可以通过超级链接 a 提供描述标记 title，达到这个效果。title 属性的值即位提示内容，当浏览器的光标停留在超级链接上时，会出现提示内容，并且不会影响页面排版的整洁。

【例 7.2】设置带有提示信息的超级链接(案例文件：ch07\7.2.html)。

```
<!DOCTYPE html>
<html>
<head>
<title>超级链接样式</title>
<style>
a{
   color:#005799;
   text-decoration:none;
}
a:link{
    color:#545454;
    text-decoration:none;
}
a:hover{
    color:#f60;
    text-decoration:underline;
}
a:active{
    color:#FF6633;
    text-decoration:none;
```

```
}
</style>
</head>
<body>
<a href="" title="这是一个优秀的团队">了解我们</a>
</body>
</html>
```

在 IE 11.0 中浏览效果如图 7-2 所示，可以看到当鼠标指针停留超级链接上方时，显示颜色为黄色，带有下划线，并且有一个提示信息"这是一个优秀的团队"。

图 7-2　超级链接提示信息

7.1.3　设置超级链接的背景图

一个普通超级链接，要么是文本显示，要么是图片显示，显示方式很单一。此时可以将图片作为背景图添加到超级链接里，这样超级链接会具有更加精美的效果。超级链接如果要添加背景图片，通常使用 background-image 来完成。

【例 7.3】设置超级链接的背景图(案例文件：ch07\7.3.html)。

```
<!DOCTYPE html>
<html>
<head>
<title>设置超级链接的背景图</title>
<style>
a{
    background-image:url(01.jpg);
    width:90px;
    height:30px;
    color:#005799;
    text-decoration:none;
}
a:hover{
    background-image:url(02.jpg);
    color:#006600;
    text-decoration:underline;
}
</style>
</head>
<body>
<a href="#">品牌特卖</a>
<a href="#">服饰精选</a>
<a href="#">食品保健</a>
</body>
</html>
```

在 IE 11.0 中浏览效果如图 7-3 所示，可以看到显示了 3 个超级链接，当鼠标指针停留在一个超级链接上时，其背景图就会显示蓝色并带有下划线，而当鼠标指针不在超级链接上时，背景图显示浅蓝色，并且不带有下划线。当鼠标指针不在超级链接上停留，会不停地改变超级链接显示图片，即样式，从而实现超级链接动态菜单效果。

图 7-3　带背景图片的超级链接

在上面代码中，使用 background-image 引入背景图，text-decoration 设置超级链接是否具有下划线。

7.1.4　设置超级链接的按钮效果

有时为了增强超级链接的效果，会将超级链接模拟成表单按钮，即当鼠标指针移到一个超级链接上时，超级链接的文章或图片就会像被按下一样，有一种凹陷的效果。其实现方式通常是利用 CSS 中的 a:hover，当鼠标指针经过链接时，将链接向下、向右各移一个像素，这时候显示效果就像按钮被按下的效果。

【例 7.4】设置超级链接的按钮效果(案例文件：ch07\7.4.html)。

```
<!DOCTYPE html>
<html>
<head>
<title>设置超级链接的按钮效果</title>
<style>
a{
        font-family:"幼圆";
        font-size:2em;
        text-align:center;
        margin:3px;
}
a:link,a:visited{
        color:#ac2300;
        padding:4px 10px 4px 10px;
        background-color:#ccd8db;
        text-decoration:none;
        border-top:1px solid #EEEEEE;
        border-left:1px solid #EEEEEE;
        border-bottom:1px solid #717171;
        border-right:1px solid #717171;
}
a:hover{
        color:#821818;
        padding:5px 8px 3px 12px;
        background-color:#e2c4c9;
        border-top:1px solid #717171;
        border-left:1px solid #717171;
        border-bottom:1px solid #EEEEEE;
        border-right:1px solid #EEEEEE;
}
</style>
</head>
<body>
<a href="#">首页</a>
<a href="#">团购</a>
<a href="#">品牌特卖</a>
```

```
<a href="#">服饰精选</a>
<a href="#">食品保健</a>
</body>
</html>
```

在 IE 11.0 中浏览效果如图 7-4 所示，可以看到显示了 5 个超级链接，当鼠标指针停留在一个超级链接上时，其背景色显示为黄色并具有凹陷的感觉，而当鼠标指针不在超级链接上时，背景图显示为浅灰色。

图7-4　超级链接的按钮效果

 在上面 CSS 代码中，需要对 a 标记进行整体控制，同时加入了 CSS 的 2 个伪类属性。对于普通超链接和单击过的超链接采用同样的样式，并且边框的样式模拟按钮效果。而对于鼠标指针经过时的超级链接，相应地改变文章颜色、背景色、位置和边框，从而模拟按下的效果。

7.2　使用 CSS3 美化鼠标特效

对经常操作计算机的人们来说，当鼠标指针移动到不同地方或执行不同操作时，鼠标样式是不同的，这些就是鼠标特效。例如，当需要伸缩窗口时，将鼠标指针放置窗口边沿处，鼠标会变成双向箭头状；当系统繁忙时，鼠标指针会变成漏斗状。如果要在网页实现这种效果，可以通过 CSS 属性定义实现。

7.2.1　使用 CSS3 控制鼠标箭头

在 CSS3 中，鼠标的箭头样式可以通过 cursor 属性来实现。cursor 属性包含 17 个属性值，对应鼠标的 17 个样式，而且还能够通过 url 链接地址自定义鼠标指针，如表 7-2 所示。

表7-2　鼠标样式

属 性 值	说　明
auto	自动，按照默认状态自行改变
crosshair	精确定位十字
default	默认鼠标指针
hand	手形
move	移动
help	帮助

属 性 值	说 明
wait	等待
text	文本
n-resize	箭头朝上双向
s-resize	箭头朝下双向
w-resize	箭头朝左双向
e-resize	箭头朝右双向
ne-resize	箭头右上双向
se-resize	箭头右下双向
nw-resize	箭头左上双向
sw-resize	箭头左下双向
pointer	指示
url (url)	自定义鼠标指针

【例 7.5】设置鼠标样式(案例文件：ch07\7.5.html)。

```
<!DOCTYPE html>
<html>
<head>
<title>鼠标特效</title>
</head>
<body>
  <h2>CSS 控制鼠标箭头</h2>
  <div style="font-size:10pt;color:DarkBlue">
    <p style="cursor:hand">手形</p>
    <p style="cursor:move">移动</p>
    <p style="cursor:help">帮助</p>
    <p style="cursor:n-resize">箭头朝上双向</p>
    <p style="cursor:ne-resize">箭头右上双向</p>
     <p style="cursor:wait">等待</p>
  </div>
</body>
</html>
```

在 IE 11.0 中浏览效果如图 7-5 所示，可以看到多个鼠标样式提示信息，当鼠标指针放到一个帮助文字时，鼠标指针会以问号"？"显示，从而达到提示作用。读者可以将鼠标指针放在不同的文字上，查看不同的鼠标指针样式。

图 7-5　鼠标指针样式

7.2.2　设置鼠标变幻式超链接

知道了如何控制鼠标指针样式，就可以

轻松制作出鼠标指针样式变幻的超级链接效果，即鼠标指针放到超级链接上，可以看到超级链接颜色、背景图片发生变化，并且鼠标样式也发生变化。

【例7.6】设置鼠标变幻效果(案例文件：ch07\7.6.html)。

```html
<!DOCTYPE html>
<html>
<head>
<title>鼠标手势</title>
<style>
a{
    display:block;
    background-image:url(03.jpg);
    background-repeat:no-repeat;
    width:100px;
    height:30px;
    line-height:30px;
    text-align:center;
    color:#FFFFFF;
    text-decoration:none;
    }
a:hover{
            background-image:url(02.jpg);
    color:#FF0000;
    text-decoration:none;
    }
.help{
    cursor:help;
    }
.text{cursor:text;}
</style>
</head>
<body>
<a href="#" class="help">帮助我们</a>
<a href="#" class="text">招聘信息</a>
</body>
</html>
```

在 IE 11.0 中浏览效果如图 7-6 所示，可以看到当鼠标指针放到一个"帮助我们"工具栏上，其鼠标样式以问号显示，字体颜色显示为红色，背景色为蓝天白云。当鼠标指针不放到工具栏上，背景图片为绿色，字体颜色为白色。

7.2.3 设置网页页面滚动条

当一个网页内容较多的时候，浏览器窗口

图 7-6　鼠标指针变幻效果

不能在一屏内完全显示，就会给浏览者提供滚动条，方便读者浏览相关内容。对于 IE 浏览器，可以单独设置滚动条样式，从而满足网站整体样式设计。滚动条主要由 3dlight、highlight、face、arrow、shadow 和 darkshadow 几个部分组成。其具体含义如表 7-3 所示。

表 7-3　滚动条属性设置

属　性	版　本	兼 容 性	简　介
scrollbar-3d-light-color	IE 专有属性	IE5.5+	设置或检索滚动条亮边框颜色
scrollbar-highlight-color	IE 专有属性	IE5.5+	设置或检索滚动条 3D 界面的亮边(ThreedHighlight)颜色
scrollbar-face-color	IE 专有属性	IE5.5+	设置或检索滚动条 3D 表面(ThreedFace)的颜色
scrollbar-arrow-color	IE 专有属性	IE5.5+	设置或检索滚动条方向箭头的颜色
scrollbar-shadow-color	IE 专有属性	IE5.5+	设置或检索滚动条 3D 界面的暗边(ThreedShadow)颜色
scrollbar-dark-shadow-color	IE 专有属性	IE5.5+	设置或检索滚动条暗边框(ThreedDarkShadow)颜色
scrollbar-base-color	IE 专有属性	IE5.5+	设置或检索滚动条基准颜色。其他界面颜色将据此自动调整

【例 7.7】设置页面滚动条(案例文件：ch07\7.7.html)。

```
<!DOCTYPE html>
<html>
<head>
<title>设置滚动条</title>
<style>
body{
overFlow-x:hidden;
overFlow-y:scroll;
scrollBar-face-color:green;
scrollBar-hightLight-color:red;
scrollBar-3dLight-color:orange;
scrollBar-darkshadow-color:blue;
scrollBar-shadow-color:yellow;
scrollBar-arrow-color:purple;
scrollBar-track-color:black;
scrollBar-base-color:pink;
 }
p{
    text-indent:2em;
}
 </style>
</head>
<body>
<h1 align=center>岳阳楼记</h1>
<p>
庆历四年春，滕子京谪守巴陵郡。越明年，政通人和，百废具兴。乃重修岳阳楼，增其旧制，刻唐贤今
人诗赋于其上。属(zhǔ)予作文以记之。
</p>
        <p>
予观夫巴陵胜状，在洞庭一湖。衔远山，吞长江，浩浩汤汤(shāngshāng)，横无际涯。朝晖夕阴，气
象万千。此则岳阳楼之大观也，前人之述备矣。然则北通巫峡，南极潇湘，迁客骚人，多会于此，览物
之情，得无异乎？
```

```
</p><p>
若夫霪雨霏霏，连月不开，阴风怒号，浊浪排空。日星隐曜，山岳潜形。商旅不行，樯倾楫摧。薄暮冥
冥，虎啸猿啼。登斯楼也，则有去国怀乡，忧谗畏讥，满目萧然，感极而悲者矣。
</p><p>
至若春和景明，波澜不惊，上下天光，一碧万顷。沙鸥翔集，锦鳞游泳。岸芷汀(tīng)兰，郁郁青
青。而或长烟一空，皓月千里，浮光跃金，静影沉璧，渔歌互答，此乐何极！登斯楼也，则有心旷神
怡，宠辱偕忘，把酒临风，其喜洋洋者矣。 </p><p>
嗟夫！予尝求古仁人之心，或异二者之为。何哉？不以物喜，不以己悲；居庙堂之高，则忧其民，处江
湖之远，则忧其君。是进亦忧，退亦忧。然则何时而乐耶？其必曰"先天下之忧而忧，后天下之乐而
乐"乎？噫！微斯人，吾谁与归？
</p><p>
时六年九月十五日。
</p>
</body>
<html>
```

在 IE 11.0 中浏览效果如图 7-7 所示，可以看到页面显示了一个绿色滚动条，滚动条边框
显示为黄色，箭头显示为紫色。

图 7-7　CSS 设置滚动条

overFlow-x:hidden 代码表示隐藏 x 轴方向上的代码，overFlow-y:scroll 表示显示 y
轴方向上的代码。非常遗憾的是，目前这种滚动设计只限于 IE 浏览器，其他浏览器
对此并不支持。相信不久的将来，这个会纳入 CSS3 的样式属性中。

7.3　综合案例 1——图片版本超级链接

网上购物已经成为一种时尚，足不出户就可以购买到称心如意的东西。在网上查看所购
买的东西，通常都是通过图片。购买者首先查看图片上的物品，是否满意，如果满意直接单
击图片进入详细信息介绍页面，在这些页面中通常都是图片作为超级链接的。

本案例将结合前面学习的知识，创建一个图片版本超级链接。具体步骤如下。

`step 01` 分析需求。

单独为一个物品进行介绍，最少要包含两个部分，一个是图片，一个是文字。图片是作

为超级链接存在的，可以进入下一个页面；文字主要是介绍物品的。案例完成后，其实际效果如图 7-8 所示。

step 02 构建基本 HTML 页面。

创建一个 HTML 页面，需要创建一个段落 p 来包含图片 img 和介绍信息。其代码如下：

```
<!DOCTYPE html>
<html>
<head>
<title>图片版本超级链接</title>
</head>
<body>
<p>
<a href="#" title="单击图片，会进入更详细页面介绍"><img src=xuelian.jpg></a>
雪莲是一种珍贵的中药,在中国的新疆,西藏,青海,四川,云南等地都有出产.中医将雪莲花全草入药,
主治雪盲,牙痛,阳痿,月经不调等病症.此外,中国民间还有用雪莲花泡酒来治疗风湿性关节炎和妇科病
的方法.不过,由于雪莲花中含有有毒成分秋水仙碱,所以用雪莲花泡的酒切不可多服.
</p>
</body>
</html>
```

在 IE 11.0 中浏览效果如图 7-9 所示，可以看到页面中显示了一张图片作为超级链接，下面带有文字介绍。

图 7-8　图片版本超级链接　　　　　　图 7-9　创建基本链接

step 03 添加 CSS 代码，修饰 img 图片。具体代码如下：

```
<style>
img{
        width:120px;
        height:100px;
        border:1px solid #ffdd00;
        float:left;
}
</style>
```

在 IE 11.0 中浏览效果如图 7-10 所示，可以看到页面中图片变为小图片，其宽度为 120px，高度为 100px，带有边框，文字在图片左部出现。

step 04 添加 CSS 代码，修饰段落样式。具体代码如下：

```css
p{
        width:200px;
        height:200px;
        font-size:13px;
        font-family:"幼圆";
        text-indent:2em;

}
```

在 IE 11.0 中浏览效果如图 7-11 所示，可以看到页面中图片变为小图片，段落文字大小为 13 像素，字体为幼圆，段落首行缩进了 2em。

图 7-10　设置图片样式　　　　　　图 7-11　设置段落样式

7.4　综合案例 2——鼠标特效

在浏览网页时，看到的鼠标指针的形状有箭头、手形和 I 形，但在 Windows 环境下可以看到的鼠标指针种类要比这个多得多。CSS 弥补了 HTML 语言在这方面的不足，可以通过 cursor 属性设置各种鼠标样式，并且可以自定义鼠标。本案例将设置鼠标特效并自定义一个鼠标。

本案例结合前面介绍的内容，将创建一个鼠标特效案例。其具体步骤如下。

step 01 分析需求。

所谓鼠标特效，在于背景图片、文字和鼠标指针发生变化，从而吸引人注意。本案例将创建 3 个超级链接，并设定它们的样式，即可达到效果。案例完成后，浏览效果如图 7-12 和图 7-13 所示。

step 02 创建 HTML，实现基本超级链接。具体代码如下：

```html
<!DOCTYPE html>
<html >
<head>
<title>鼠标特效</title>
</head>
<body>
<center>
<a href="#" >产品帮助</a>
```

```
<a href="#" >下载产品</a>
<a href="#">自定义鼠标</a>
</center>
</body>
</html>
```

在 IE 11.0 中浏览效果如图 7-14 所示,可以看到 3 个超级链接,颜色为蓝色,并带有下划线。

图 7-12　IE 鼠标特效　　　　　　　　　　　　图 7-13　IE 鼠标特效

step 03　添加 CSS 代码,修饰整体样式。具体代码如下:

```
<style type="text/css">
*{
    margin:0px;
    padding:0px;
    }
body{
    font-family:"宋体";
    font-size:12px;
    }
-->
</style>
```

在 IE 11.0 中浏览效果如图 7-15 所示,可以看到超级链接颜色不变,字体大小为 12px,字体为宋体。

图 7-14　创建超级链接　　　　　　　　　　　图 7-15　设置全局样式

step 04　添加 CSS 代码,修饰链接基本样式。具体代码如下:

```
a, a:visited {
line-height:20px;
    color: #000000;
    background-image:url(nav02.jpg);
    background-repeat: no-repeat;
    text-decoration: none;
}
```

在 IE 11.0 中浏览效果如图 7-16 所示，可以看到超级链接引入了背景图片，不带有下划线，并且颜色为黑色。

step 05 添加 CSS 代码，修饰悬浮样式。具体代码如下：

```css
a:hover {
    font-weight: bold;
    color: #FFFFFF;
}
```

在 IE 11.0 中浏览效果如图 7-17 所示，可以看到当鼠标指针放到超级链接上时，字体颜色变为白色，字体加粗。

图 7-16 设置链接基本样式

图 7-17 设置悬浮样式

step 06 添加 CSS 代码，设置鼠标指针。具体代码如下：

```html
<a href="#" style="cursor:help;">产品帮助</a>
<a href="#" style="cursor:wait;">下载产品</a>
<a href="#" style="CURSOR: url('0041.ani')">自定义鼠标</a>
```

在 IE 11.0 中浏览效果如图 7-18 所示，可以看到当鼠标指针放到超级链接上时，鼠标指针变为问号，提示帮助。

图 7-18 设置鼠标指针

7.5 综合案例 3——制作一个简单的导航栏

网站每个页面中基本都存放着一个导航栏，作为浏览者跳转的入口。工具栏一般是由超级链接创建，对于工具栏的样式可以采用 CSS 来设置。工具栏样式变化基础是在文字、背景图片和边框上的变化。

结合前面学习的知识，创建一个实用工具栏。具体步骤如下。

step 01 分析需求。

一个工具栏，通常需要创建一些超级链接，然后对这些超级链接进行修饰。这些超级链接可以是横排，也可以是竖排。链接上可以导入背景图片，文字上加下划线等。案例完成后，其效果如图 7-19 所示。

step 02 构建 HTML，创建超级链接。具体代码如下：

```
<!DOCTYPE html>
<html >
<head>
<title>制作导航栏</title>
</head>
<body>
<a href="#">最新消息</a>
<a href="#">产品展示</a>
<a href="#">客户中心</a>
<a href="#">联系我们</a>
</body>
</html>
```

在 IE 11.0 中浏览效果如图 7-20 所示，可以看到页面中创建了 4 个超级链接，其排列方式为横排，颜色为蓝色，带有下划线。

图 7-19 工具栏效果

图 7-20 创建超级链接

step 03 添加 CSS 代码，修饰超级链接基本样式。具体代码如下：

```
<style type="text/css">
<!--
a, a:visited {
    display: block;
    font-size:16px;
    height: 50px;
    width: 80px;
    text-align: center;
    line-height: 40px;
    color: #000000;
    background-image: url(20.jpg);
    background-repeat: no-repeat;
    text-decoration: none;
}
-->
</style>
```

在 IE 11.0 中浏览效果如图 7-21 所示，可以看到页面中 4 个超级链接排列方式变为竖排，并且每个链接都导入了一个背景图片，超级链接高度为50px、宽度为80 px，字体颜色为黑色，不带有下划线。

step 04 添加 CSS 代码，修饰链接悬浮样式。具体代码如下：

```css
a:hover {
    font-weight: bolder;
    color: #FFFFFF;
    text-decoration: underline;
    background-image: url(hover.gif);
}
```

在 IE 11.0 中浏览效果如图 7-22 所示，可以看到当鼠标指针放到工具栏上的一个超级链接上时，其背景图片发生变化，文字带有下划线。

图 7-21　设置链接基本样式

图 7-22　设置链接悬浮样式

7.6　大神解惑

小白：丢失标记中的结尾斜线，会造成什么后果呀？

大神：页面排版失效。结尾斜线也是造成页面失效比较常见的原因。我们很容易忽略结尾斜线之类的东西，特别是在 image 标签等元素中。在严格的 DOCTYPE 中这是无效的。要在 img 标签结尾处加上"/"以解决此问题。

小白：设置了超级链接激活状态，怎么看不到结果呀？

大神：当前激活状态"a:active"一般被显示的情况非常少，因此很少使用。因为当用户单击一个超级链接之后，焦点很容易就会从这个链接上转移到其他地方。例如，新打开的窗口等，此时该超级链接就不再是"当前激活"状态了。

7.7　跟我练练手

练习1：制作一个包含超级链接的网页，然后设置超级链接的基本样式、背景图等属性。

练习2：制作一个包含鼠标特效的网页，然后设置鼠标变幻式超级链接和滚动条效果。

练习3：制作一个包含图片版本超级链接的网页。

练习4：制作一个关于鼠标特效的例子，通过 cursor 属性设置各种鼠标样式。

练习5：制作一个简单导航栏的例子。

第 8 章

使用 CSS 控制表格和表单样式

表格和表单是网页中常见的元素，表格通常用来显示二维关系数据和排版，从而达到页面整齐和美观的效果。而表单是作为客户端和服务器交流的窗口，可以获取客户端信息，并反馈服务器端信息。本章介绍如何使用 CSS3 来美化表格和表单。

本章要点(已掌握的在方框中打钩)

☐ 掌握美化表格样式的方法

☐ 掌握美化表单样式的方法

☐ 掌握制作用户登录页面的方法

☐ 掌握制作用户注册页面的方法

8.1 美化表格样式

在传统网页设计中，表格一直占有比较重要的地位，使用表格排版网页，可以使网页更美观，条理更清晰，更易于维护和更新。

8.1.1 设置表格边框样式

在显示表格数据时，通常都带有表格边框，用来界定不同单元格的数据。当 table 表格的描述标记 border 值大于 0，显示边框；如果 border 值为 0，则不显示边框。边框显示之后，可以使用 CSS3 的 border-collapse 属性对边框进行修饰。其语法格式如下：

```
border-collapse : separate | collapse
```

其中 separate 是默认值，表示边框会被分开，不会忽略 border-spacing 和 empty-cells 属性。而 collapse 属性表示边框会合并为一个单一的边框，会忽略 border-spacing 和 empty-cells 属性。

【例 8.1】设置表格边框样式(案例文件：ch8\8.1.html)。

```
<!DOCTYPE html>
<html>
<head>
<title>家庭季度支出表</title>
<style>
<!--
.tabelist{
    border:1px solid #429fff;    /* 表格边框 */
    font-family:"楷体";
    border-collapse:collapse;    /* 边框重叠 */
}
.tabelist caption{
    padding-top:3px;
    padding-bottom:2px;
    font-weight:bolder;
    font-size:15px;
    font-family:"幼圆";
    border:2px solid #429fff;    /* 表格标题边框 */
}
.tabelist th{
    font-weight:bold;
    text-align:center;
}
.tabelist td{
    border:1px solid #429fff;    /* 单元格边框 */
    text-align:right;
    padding:4px;
}
-->
</style>
    </head>
```

```
<body>
<table class="tabelist">
    <caption class="tabelist">
    2017 季度 07-09
    </caption>
    <tr>
      <th>月份</th>
        <th>07 月</th>
        <th >08 月</th>
        <th>09 月</th>
    </tr>
    <tr>
        <td>收入</td>
        <td>8000</td>
        <td>9000</td>
        <td>7500</td>
    </tr>
    <tr>
        <td>吃饭</td>
        <td>600</td>
        <td>570</td>
        <td>650</td>
    </tr>
    <tr>
        <td>购物</td>
        <td>1000</td>
        <td>800</td>
        <td>900</td>
    </tr>
    <tr>
        <td>买衣服</td>
        <td>300</td>
        <td>500</td>
        <td>200</td>
    </tr>
    <tr>
        <td>看电影</td>
        <td>85</td>
        <td>100</td>
        <td>120</td>
    </tr>
    <tr>
        <td>买书</td>
        <td>120</td>
        <td>67</td>
        <td>90</td>
    </tr>
</table>
</body>
</html>
```

在 IE 11.0 中浏览效果如图 8-1 所示，可以看到表格带有边框显示，其边框宽带为 1px，以直线显示，并且边框进行合并。表格标题 "2017 季度 07-09" 也带有边框显示，字体大小为 150px，字体是幼圆并加粗显示。表格中每个单元格都以 1px、直线的方式显示边框，并将显示对象右对齐。

8.1.2 设置表格边框宽度

在 CSS3 中，用户可以使用 border-width 属性来设置表格边框宽度，从而来美化边框宽度。如果需要单独设置某一个边框宽度，可以使用 border-width 的衍生属性设置，如 border-top-width 和 border-left-width 等。

【例 8.2】设置表格边框宽度(案例文件：ch8\8.2.html)。

图 8-1 表格样式修饰

```html
<!DOCTYPE html>
<html>
<head>
<title>表格边框宽度</title>
<style>
    table{
        text-align:center;
    width:500px;
    border-width:6px;
    border-style:double;
    color:blue;
        }
                td{
                    border-width:3px;
                    border-style:dashed;
                    }
</style>
</head>
<body>
<table border=1 cellspacing="3" cellpadding="0">
  <tr>
    <td>姓名</td>
    <td class=tds>性别</td>
    <td>年龄</td>
  </tr>
  <tr>
    <td>张三</td>
    <td>男</td>
    <td>31</td>
  </tr>
  <tr>
    <td>李四 </td>
    <td>男</td>
    <td>18</td>
  </tr>
</table>
</body>
</html>
```

在 IE 11.0 中浏览效果如图 8-2 所
示，可以看到表格带有边框，宽度为
6px，双线式显示，表格中字体颜色为
蓝色。单元格边框宽度为 3px，显示样
式是破折线式。

图 8-2　设置表格边框宽度

8.1.3　设置表格边框颜色

表格颜色设置非常简单，通常使用
CSS3 的 color 属性设置表格中的文本颜
色，使用 background-color 属性设置表格背景色。如果为了突出表格中的某一个单元格，还可
以使用 background-color 属性设置某一个单元格颜色。

【例 8.3】设置表格边框颜色(案例文件：ch8\8.3.html)。

```
<!DOCTYPE html>
<html>
<head>
<title>设置表格边框颜色</title>
<style>
    *{
    padding:0px;
    margin:0px;
    }
    body{
    font-family:"黑体";
    font-size:20px;
        }
    table{
        background-color:yellow;
        text-align:center;
     width:500px;
     border:1px solid green;
        }
    td{
    border:1px solid green;
        height:30px;
        line-height:30px;
        }
            .tds{
            background-color:blue;
            }
</style>
</head>
<body>
<table  cellspacing="3" cellpadding="0">
  <tr>
    <td>姓名</td>
    <td class=tds>性别</td>
    <td>年龄</td>
  </tr>
```

149

```
  <tr>
    <td>张三</td>
    <td>男</td>
    <td>32</td>
  </tr>
  <tr>
    <td>小丽</td>
    <td>女</td>
    <td>28</td>
  </tr>
</table>
</body>
</html>
```

在 IE 11.0 中浏览效果如图 8-3 所示，可以看到表格带有边框，边框样式显示为绿色，表格背景色为黄色，其中一个单元格背景色为蓝色。

图 8-3　设置表格边框背景色

8.2　美化表单样式

表单可以用来向 Web 服务器发送数据，特别是经常被用在主页页面——用户输入信息然后发送到服务器中，实际用在 HTML 中的标记有 form、input、textarea、select 和 option。

8.2.1　美化表单中的元素

在网页中，表单元素的背景色默认都是白色的，这样的背景色不能美化网页，所以可以使用颜色属性定义表单元素的背景色。定义表单元素背景色可以使用 background-color 属性定义，这样可以使表单元素不那么单调。使用示例如下：

```
input{
    background-color: #ADD8E6;
}
```

上面代码设置了 input 表单元素背景色，都是统一的颜色。

【例 8.4】美化表单元素(案例文件：ch8\8.4.html)。

```
<!DOCTYPE html>
<HTML>
<head>
<style>
```

```
<!--
input{                              /* 所有 input 标记 */
    color: #cad9ea;
}
input.txt{                          /* 文本框单独设置 */
    border: 1px inset #cad9ea;
    background-color: #ADD8E6;
}
input.btn{                          /* 按钮单独设置 */
    color: #00008B;
    background-color: #ADD8E6;
    border: 1px outset #cad9ea;
    padding: 1px 2px 1px 2px;
}
select{
    width: 80px;
    color: #00008B;
    background-color: #ADD8E6;
    border: 1px solid #cad9ea;
}
textarea{
    width: 200px;
    height: 40px;
    color: #00008B;
    background-color: #ADD8E6;
    border: 1px inset #cad9ea;
}
-->
</style>
</head>
<BODY>
<h3>注册页面</h3>
<table border="1" width="45%">
<form method="post">
<tr><td width="30%">昵称:</td><td><input  class=txt>1－20 个字符<div
id="qq"></div></td></tr>
<tr><td>密码:</td><td><input type="password" >长度为 6～16 位</td></tr>
<tr><td>确认密码:</td><td><input type="password" ></td></tr>
<tr><td>真实姓名: </td><td><input name="username1"></td></tr>
<tr><td>性别:</td><td><select><option>男</option><option>女
</option></select></td></tr>
<tr><td>E-mail 地址:</td><td><input value="sohu@sohu.com"></td></tr>
<tr><td>备注:</td><td><textarea cols=35 rows=10></textarea></td></tr>
<tr><td><input type="button" value="提交" class=btn /></td><td><input
type="reset" value="重填"/></td></tr>
</form>
</table>
</BODY>
</HTML>
```

在 IE 11.0 中浏览效果如图 8-4 所示，可以看到表单中"昵称"输入框、"性别"下拉列表框和"备注"文本框中都显示了指定的背景颜色。

图 8-4　美化表单元素

在上面的代码中，首先使用 input 标记选择符定义了 input 表单元素的字体输入颜色；然后，分别定义了两个类 txt 和 btn，txt 用来修饰输入框样式，btn 用来修饰按钮样式。最后，分别定义了 select 和 textarea 的样式，其样式定义主要涉及边框和背景色。

8.2.2　美化提交按钮

通过对表单元素背景色的设置，可以在一定程度上美化提交按钮的效果。例如，可以使用 background-color 属性，将其值设置为 transparent(透明色)，就是最常见的一种美化提交按钮的方式。使用示例如下：

```
background-color:transparent;        /* 背景色透明 */
```

【例 8.5】美化提交按钮(案例文件：ch8\8.5.html)。

```
<!DOCTYPE html>
<html>
<head>
<title>美化提交按钮</title>
<style>
<!--
form{
    margin:0px;
padding:0px;
font-size:14px;
}
input{
    font-size:14px;
    font-family:"幼圆";
}
.t{
    border-bottom:1px solid #005aa7;    /* 下划线效果 */
    color:#005aa7;
    border-top:0px; border-left:0px;
    border-right:0px;
    background-color:transparent;       /* 背景色透明 */
}
```

```
.n{
    background-color:transparent;         /* 背景色透明 */
    border:0px;                           /* 边框取消 */
}
-->
</style>
   </head>
<body>
<center>
<h1>签名页</h1>
<form method="post">
    值班主任：<input  id="name" class="t">
    <input type="submit" value="提交上一级签名>>" class="n">
</form>
</center>
</body>
</html>
```

在 IE 11.0 中浏览效果如图 8-5 所示，可以看到输入框只剩下一个下边框显示，其他边框被去掉了，提交按钮只剩下显示文字了，而且常见矩形形式被去掉了。

图 8-5　美化提交按钮

8.2.3　美化下拉菜单

在网页设计中，有时为了突出效果，会对文字进行加粗、添加颜色等设置。同样也可以对表单元素中的文字进行这样的修饰。使用 CSS3 的 font 相关属性就可以美化下拉菜单文字，如 font-size、font-weight 等；对于颜色设置可以采用 color 和 background-color 属性进行设置等。

【例 8.6】美化下拉菜单(案例文件：ch8\8.6.html)。

```
<!DOCTYPE html>
<html>
<head>
<title>美化下拉菜单</title>
<style>
<!--
.blue{
    background-color:#7598FB;
    color: #000000;
            font-size:15px;
            font-weight:bolder;
            font-family:"幼圆";
```

```
}
.red{
    background-color:#E20A0A;
    color: #ffffff;
        font-size:15px;
        font-weight:bolder;
        font-family:"幼圆";
}
.yellow{
    background-color:#FFFF6F;
    color: #000000;
        font-size:15px;
        font-weight:bolder;
        font-family:"幼圆";
}
.orange{
    background-color:orange;
    color:#000000;
        font-size:15px;
        font-weight:bolder;
        font-family:"幼圆";
}
-->
</style>
  </head>
<body>
<form method="post">
    <p><label for="color">选择暴雪预警信号级别:</label>
    <select name="color" id="color">
        <option value="">请选择</option>
        <option value="blue" class="blue">暴雪蓝色预警信号</option>
        <option value="yellow" class="yellow">暴雪黄色预警信号</option>
        <option value="orange" class="orange">暴雪橙色预警信号</option>
                        <option value="red" class="red">暴雪红色预警信号
</option>
    </select></p>
    <p><input type="submit" value="提交"></p>
</form>
</body>
</html>
```

在 IE 11.0 中浏览效果如图 8-6 所示，可以看到下拉菜单显示，其每个菜单项显示不同的背景色，用以和其他菜单项相区别。

图 8-6　设置下拉菜单样式

8.3 综合案例 1——制作用户登录页面

本案例将结合前面学习的知识,创建一个简单的登录表单,具体操作步骤如下。

step 01 分析需求。

创建一个登录表单,需要包含的表单元素为:1 个名称输入框、1 个密码输入框和 2 个按钮。然后添加一些 CSS 代码,对表单元素进行修饰即可。案例完成后,其实际效果如图 8-7 所示。

step 02 创建 HTML 网页,实现表单。具体代码如下:

```html
<!DOCTYPE html>
<html>
<head>
<title>用户登录</title>
<body>
<div>
<h1>用户登录</h1>
 <form action="" method="post">
姓名: <input type="text" id=name />
密码: <input type="password" id=password name="ps"  />
<input type=submit value="提交" class=button>
<input type=reset value="重置" class=button>
</form>
</div>
</body>
</html>
```

在上面的代码中,创建了一个 div 层用来包含表单及其元素。在 IE 11.0 中浏览效果如图 8-8 所示,可以看到显示了一个表单,其中包含 2 个输入框和 2 个按钮,输入框用来获取名称和密码,按钮分别为 1 个提交按钮和 1 个重置按钮。

step 03 添加 CSS 代码,修饰标题和层。具体代码如下:

```css
<style>
h1{
            font-size:20px;
    }
div{
        width:200px;
        padding:1em 2em 0 2em;
        font-size:12px;
}
</style>
```

在上面的代码中,设置了标题大小为 20px,div 层宽度为 200px,层中字体大小为 12px。在 IE 11.0 中浏览效果如图 8-9 所示,可以看到标题变小,并且密码输入框换行显示,布局比较原来图片更加美观合理。

图 8-7　登录表单

图 8-8　创建登录表单

step 04　添加 CSS 代码，修饰输入框和按钮。具体代码如下：

```
#name,#password{
        border:1px solid #ccc;
        width:160px;
        height:22px;
        padding-left:20px;
        margin:6px 0;
        line-height:20px;
}
.button{margin:6px 0;}
```

在 IE 11.0 中浏览效果如图 8-10 所示，可以看到输入框长度变短，输入框边框变小，并且表单元素之间距离增大，页面布局更加合理。

图 8-9　设置层大小

图 8-10　CSS 修饰输入框

8.4　综合案例 2——制作用户注册页面

本上机练习将使用一个表单内的各种元素来开发一个网站的注册页面，并用 CSS 样式来美化这个页面效果。具体操作步骤如下。

step 01　分析需求。

注册表单非常简单，通常包含 3 个部分，需要在页面上方给出标题，标题下方是正文部分，即表单元素，最下方是表单元素提交按钮。在设计这个页面时，需要把"用户注册"标题设置成 h1 大小，正文使用 p 来限制表单元素。案例完成后，实际效果如图 8-11 所示。

step 02 构建 HTML 页面，实现基本表单。具体代码如下：

```
<!DOCTYPE html>
<html>
<head>
<title>注册页面</title>
</head>
<body>
<h1 align=center>用户注册</h1>
<form method="post" >
<p>姓    名：
<input type="text" class=txt size="12" maxlength="20" name="username" />
</p><p>性    别：
<input type="radio" value="male" />男
<input type="radio" value="female" />女
</p><p>年    龄：
<input type="text" class=txt name="age" />
</p>
<p>联系电话：
<input type="text" class=txt name="tel" />
</p><p>电子邮件：
<input type="text" class=txt name="email" />
</p><p>联系地址：
<input type="text" class=txt name="address" />
</p>
<p>
<input type="submit" name="submit" value="提交" class=but />
<input type="reset" name="reset" value="清除" class=but />
</p>
</form>
</body>
</html>
```

在 IE 11.0 中浏览效果如图 8-12 所示，可以看到创建了一个注册表单，包含一个标题"用户注册""姓名""性别""年龄""联系电话""电子邮件""联系地址"等输入框和"提交"按钮等。其显示样式为默认样式。

图 8-11 注册页面

图 8-12 注册表单显示

step 03 添加 CSS 代码，修饰全局样式和表单样式。具体代码如下：

```
<style>
*{
    padding:0px;
    margin:0px;
    }
body{
    font-family:"宋体";
    font-size:12px;
    }
form{
    width:300px;
    margin:0 auto 0 auto;
    font-size:12px;
    color:#000079;
}
</style>
```

在 IE 11.0 中浏览效果如图 8-13 所示，可以看到页面中字体变小，其表单元素之间距离变小。

step 04 添加 CSS 代码，修饰段落、输入框和按钮。具体代码如下：

```
form p {
    margin:5px 0 0 5px;
            text-align:center;
        }
.txt{
    width:200px;
    background-color:#CCCCFF;
    border:#6666FF 1px solid;
    color:#0066FF;
    }
.but{
border:0px#93bee2solid;
border-bottom:#93bee21pxsolid;
border-left:#93bee21pxsolid;
border-right:#93bee21pxsolid;
border-top:#93bee21pxsolid;*/
background-color:#3399CC;
cursor:hand;
font-style:normal;
color:#000079;
}
```

在 IE 11.0 中浏览效果如图 8-14 所示，可以看到表单元素带有背景色，其输入字体颜色为蓝色，边框颜色为浅蓝色。按钮带有边框，按钮上字体颜色为蓝色。

图 8-13　CSS 修饰表单样式

图 8-14　设置输入框和按钮样式

8.5　大神解惑

小白：构建一个表格需要注意哪些方面？

大神：在 HTML 页面中构建表格框架时，应该尽量遵循表格的标准标记，养成良好的编写习惯，并适当地利用 tab、空格和空行来提高代码的可读性，从而降低后期维护成本。特别是使用 table 表格来布局一个较大的页面，需要在关键位置加上注释。

小白：在使用表格时，会发生一些变形，这是由于什么原因引起的呀？

大神：其中一个原因是表格排列设置在不同分辨率下所出现的错位。例如，在 800×600 的分辨率下时，一切正常，而到了 1024×800 时，则多个表格有的居中，有的却左排列或右排列。

表格有左、中、右 3 种排列方式，如果没特别进行设置，则默认为居左排列。在 800×600 的分辨率下，表格恰好就有编辑区域那么宽，不容易察觉，而到了 1024×800 的时候，就出现了，解决的办法比较简单，即都设置为居中、居左或居右。

小白：使用 CSS 修饰表单元素时，采用默认值好还是使用 CSS 修饰好呀？

大神：各个浏览器之间显示的差异，其中一个原因就是各个浏览器对部分 CSS 属性的默认值不同，通常的解决办法就是指定该值，而不让浏览器使用默认值。

8.6　跟我练练手

练习 1：制作一个包含表格的网页，然后设置表格的边框样式、边框宽度、边框颜色等属性。

练习 2：制作一个包含表单的网页，然后美化表单中的按钮和下拉菜单等元素。

练习 3：制作一个用户注册页面的例子。

练习 4：制作一个用户登录页面的例子。

第 9 章

控制列表和菜单样式

网页菜单是网站中必不可少的元素之一，通过网页菜单可以在页面上自由跳转。网页菜单风格往往影响网站整体风格，所以网页设计者会花费大量的时间和精力去制作各式各样的网页菜单来吸引浏览者。利用 CSS3 属性和项目列表，可以制作出美观大方的网页菜单。

本章要点(已掌握的在方框中打钩)

☐ 了解 CSS 的基本语法

☐ 掌握标签选择器的使用方法

☐ 掌握类选择器的使用方法

☐ 掌握 ID 选择器的使用方法

☐ 掌握选择器的声明方法

☐ 掌握制作网站 Logo 的方法

9.1　美化项目列表的样式

在 HTML5 语言中，项目列表用来罗列显示一系列相关的文本信息，包括有序、无序、自定义列表等。当引入 CSS3 后，就可以使用 CSS3 来美化项目列表了。

9.1.1　美化无序列表

无序列表<ul>是网页中常见元素之一，使用<li>标记罗列各个项目，并且每个项目前面都带有特殊符号，如黑色实心圆等。在 CSS3 中，可以通过 list-style-type 属性来定义无序列表前面的项目符号。

对于无序列表，list-style-type 的语法格式如下：

```
list-style-type : disc | circle | square | none
```

其中 list-style-type 参数值含义如表 9-1 所示。

表 9-1　无序列表常用符号

参　　数	说　　明
disc	实心圆
circle	空心圆
square	实心方块
none	不使用任何标号

可以通过表里的参数，为 list-style-type 设置不同的特殊符号，从而改变无序列表的样式。

【例 9.1】美化无序列表(案例文件：ch09\9.1.html)。

```html
<!DOCTYPE html>
<html>
<head>
<title>美化无序列表</title>
<style>
* {
    margin:0px;
    padding:0px;
font-size:12px;
}
p {
    margin:5px 0 0 5px;
    color:#3333FF;
    font-size:14px;
    font-family:"幼圆";
}
div{
    width:300px;
    margin:10px 0 0 10px;
    border:1px #FF0000 dashed;
```

```
}
div ul {
    margin-left:40px;
    list-style-type: disc;
}
div li {
    margin:5px 0 5px 0;
            color:blue;
            text-decoration:underline;
}
</style>
</head>
<body>
<div class="big01">
  <p>娱乐焦点</p>
  <ul>
    <li>换季肌闹"公主病"美肤急救快登场 </li>
    <li>来自 12 星座的你 认准罩门轻松瘦</li>
    <li>男人 30"豆腐渣" 如何延缓肌肤衰老</li>
    <li>打造天生美肌 名媛爱物强 K 性价比! </li>
    <li>夏裙又有新花样 拼接图案最时髦</li>
  </ul>
</div>
</body>
</html>
```

在 IE 11.0 中浏览效果如图 9-1 所示,可以看到显示了一个导航栏,导航栏中存在着不同的导航信息,每条导航信息前面都是使用实心圆作为每行信息开始。

图 9-1 用无序列表制作导航菜单

提示

在上面的代码中,使用 list-style-type 设置了无序列表中特殊符号为实心圆,borer 设置层 div 边框显示为红色、破折线显示,宽度为 1 像素。

9.1.2 美化有序列表

有序列表标记<ol>可以创建具有顺序的列表,如每条信息前面加上 1、2、3、4 等。如果要改变有序列表前面的符号,同样需要利用 list-style-type 属性,只不过属性值不同。

对于有序列表,list-style-type 的语法格式如下:

```
list-style-type : decimal | lower-roman | upper-roman | lower-alpha |
upper-alpha | none
```

其中 list-style-type 参数值含义如表 9-2 所示。

表 9-2　有序列表常用符号

参　数	说　明
decimal	阿拉伯数字圆
lower-roman	小写罗马数字
upper-roman	大写罗马数字
lower-alpha	小写英文字母
upper-alpha	大写英文字母
none	不使用项目符号

注
意
　　　　除了列表里的这些常用符号，list-style-type 还具有很多不同的参数值。由于不经
常使用，这里不再罗列。

【例 9.2】美化有序列表(案例文件：ch09\9.2.html)。

```
<!DOCTYPE html>
<html>
<head>
<title>美化有序列表</title>
<style>
* {
    margin:0px;
    padding:0px;
                font-size:12px;
}
p {
    margin:5px 0 0 5px;
    color:#3333FF;
    font-size:14px;
            font-family:"幼圆";
            border-bottom-width:1px;
            border-bottom-style:solid;

}
div{
    width:300px;
    margin:10px 0 0 10px;
    border:1px #F9B1C9 solid;
}
div ol {
    margin-left:40px;
    list-style-type: decimal;
}
div li {
    margin:5px 0 5px 0;
            color:blue;
}
</style>
</head>
```

```
<body>
<div class="big">
  <p>娱乐焦点</p>
  <ol>
    <li>换季肌闹"公主病"美肤急救快登场 </li>
    <li>来自12星座的你 认准罩门轻松瘦</li>
    <li>男人30"豆腐渣" 如何延缓肌肤衰老</li>
    <li>打造天生美肌 名媛爱物强K性价比！</li>
    <li>夏裙又有新花样 拼接图案最时髦</li>
  </ol>
</div>
</body>
</html>
```

在 IE 11.0 中浏览效果如图 9-2 所示，可以看到显示了一个导航栏，导航信息前面都带有相应的数字，表示其顺序。导航栏具有红色边框，并用一条蓝线将题目和内容分开。

在上面的代码中，使用 list-style-type: decimal 语句定义了有序列表前面的符号。严格来说，无论<ul>标记还是<ol>标记，都可以使用相同的属性值，而且效果完全相同，即二者通过 list-style-type 可以通用。

图 9-2 用有序列表制作菜单

9.1.3 美化自定义列表

自定义列表是列表项目中比较特殊的一个列表，相对于无序和有序列表使用次数极大减少。如果要解释一系列术语与解释的列表时，使用自定义列表就是很好的方法。但如果引入CSS3 的一些相关属性，可以改变自定义列表显示样式。

【例 9.3】美化自定义列表(案例文件：ch09\9.3.html)。

```
<!DOCTYPE html>
<html>
<head>
<style>
*{ margin:0; padding:0;}
body{ font-size:12px; line-height:1.8; padding:10px;}
dl{clear:both; margin-bottom:5px;float:left;}
dt,dd{padding:2px 5px;float:left; border:1px solid #3366FF;width:120px;}
dd{ position:absolute; right:5px;}
h1{clear:both;font-size:14px;}
</style>
</head>
<body>
<h1>日志列表</h1>
<div>
<dl>
```

```
<dt><a href="#">我多久没有笑了</a></dt> <dd>(0/11)</dd> </dl>
 <dl> <dt><a href="#">12 道营养健康菜谱</a></dt> <dd>(0/8)</dd> </dl>
 <dl> <dt><a href="#">太有才了</a></dt> <dd>(0/6)</dd> </dl>
 <dl> <dt><a href="#">怀念童年</a></dt> <dd>(2/11)</dd> </dl>
 <dl> <dt><a href="#">三字经</a></dt> <dd>(0/9)</dd> </dl>
 <dl> <dt><a href="#">我的小小心愿</a></dt> <dd>(0/2)</dd> </dl>
  <dl> <dt><a href="#">想念你，你可知道</a></dt> <dd>(0/1)</dd> </dl> </div>
</body>
</html>
```

在 IE 11.0 中浏览效果如图 9-3 所示，可
以看到一个日志导航菜单，每个选项都有蓝色
边框，并且后面带有浏览次数等。

在上面的代码中，通过使用
border 属性设置边框相关属性，font
相关属性设置文本大小、颜色等。

图 9-3　用自定义列表制作导航菜单

9.1.4　制作图片列表

使用 list-style-image 属性可以将每项前面
的项目符号，替换为任意的图片。list-style-image 属性用来定义作为一个有序或无序列表项标
志的图像。图像相对于列表项内容的放置位置通常使用 list-style-position 属性控制。其语法格
式如下：

```
list-style-image : none | url (url)
```

其中，none 表示不指定图像，url 表示使用绝对路径和相对路径指定背景图像。

【例 9.4】制作图片列表(案例文件：ch09\9.4.html)。

```
<!DOCTYPE html>
<html>
<head>
<title>图片符号</title>
<style>
<!--
ul{
    font-family:Arial;
    font-size:20px;
    color:#00458c;
    list-style-type:none;                          /* 不显示项目符号 */
}
li{
            list-style-image:url(01.jpg);
        padding-left:25px;                         /* 设置图标与文字的间隔 */
        width:350px;
}
-->
</style>
   </head>
```

```
<body>
<p>娱乐焦点</p>
<ul>
    <li>换季肌闹"公主病"美肤急救快登场 </li>
    <li>来自 12 星座的你 认准罩门轻松瘦</li>
    <li>男人 30"豆腐渣" 如何延缓肌肤衰老</li>
    <li>打造天生美肌 名媛爱物强 K 性价比！</li>
    <li>夏裙又有新花样 拼接图案最时髦</li>
</ul>
</body>
</html>
```

在 IE 11.0 中浏览效果如图 9-4 所示，可以看到一个导航栏，每个导航菜单前面都具有一个小图标。

在上面的代码中，使用 list-style-image:url(6.jpg)语句定义了列表前显示的图片，实际上还可以使用 background:url(01.jpg) no-repeat 语句完成这个效果，只不过 background 对图片大小要求比较苛刻。

图 9-4　制作图片导航栏

9.1.5　缩进图片列表

使用图片作为列表符号显示时，图片通常显示在列表的外部，实际上还可以将图片列表中文本信息进行对齐，从而显示另外一种效果。在 CSS3 中，可以通过 list-style-position 来设置图片显示位置。

list-style-position 属性的语法格式如下：

```
list-style-position : outside | inside
```

其属性值含义如表 9-3 所示。

表 9-3　列表缩进属性值

属　性	说　明
outside	列表项目标记放置在文本以外，且环绕文本不根据标记对齐
inside	列表项目标记放置在文本以内，且环绕文本根据标记对齐

【例 9.5】缩进图片列表(案例文件：ch09\9.5.html)。

```
<!DOCTYPE html>
<html>
<head>
<title>图片位置</title>
<style>
.list1{
```

```
list-style-position:inside;}
.list2{
    list-style-position:outside;}
.content{
    list-style-image:url(01.jpg);
    list-style-type:none;
    font-size:20px;
}
</style>
    </head>
<body>
<ul class=content>
<li class=list1>换季肌闹"公主病"美肤急救快登场。</li>
<li class=list2>换季肌闹"公主病"美肤急救快登场。</li>
</ul>
</body>
</html>
```

在 IE 11.0 中浏览效果如图 9-5 所示，可以看到一个图片列表，第一个图片列表选项中图片和文字对齐，即放在文本信息以内；第二个图片列表选项没有和文字对齐，而是放在文本信息以外。

图 9-5　图片缩进

9.1.6　列表复合属性

在前面小节中，分别使用了 list-style-type 定义列表的项目符号，list-style-image 定义了列表的图片符号选项，使用 list-style-position 定义图片显示位置。实际上在对项目列表进行操作时，可以直接使用一个复合属性 list-style，将前面的 3 个属性放在一起设置。

list-style 的语法格式如下：

```
{ list-style: style }
```

其中 style 指定或接收以下值(任意次序，最多 3 个)的字符串，如表 9-4 所示。

表 9-4　list-style 常用属性

属　性	说　明
图像	可供 list-style-image 属性使用的图像值的任意范围
位置	可供 list-style-position 属性使用的位置值的任意范围
类型	可供 list-style-type 属性使用的类型值的任意范围

【例 9.6】设置列表复合属性(案例文件：ch09\9.6.html)。

```
<!DOCTYPE html>
<html>
<head>
<title>复合属性</title>
```

```
<style>
#test1
{
    list-style:square inside url("01.jpg");
}
#test2
{
    list-style:none;
}

</style>
    </head>
<body>
<ul>
<li id=test1>换季肌闹"公主病"美肤急救快登场。</li>
<li id=test2>换季肌闹"公主病"美肤急救快登场。</li>
</ul>
</body>
</html>
```

在 IE 11.0 中浏览效果如图 9-6 所示，可以看到两个列表选项，一个列表选项中带有图片，一个列表中没有符号和图片显示。

list-style 属性是复合属性。在指定类型和图像值时，除非将图像值设置为 none 或无法显示 URL 所指向的图像，否则图像值的优先级较高。例如在上面的例子中，类 test1 同时设置了符号为方块符号和图片，但只显示了图片。

图 9-6 用复合属性指定列表

 list-style 属性也适用于其 display 属性被设置为 list-item 的所有元素。要显示圆点符号，必须显式设置这些元素的 margin 属性。

9.2 使用 CSS 制作网页菜单

使用 CSS3 除了可以美化项目列表外，还可以用于制作网页当中的菜单，并设置不同显示效果的菜单。

9.2.1 制作无须表格的菜单

在使用 CSS3 制作导航条和菜单之前，需要将 list-style-type 的属性值设置为 none，即去掉列表前的项目符号。下面通过一个案例介绍使用 CSS3 完成一个菜单导航条。具体操作步骤如下。

step 01 首先创建 HTML 文档，并实现一个无序列表，列表中的选项表示各个菜单。具体代码如下：

```
<!DOCTYPE html>
<html>
<head>
<title>无须表格菜单</title>
</head>
<body>
<div>
    <ul>
        <li><a href="#">网站首页</a></li>
        <li><a href="#">产品大全</a></li>
        <li><a href="#">下载专区</a></li>
        <li><a href="#">购买服务</a></li>
        <li><a href="#">服务类型</a></li>
    </ul>
</div>
</body>
</html>
```

在上面的代码中，创建一个 div 层，在层中放置了一个 ul 无序列表，列表中各个选项就是将来所使用的菜单。在 IE 11.0 中浏览效果如图 9-7 所示，可以看到显示了一个无序列表，每个选项都带有一个实心圆。

step 02 利用 CSS 相关属性，对 HTML 中元素进行修饰，例如 div 层、ul 列表和 body 页面。具体代码如下：

```
<style>
<!--
body{
    background-color:#84BAE8;
}
div {
    width:200px;
    font-family:"黑体";
}
div ul {
    list-style-type:none;
margin:0px;
    padding:0px;
}
-->
</style>
```

 上面的代码设置网页背景色、层大小和文字字体，最重要的就是设置列表<ul>的属性，将项目符号设置为不显示。

在 IE 11.0 中浏览效果如图 9-8 所示，可以看到项目列表变成一个普通的超级链接列表，无项目符号并带有下划线。

step 03 使用 CSS3 对列表中的各个选项进行修饰，例如去掉超级链接下的下划线，并增加 li 标记下的边框线，从而增强菜单的实际效果。具体代码如下：

```
div li {
    border-bottom:1px solid #ED9F9F;
}
```

```
div li a{
    display:block;
padding:5px 5px 5px 0.5em;
    text-decoration:none;
    border-left:12px solid #6EC61C;
    border-right:1px solid #6EC61C;
}
```

在 IE 11.0 中浏览效果如图 9-9 所示，可以看到每个选项中，超级链接的左方显示了蓝色条，右方显示了蓝色线。每个链接下方显示了一个黄色边框。

图 9-7　显示项目列表

图 9-8　超级链接列表

step 04 使用 CSS3 设置动态菜单效果，即当鼠标悬浮在导航菜单上时，显示另外一种样式。具体代码如下：

```
div li a:link, div li a:visited{
    background-color:#F0F0F0;
    color:#461737;
}
div li a:hover{
    background-color:#7C7C7C;
    color:#ffff00;
}
```

上面的代码设置了鼠标链接样式、访问后样式和悬浮时的样式。在 IE 11.0 中浏览效果如图 9-10 所示，可以看到鼠标指针悬浮在菜单上时，会显示灰色。

图 9-9　导航菜单

图 9-10　动态导航菜单

9.2.2　制作水平和垂直菜单

在实际网页设计中，根据题材或业务需求不同，垂直导航菜单有时不能满足要求，这时就需要导航菜单水平显示。例如常见的百度首页，其导航菜单就是水平显示。通过 CSS 属性，不但可以创建垂直导航菜单，还可以创建水平导航菜单。

具体操作步骤如下。

step 01 建立 HTML 项目列表结构，将要创建的菜单项都是以列表选项显示出来。具体代码如下：

```
<!DOCTYPE html>
<html>
<head>
<title>制作水平和垂直菜单</title>
<style>
<!--
body{
    background-color:#84BAE8;
}
div {
    font-family:"幼圆";
}
div ul {
    list-style-type:none;
margin:0px;
    padding:0px;
}
</style>
    </head>
<body>
<div id="navigation">
<ul>
        <li><a href="#">网站首页</a></li>
        <li><a href="#">产品大全</a></li>
        <li><a href="#">下载专区</a></li>
        <li><a href="#">购买服务</a></li>
        <li><a href="#">服务类型</a></li>
</ul>
</div>
</body>
</html>
```

在 IE 11.0 中浏览效果如图 9-11 所示，可以看到显示的是一个普通的超级链接列表，和上一个例子中的显示基本一样。

step 02 现在是垂直显示导航菜单，需要利用 CSS 属性 float 将其设置为水平显示，并设置选项 li 和超级链接的基本样式。具体代码如下：

```
div li {
    border-bottom:1px solid #ED9F9F;
float:left;
width:150px;
}
div li a{
    display:block;
 padding:5px 5px 5px 0.5em;
    text-decoration:none;
```

```
border-left:12px solid #EBEBEB;
border-right:1px solid #EBEBEB;
}
```

当 float 属性值为 left 时，导航栏为水平显示。其他设置基本与上一个例子相同。在 IE 11.0 中浏览效果如图 9-12 所示，可以看到各个链接选项水平地排列在当前页面之上。

图 9-11　链接列表

图 9-12　列表水平显示

step 03　设置超级链接<a.>样式，和前面一样，也是设置了鼠标动态效果。具体代码如下：

```
div li a:link, div li a:visited{
    background-color:#F0F0F0;
    color:#461737;
}
div li a:hover{
    background-color:#7C7C7C;
    color:#ffff00;
}
```

在 IE 11.0 中浏览效果如图 9-13 所示，可以看到当鼠标指针放到菜单之上时，会变换为另一种样式。

图 9-13　水平菜单显示

9.3　综合案例 1——模拟 soso 导航栏

本案例将结合本章学习的制作菜单知识，轻松实现搜搜导航栏。具体步骤如下。

step 01　分析需求。

实现该案例，需要包含 3 个部分，第一个部分是 soso 图标；第二个部分是水平菜单导航栏，也是本案例的重点；第三个部分是表单部分，包含一个输入框和按钮。该案例实现后，其实际效果如图 9-14 所示。

图 9-14 模拟搜搜导航栏

step 02 创建 HTML 网页，实现基本 HTML 元素。

对于本案例，需要利用 HTML 标记实现搜搜图标，导航的项目列表、下方的搜索输入框和按钮等。具体代码如下：

```
<!DOCTYPE html>
<html>
<head>
<title>搜搜</title>
  </head>
<body>
<center><br><img src="logo_index.png"><br><br><br><br>
<div>
<ul>
          <li id=h></li>
   <li><a href="#">网页</a></li>
   <li > <a href="#">图片</a></li>
   <li> <a href="#">视频</a></li>
   <li><a href="#">音乐</a></li>
   <li><a href="#">搜吧</a></li>
   <li><a href="#">问问</a></li>
   <li><a href="#">团购</a></li>
   <li><a href="#">新闻</a></li>
   <li><a href="#">地图</a></li>
   <li id="more"><a href="#">更 多 &gt;&gt;</a></li>
</ul>
</div>
<p style="height:44px;"> </p>
<div id=s>
<form action="/q?" id="flpage" name="flpage">
   <input type="text" value="" size=50px;/>
   <input type="submit" value="搜搜">
</form>
</div>
</center>
</body>
</html>
```

在 IE 11.0 中浏览效果如图 9-15 所示，可以看到显示了一张图片，即搜搜图标，中间显示了一列项目列表，每个选项都是超级链接。下方是一个表单，包含输入框和按钮。

step 03 添加 CSS 代码，修饰项目列表。

框架出来之后，就可以修改项目列表的相关样式，即列表水平显示，同时定义整个 div 层属性，例如设置背景色、宽度、底部边框和字体大小等。具体代码如下：

```
p{ margin:0px; padding:0px;}
#div{
    margin:0px auto;
    font-size:12px;
    padding:0px;
    border-bottom:1px solid #00c;
    background:#eee;
    width:800px;height:18px;
}
div li{
    float:left;
    list-style-type:none;
    margin:0px;padding:0px;
    width:40px;
}
```

在上面的代码中，float 属性设置菜单栏水平显示，list-style-type 设置了列表不显示项目符号。

在 IE 11.0 中浏览效果如图 9-16 所示，可以看到页面整体效果和搜搜首页比较相似，下面就可以在细节上进一步修改了。

图 9-15　页面框架

图 9-16　水平菜单栏

step 04 添加 CSS 代码，修饰超级链接。具体代码如下：

```
div li a{
    display:block;
    text-decoration:underline;
    padding:4px 0px 0px 0px;
    margin:0px;
font-size:13px;
}
div li a:link, div li a:visited{
```

```
        color:#004276;
}
```

上面的代码设置了超级链接，即导航栏中菜单选项中的相关属性，例如超级链接以块显示，文本带有下划线，字体大小为 13 像素。并设定了鼠标访问超级链接后的颜色。在 IE 11.0 中浏览效果如图 9-17 所示，可以看到字体颜色发生改变，字体变小。

step 05 添加 CSS 代码，定义对齐方式和表单样式。具体代码如下：

```
div li#h{width:180px;height:18px;}
div li#more{width:85px;height:18px;}
#s{
        background-color:#006EB8;
        width:430px;
}
```

在上述代码中，h 定义了水平菜单最前方空间的大小，more 定义了更多的长度和宽带，s 定义了表单背景色和宽带。在 IE 11.0 中浏览效果如图 9-18 所示，可以看到水平导航栏和表单对齐，表单背景色为蓝色。

图 9-17 设置菜单样式

图 9-18 定义对齐方式

step 06 添加 CSS 代码，修饰访问默认向。具体代码如下：

```
<a href="#"  style="text-decoration:none;color:#020202;font-size:14px;">网页</a>
```

此代码段设置了被访问时的默认样式。在 IE 11.0 中浏览效果如图 9-19 所示，可以看到"网页"菜单选项，颜色为黑色，不带有下划线。

图 9-19 搜搜最终效果

9.4 综合案例2——将段落转变成列表

CSS 的功能非常强大，可以变换不同的样式。可以让列表代替 table 表格制作出表格，同样也可以让一个段落 p 模拟项目列表。下面利用前面介绍的 CSS 知识，将段落变换为一个列表。具体步骤如下。

step 01 创建 HTML，实现基本段落。

从上面分析可以看出，HTML 中需要包含一个 div 层，几个段落。其代码如下：

```
<!DOCTYPE html>
<html>
<head>
<title>模拟列表</title>
</head>
<body>
<div class="big">
  <p class="one">·换季肌闹"公主病"美肤急救快登场。</p>
  <p> ·来自12星座的你 认准罩门轻松瘦。</p>
  <p class="one"> ·男人30"豆腐渣" 如何延缓肌肤衰老。</p>
  <p> ·打造天生美肌 名媛爱物强K性价比！</p>
  <p class="one"> ·夏裙又有新花样 拼接图案最时髦</p>
</div>
</body>
</html>
```

在 IE 11.0 中浏览效果如图 9-20 所示，可以看到显示 5 个段落，每个段落前面都使用特殊符号"·"引领每一行。

step 02 添加 CSS 代码，修饰整体 div 层。具体代码如下：

```
<style>
.big {
    width:450px;
    border:#990000 1px solid;
}
</style>
```

此处创建了一个类选择器，其属性定义了层的宽带，层带有边框，以直线形式显示。在 IE 11.0 中浏览效果如图 9-21 所示，可以看到段落周围显示了一个矩形区域，其边框显示为红色。

图 9-20 段落显示

图 9-21 设置 div 层

step 03 添加 CSS 代码，修饰段落属性。具体代码如下：

```
p {
    margin:10px 0 5px 0;
    font-size:14px;
    color:#025BD1;
}
.one {
    text-decoration:underline;
    font-weight:800;
    color:#009900;
}
```

上述代码定义了段落 p 的通用属性，即字体大小和颜色。使用类选择器定义了特殊属性，带有下划线，具有不同的颜色。在 IE 11.0 中浏览效果如图 9-22 所示，可以看到相比较前一个图像，其字体颜色发生变化，并带有下划线。

图 9-22　修饰段落属性

9.5　大神解惑

小白： 使用项目列表和 table 表格制作表单，项目列表有哪些优势呀？

大神： 采用项目列表制作水平菜单时，如果没有设置<ul>标记的宽带 width 属性，那么当浏览器的宽带缩小时，菜单会自动换行。这是采用<table>标记制作的菜单所无法实现的。所以项目列表被经常加以使用，以实现各种变换效果。

小白： 使用 IE 浏览器打开一个项目列表，设定的项目符号没有出现呀？

大神： IE 浏览器对项目列表的符号支持不是太好，只支持一部分项目符号，这时可以采用 Firefox 浏览器。Firefox 浏览器对项目列表符号支持力度比较大。

小白： 使用 url 引入图像时，加引号好，还是不加引号好？

大神： 不加引号好。需要将带有引号的修改为不带引号的。例如：

```
background:url("xxx.gif")改为background:url(xxx.gif)
```

因为对于部分浏览器加引号反而会引起错误。

9.6　跟我练练手

练习 1：制作一个包含各种类型项目列表的网页，然后美化这些列表的外观样式。

练习 2：制作一个包含无须表格菜单的网页。

练习 3：制作一个包含水平和垂直菜单的网页。

练习 4：制作一个模拟 soso 导航栏的例子。

练习 5：制作一个将段落转变成列表的例子。

第 10 章

使用滤镜美化网页元素

　　随着网页设计技术的发展,人们已经不满足于单调地展示页面布局并显示文本,而是希望在页面中能够加入一些多媒体特效而使页面丰富起来。使用滤镜能够实现这些需求,它能够产生各种各样的图片特效,从而极大地提高了页面的吸引力。

本章要点(已掌握的在方框中打钩)

☐ 了解滤镜的基本概念

☐ 掌握基本滤镜的使用方法

☐ 掌握符合滤镜的使用方法

10.1　滤　镜　概　述

CSS3 Filter(滤镜)属性提供了模糊和改变元素颜色的功能。特别是对于图像，能产生很多绚丽的效果。CSS3 的 Filter 常用于调整图像的渲染、背景或边框显示效果。例如灰度，模糊、饱和、老照片等。如图 10-1 所示，为通过 CSS3 滤镜产生的各种绚丽的效果。

图 10-1　使用 CSS3 产生的各种滤镜效果

目前，并不是所有的浏览器都支持 CSS3 的滤镜，具体情况如表 10-1 所示。

表 10-1　常见浏览器对 CSS3 滤镜的支持情况

名　　称	图　标	支持滤镜的情况
Chrome 浏览器		18.0 及以上版本支持 CSS3 滤镜
IE 浏览器		不支持 CSS3 滤镜
Mozilla Firefox 浏览器		35.0 及以上版本支持 CSS3 滤镜
Opera 浏览器		15.0 及以上版本 CSS3 滤镜
Safari 浏览器		6.0 及以上版本 CSS3 滤镜

使用 CSS3 滤镜的语法如下：

```
filter: none | blur() | brightness() | contrast() | drop-shadow() |
grayscale() | hue-rotate() | invert() | opacity() | saturate() | sepia() |
url();
```

如果想一次添加多个滤镜效果,可以使用空格分隔多个滤镜。上述各个滤镜参数的含义如表 10-2 所示。

表 10-2　CSS 滤镜参数的含义

参数名称	效　　果
blur()	设置图像的高斯模糊效果
brightness()	设置图形的明暗度效果
contrast()	设置图像的对比度
drop-shadow()	设置图像的一个阴影效果
grayscale()	将图像转换为灰度图像
hue-rotate()	给图像应用色相旋转
invert()	反转输入图像
opacity()	转化图像的透明程度
saturate()	转换图像饱和度
sepia()	将图像转换为深褐色

10.2　设置基本滤镜效果

本节将学习常用滤镜的设置方法和技巧。

10.2.1　高斯模糊滤镜

高斯模糊(blur)滤镜用于设置图像的高斯模糊效果。blur 滤镜的语法格式如下:

```
filter : blur (px)
```

其中 px 的值越大,图像越模糊。

【例 10.1】设置高斯模糊效果(案例文件:ch10\10.1.html)。

```
<!DOCTYPE html>
<html>
<head>
<style>
img {
    width: 40%;
    height: auto;
}
.blur {
-webkit-filter: blur(4px);filter: blur(4px);
}
</style>
</head>
<body>
原始图:
<img src="1.jpg" alt="原始图" width="300" height="300">
```

高斯模糊效果：
```
<img class="blur" src="1.jpg" alt="高斯模糊图" width="300" height="300">
</body>
</html>
```

在 Mozilla Firefox 52.0 中浏览效果如图 10-2 所示，可以看到右侧的图片是模糊图片。

图 10-2　模糊效果

10.2.2　明暗度滤镜

明暗度(brightness)滤镜用于设置图像的明暗度效果。brightness 滤镜的语法格式如下：

```
filter : brightness(%)
```

如果参数值是 0%，图像会全黑；参数值是 100%，则图像无变化；参数值超过 100%，图像会比原来更亮。

【例 10.2】设置图像不同的明暗度(案例文件：ch10\10.2.html)。

```
<!DOCTYPE html>
<html>
<head>
<style>
img {
    width: 40%;
    height: auto;
}

.aa{
-webkit-filter: brightness(200%);filter: brightness(200%);
}
.bb{
-webkit-filter: brightness(30%);filter: brightness(30%);
}
</style>
</head>
<body>
图像变亮效果：
```

```
<img class="aa" src="2.jpg" alt="变亮图" width="300" height="300">
图像变暗效果:
<img class="bb" src="2.jpg" alt="变暗图" width="300" height="300">
</body>
</html>
```

在 Mozilla Firefox 52.0 中浏览效果如图 10-3 所示，可以看到左侧图像变亮，右侧图像变暗。

图 10-3　调整图像明亮度效果

10.2.3　对比度滤镜

对比度(contrast)滤镜用于设置图像的对比度效果。contrast 滤镜的语法格式如下：

```
filter :contrast (%)
```

如果参数值是 0%，图像会全黑。如果值是 100%，图像不变。

【例 10.3】设置图像不同的对比度(案例文件：ch10\10.3.html)。

```
<!DOCTYPE html>
<html>
<head>
<style>
img {
    width: 40%;
    height: auto;
}

.aa{
-webkit-filter: contrast(200%);filter: contrast(200%);
}
.bb{
-webkit-filter: contrast(30%);filter: contrast(30%);
}
</style>
</head>
```

```
<body>
增加对比度效果:
<img class="aa" src="3.jpg" alt="变亮图" width="300" height="300">
减少对比度效果:
<img class="bb" src="3.jpg" alt="变暗图" width="300" height="300">
</body>
</html>
```

在 Mozilla Firefox 52.0 中浏览效果如图 10-4 所示,可以看到左侧图像对比度增加,右侧图像对比度减少。

图 10-4　调整图像的对比度效果

10.2.4　阴影滤镜

阴影(drop-shadow)滤镜用于设置图像的阴影效果。使元素内容在页面上产生投影,从而实现立体的效果。drop-shadow 滤镜的语法格式如下:

```
filter : drop-shadow(h-shadow v-shadow blur spread color)
```

其中,参数 h-shadow 和 v-shadow 用于设置水平和垂直方向的偏移量;blur 用于设置阴影的模糊度;spread 用于设置阴影的大小,正值会使阴影变大,负值会使阴影缩小;color 用于设置阴影的颜色。

【例 10.4】为图像添加不同的阴影效果(案例文件:ch10\10.4.html)。

```
<!DOCTYPE html>
<html>
<head>
<style>
img {
    width: 40%;
    height: auto;
}
.aa{
-webkit-filter:drop-shadow(15px 15px 20px red);filter:drop-shadow(15px 15px
20px red);
}
.bb{
-webkit-filter:drop-shadow(30px 30px 10px blue);filter:drop-shadow(30px
```

```
30px 10px blue);
}
</style>
</head>
<body>
添加阴影效果:
<img class="aa" src="4.jpg" alt="红色阴影图" width="300" height="300">
<img class="bb" src="4.jpg" alt="蓝色阴影图" width="300" height="300">
</body>
</html>
```

在 Mozilla Firefox 52.0 中浏览效果如图 10-5 所示,可以看到左侧图像添加了红色阴影效果,右侧图像添加了蓝色阴影效果。

图 10-5 为图像添加阴影效果

10.2.5 灰度滤镜

灰度(grayscale)滤镜能够轻松地将彩色图片变为黑白图片。grayscale 滤镜的语法格式如下:

```
filter :grayscale(%)
```

参数值定义转换的比例。如果参数值为 0,则图形无变化;如果参数值为 100%,则完全转为灰度图像。

【例 10.5】为图像添加不同的灰度效果(案例文件:ch10\10.5.html)。

```
<!DOCTYPE html>
<html>
<head>
<style>
img {
    width: 40%;
    height: auto;
}
}
```

```
.aa{
-webkit-filter:grayscale(100%);filter:grayscale(100%);
}
.bb{
-webkit-filter:grayscale(30%);filter:grayscale(30%);
}
</style>
</head>
<body>
不同的灰度效果：
<img class="aa" src="5.jpg" width="300" height="300">
<img class="bb" src="5.jpg" width="300" height="300">
</body>
</html>
```

在 Mozilla Firefox 52.0 中浏览效果如图 10-6 所示，可以看到左侧图像完全转换为灰度图，右侧图像 30%转换为灰度。

图 10-6　为图像添加灰度效果

10.2.6　反相滤镜

反相(invert)滤镜可以把对象的可视化属性全部翻转，包括色彩、饱和度和亮度值，使图片产生一种"底片"或负片的效果。其语法格式如下：

```
filter:invert(%)
```

参数值定义反相的比例。如果参数值为 100%，则图片完全反相；如果参数值为 0%，则图像无变化。

【例 10.6】为图像添加不同的反相效果(案例文件：ch10\10.6.html)。

```
<!DOCTYPE html>
<html>
<head>
<style>
img {
    width: 40%;
    height: auto;
}
.aa{
-webkit-filter:invert(100%);filter: invert(100%);
```

```
}
.bb{
-webkit-filter:grayscale(50%);filter:grayscale(50%);
}
</style>
</head>
<body>
不同的反相效果:
<img class="aa" src="2.jpg" width="300" height="300">
<img class="bb" src="2.jpg" width="300" height="300">
</body>
</html>
```

在 Mozilla Firefox 52.0 中浏览效果如图 10-7 所示，可以看到左侧图像是完全反相效果，右侧图像是 50%反相效果。

图 10-7　为图像添加反相效果

10.2.7　透明度滤镜

透明度(opacity)滤镜用于设置图像的透明度效果。其语法格式如下：

```
filter:opacity (%)
```

参数值定义透明度的比例。如果参数值为 100%，则图片无变化；如果参数值为 0%，则图像完全透明。

【例 10.7】为设置图像的不同透明度(案例文件：ch10\10.7.html)。

```
<!DOCTYPE html>
<html>
<head>
<style>
img {
    width: 40%;
    height: auto;
}

.aa{
-webkit-filter:opacity(30%);filter:opacity(30%);
```

```
}
.bb{
-webkit-filter:opacity(80%);filter:opacity(80%);
}
</style>
</head>
<body>
不同的透明度效果:
<img class="aa" src="1.jpg" width="300" height="300">
<img class="bb" src="1.jpg" width="300" height="300">
</body>
</html>
```

在 Mozilla Firefox 52.0 中浏览效果如图 10-8 所示，可以看到左侧图像的透明度为 30%，右侧图像的透明度为 80%。

图 10-8　设置图像的不同透明度效果

10.2.8　饱和度滤镜

饱和度(saturate)滤镜用于设置图像的饱和度效果。其语法格式如下：

```
filter:saturate(%)
```

参数值定义饱和度的比例。如果参数值为 100%，则图片无变化；如果参数值为 0%，则图像完全不饱和。

【例 10.8】为图像设置不同的饱和度(案例文件：ch10\10.8.html)。

```
<!DOCTYPE html>
<html>
<head>
<style>
img {
    width: 40%;
    height: auto;
}

.aa{
-webkit-filter:saturate(30%);filter:saturate (30%);
```

```
}
.bb{
-webkit-filter:saturate (80%);filter:saturate(80%);
}
</style>
</head>
<body>
不同的饱和度效果:
<img class="aa" src="2.jpg" width="300" height="300">
<img class="bb" src="2.jpg" width="300" height="300">
</body>
</html>
```

在 Mozilla Firefox 52.0 中浏览效果如图 10-9 所示,可以看到左侧图像的饱和度为 30%,右侧图像的饱和度为 80%。

图 10-9 设置图像的不同饱和度效果

10.2.9 深褐色滤镜

深褐色(sepia)滤镜用于将图像转换为深褐色。其语法格式如下:

```
filter: sepia(%)
```

参数值定义转换的比例。参数值为 100%则完全是深褐色的,参数值为 0%则图像无变化。

【例 10.9】添加深褐色滤镜效果(案例文件:ch10\10.9.html)。

```
<!DOCTYPE html>
<html>
<head>
<style>
img {
    width: 40%;
    height: auto;
}
```

```
.aa{
-webkit-filter:sepia (50%);filter:sepia (50%);
}
.bb{
-webkit-filter:sepia (100%);filter:sepia (100%);
}
</style>
</head>
<body>
不同比例的深褐色效果:
<img class="aa" src="3.jpg" width="300" height="300">
<img class="bb" src="3.jpg" width="300" height="300">
</body>
</html>
```

在 Mozilla Firefox 52.0 中浏览效果如图 10-10 所示,可以看到左侧的图像转换了 50%深褐色,右侧的图像转换了 100%深褐色。

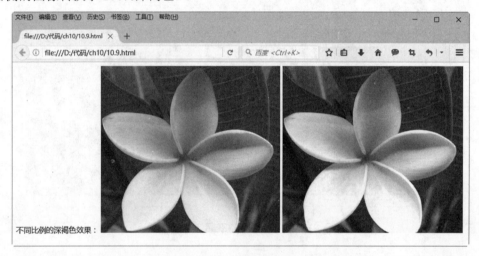

图 10-10　转换图像为深褐色的效果

10.3　使用复合滤镜效果

上一节中,仅仅对图像添加了单个滤镜效果。如果想添加多个滤镜效果,可以将各个滤镜参数用空格分隔开。其中需要注意的是:滤镜参数的顺序非常重要,不同的顺序将产生不同的最终效果。

【例 10.10】添加复合滤镜效果(案例文件:ch10\10.10.html)。

```
<!DOCTYPE html>
<html>
<head>
<style>
img {
    width: 40%;
    height: auto;
```

```
}
.aa{
-webkit-filter:contrast(200%) saturate(50%);filter:contrast(200%)
saturate(50%);
}
.bb{
-webkit-filter:saturate(50%) contrast(200%);filter:saturate(50%)
contrast(200%);
}
</style>
</head>
<body>
不同顺序的复合滤镜效果：
<img class="aa" src="2.jpg" width="300" height="300">
<img class="bb" src="2.jpg" width="300" height="300">
</body>
</html>
```

在 Mozilla Firefox 52.0 中浏览效果如图 10-11 所示，可以看到不同的添加顺序，结果并不一样。

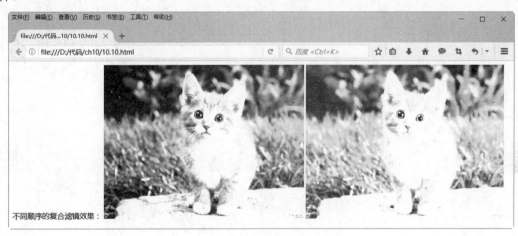

图 10-11　不同顺序的复合滤镜效果

10.4　大 神 解 惑

小白： 怎么对一个 html 对象添加多个滤镜效果呢？

大神： 在使用滤镜时，若使用多个滤镜，则每个滤镜之间用空格分隔开；一个滤镜中的若干个参数用逗号分隔；filter 属性和其他样式属性并用时以分号分隔。

小白： 如何实现图像的光照效果？

大神： Light 滤镜是一个高级滤镜，需要结合 JavaScript 使用。该滤镜用来产生类似于光照灯效果，并调节亮度以及颜色。其语法格式如下：

```
{filter:Light(enabled=bEnabled)}
```

但是这种滤镜效果只能在 IE 9.0 或者更早期的版本中实现。IE 10.0 或者后期的版本将不再支持这种效果。

10.5　跟我练练手

练习 1：制作一个包含高斯模糊滤镜效果的网页。

练习 2：制作一个控制图像明暗度滤镜效果的网页。

练习 3：制作一个包含图像对比度滤镜效果的网页。

练习 4：制作一个包含图像阴影滤镜效果的网页。

练习 5：制作一个包含图像灰度滤镜效果的网页。

练习 6：制作一个包含高图像反相滤镜效果的网页。

练习 7：制作一个包含不同图像饱和度滤镜效果的网页。

练习 8：制作一个包含复合滤镜效果的网页。

第III篇

网 页 布 局

第 11 章

CSS 定位与 DIV
布局核心技术

　　网页设计中，能否很好地定位网页中的每个元素，是网页整体布局的关键。一个布局混乱、元素定位不准的页面，是每个浏览者都不喜欢的。而把每个元素都精确定位到合理位置，才是构建美观大方页面的前提。

本章要点(已掌握的在方框中打钩)

☐ 了解块级元素和行内级元素的基本概念

☐ 掌握盒子模型的使用方法

☐ 掌握 CSS3 新增弹性盒模型的使用方法

☐ 掌握使用盒子模型制作图文排版效果网页的方法

☐ 掌握制作淘宝导购菜单的方法

11.1 了解块级元素和行内级元素

通过块元素可以把 html 里<p>和<h1>之类的文本标签定义成类似 DIV 分区的效果，而通过内联元素可以把元素设置成"行内"元素，这两种元素的 CSS 作用比较小，但是也有一定的使用价值。

11.1.1 块级元素和行内级元素的应用

块元素指在没有 CSS 样式作用下，新的块元素会再另起一行进行顺序排列下去。Div 就是块元素之一。块元素使用 CSS 中的 block 定义，具体特点如下。

(1) 总是在新行上开始。

(2) 行高以及顶和底边距都可控制。

(3) 如果用户不设置宽度的话，则会默认为整个容器的 100%；而如果我们设置了值，就是按照我们设置的值显示。

常用的<p><h1><from><ul>和<li>标签都是块元素。块元素的用法比较简单。下面给出一个块元素应用案例。

【例 11.1】设置块元素(案例文件：ch11\11.1.html)。

```html
<!DOCTYPE html>
<html>
<head>
<title>块元素</title>
<style>
    .big{
        width:800px;
        height:105px;
        background-image:url(07.jpg);
        }
    a{
        font-size:12px;
        display:block;
        width:100px;
        height:20px;
        line-height:20px;
        background-color:#F4FAFB;
        text-align:center;
        text-decoration:none;
        border-bottom:1px dotted #6666FF;
                        color:black;
        }
    a:hover{
        font-size:13px;
        display:block;
        width:100px;
        height:20px;
        line-height:20px;
```

```
                    text-align:center;
                    text-decoration:none;
                                color:green;
            }
    </style>
    </head>
    <body>
        <div class="big">
        <p>
          <a href="#">管理应用</a><a href="#">财务管理</a><a href="#">在线管理</a>
          <a href="#">客户关系管理</a><a href="#">一体化管理</a>
        </p>
        </div>
    </body>
    </html>
```

在 IE 11.0 中浏览效果如图 11-1 所示，可以看到左边显示了一个导航栏，右边显示了一个图片。其导航栏就是以块元素形式显示。

图 11-1　块元素显示

通过 display:inline 语句，可以把元素定义为行内元素。行内元素的特点如下。

(1) 和其他元素都在都一行上。

(2) 行高以及顶和底边距不可改变。

(3) 宽度就是它的文字或图片的宽度，不可改变。

常见的行内元素有<span>、<a>、<label>、<input>、<img>和<strong>等，行内元素的应用也比较简单。

【例 11.2】设置行内元素(案例文件：ch11\11.2.html)。

```
<!DOCTYPE html>
<html>
<head>
<title>行内元素</title>
<style type="text/css">
.hang {
    display:inline;
    }
    </style>
    </head>
    <body>
    <div>
    <a href="#" class="hang">这是 a 标签</a>
      <span class="hang">这是 span 标签</span>
    <strong class="hang">这是 strong 标签</strong>
```

197

```
    <img  class="hang"  src=6.jpg/>
</div>
</body>
</html>
```

在 IE 11.0 中浏览效果如图 11-2 所示,可以看到页面显示的 3 个 HTML 元素,都在同一行显示,包括超级链接和文本信息。

11.1.2 div 元素和 span 元素的区别

图 11-2 行内元素显示

div 和 span 标记二者的区别在于,div 是一个块级元素,其包含的元素会自动换行。span 标记是一个行内标记,其前后都不会发生换行。div 标记可以包含 span 标记元素,但 span 标记一般不包含 div 标记。

【例 11.3】设置 div 元素和 span 元素(案例文件:ch11\11.3.html)。

```
<!DOCTYPE html>
<html>
<head>
<title>div 与 span 的区别</title>
  </head>
<body>
  <p>div 自动分行: </p>
  <div><b>宁静</b></div>
  <div><b>致远</b></div>
  <div><b>明志</b></div>
  <p>span 同一行: </p>
  <span><b>老虎</b></span>
  <span><b>狮子</b></span>
  <span><b>老鼠</b></span>
</body>
</html>
```

在 IE 11.0 中浏览效果如图 11-3 所示,可以看到 div 层所包含的元素进行自动换行,而对于 span 标记,3 个 HTML 元素在同一行显示。

11.2 盒 子 模 型

认为网页上每个 HTML 元素都是长方形的盒子,这是网页设计上的一大创新。在控制页面方面,盒子模型有着至关重要的作用,熟练掌握盒子模型及其各个属性,是控制页面中每个 HTML 元素的前提。

图 11-3 div 与 span 元素的区别

11.2.1 盒子模型的概念

CSS3 中,所有的页面元素都包含在一个矩形框内,称为盒子。盒子模型是由 margin(边界)、border(边框)、padding(空白)和 content(内容)几个属性组成。此外在盒子模型中，还具备高度和宽度两个辅助属性。盒子模型如图 11-4 所示。

从图 11-4 中可以看出，盒子模型包含如下 4 个部分。

(1) content(内容)：是盒子模型中必需的一部分，内容可以是文字、图片等元素。

(2) padding(空白)：也称内边距或补白，用来设置内容和边框之间的距离。

(3) border(边框)：可以设置内容边框线的粗细、颜色、样式等，前面已经讲述过。

(4) margin(边界)：即外边距，用来设置内容与内容之间的距离。

图 11-4　盒子模型效果图

一个盒子的实际高度(宽度)是由 content+padding+border+margin 组成的。在 CSS3 中，可以通过设定 width 和 height 来控制 content 的大小，并且对于任何一个盒子，都可以分别设定 4 条边的 border、padding 和 margin。

11.2.2　定义网页 border 区域

border 边框是内边距和外边距的分界线，可以分离不同的 HTML 元素。border 有 3 个属性，分别是边框样式(style)、颜色(color)和宽度(width)。

【例 11.4】设置盒子边框(案例文件：ch11\11.4.html)。

```
<!DOCTYPE html>
<html>
<head>
<title>border 边框</title>
  <style type="text/css">
    .div1{
     border-width:10px;
    border-color:#ddccee;
    border-style:solid;
    width:410px;
     }
    .div2{
     border-width:1px;
    border-color:#adccdd;
    border-style:dotted;
    width:410px;
     }
   .div3{
     border-width:1px;
    border-color:#457873;
    border-style:dashed;
    width:410px;
     }
```

```
    </style>
</head>
<body>
  <div class="div1">
      这是一个宽度为 10px 的实线边框。
   </div>
   <br /><br />
   <div class="div2">
      这是一个宽度为 1px 的虚线边框。
   </div>
   <br /><br />
   <div class="div3">
      这是一个宽度为 1px 的点状边框。
   </div>
</body>
</html>
```

在 IE 11.0 中浏览效果如图 11-5 所示，可以看到显示了 3 个不同风格的盒子，第一个盒子边框线宽度为 10 像素，边框样式为实线，颜色为紫色；第二个盒子边框线宽度为 1 像素，边框样式是虚线边框，颜色为浅绿色；第三个盒子边框线宽度为 1 像素，边框样式是点状边框，颜色为绿色。

图 11-5　设置盒子边框

11.2.3　定义网页 padding 区域

在 CSS3 中，可以设置 padding 属性以定义内容与边框之间的距离，即内边距的距离。其语法格式如下：

```
padding : length
```

padding 属性值可以是一个具体的长度，也可以是一个相对于上级元素的百分比，但不可以使用负值。padding 属性能为盒子定义上、下、左、右间隙的宽度，也可以单独定义各方位的宽度。常用形式如下：

```
padding :padding-top | padding-right | padding-bottom | padding-left
```

如果提供 4 个参数值，将按顺时针的顺序作用于四边。如果只提供 1 个参数值，将作用于全部的四条边；如果提供 2 个，第 1 个作用于上下两边，第 2 个作用于左右两边。如果提供 3 个，第 1 个作用于上边，第 2 个作用于左、右两边，第 3 个作用于下边。

其具体含义如表 11-1 所示。

表 11-1　padding 属性子属性

属　性	描　述
padding-top	设定上间隙
padding-bottom	设定下间隙

属　性	描　述
padding-left	设定左间隙
padding-right	设定右间隙

【例 11.5】设置内边距(案例文件：ch11\11.5.html)。

```html
<!DOCTYPE html>
<html>
<head>
<title>padding</title>
  <style type="text/css">
    .wai{
      width:400px;
      height:250px;
      border:1px #993399 solid;
    }
    img{
        max-height:120px;
      padding-left:50px;
      padding-top:20px;
      }
  </style>
</head>
<body>
  <div class="wai">
    <img src="07.jpg" />
        <p>这张图片的左内边距是 50px，顶内边距是 20px</p>
    </div>
</body>
</html>
```

在 IE 11.0 中浏览效果如图 11-6 所示，可以看到一个 div 层中显示了一张图片。此图片可以看作一个盒子模型，并定义了图片的左内边距和顶内边距的效果。可以看出，内边距其实是对象 img 和外层 div 之间的距离。

图 11-6　设置内边距

11.2.4　定义网页 margin 区域

margin 边界用来设置页面中元素和元素之间的距离，即定义元素周围的空间范围，是页面排版中一个比较重要的概念。其语法格式如下：

```
margin : auto | length
```

其中 auto 表示根据内容自动调整；length 表示由浮点数字和单位标识符组成的长度值或百分数。margin 属性包含的 4 个子属性控制一个页面元素的四周的边距样式，如表 11-2 所示。

表 11-2　margin 属性子属性

属　性	描　述
margin-top	设定上边距
margin-bottom	设定下边距
margin-left	设定左边距
margin-right	设定右边距

如果希望很精确地控制块的位置，需要对 margin 有更深入的了解。margin 设置可以分为行内元素块之间的设置、非行内元素块之间的设置和父子块之间的设置。

1. 行内元素的 margin 设置

【例 11.6】行内元素的 margin 设置(案例文件：ch11\11.6.html)。

```
<!DOCTYPE html>
<html>
<head>
<title>行内元素设置margin</title>
<style type="text/css">
<!--
span{
  background-color:#a2d2ff;
  text-align:center;
  font-family:"幼圆";
  font-size:12px;
  padding:10px;
          border:1px #ddeecc solid;
}
span.left{
  margin-right:20px;
  background-color:#a9d6ff;
}
span.right{
  margin-left:20px;
  background-color:#eeb0b0;
}
-->
</style>
    </head>
<body>
  <span class="left">行内元素 1</span><span class="right">行内元素 2</span>
</body>
</html>
```

在 IE 11.0 中浏览效果如图 11-7 所示，可以看到 1 个蓝色盒子和 1 个红色盒子，二者之间的距离使用 margin 设置，其距离是左边盒子的右边距 margin-right 加上右边盒子的左边距 margin-left。

图 11-7　行内元素 margin 设置

2. 非行内元素块之间的 margin 设置

如果不是行内元素，而是产生换行效果的块级元素，情况就会发生变化。两个换行块级元素之间的距离不再是 margin-bottom 和 margin-top 的和，而是两者中的较大者。

【例 11.7】非行内元素块之间的 margin 设置(案例文件：ch11\11.7.html)。

```
<!DOCTYPE html>
<html>
<head>
<title>块级元素的margin</title>
<style type="text/css">
<!--
h1{
  background-color:#ddeecc;
  text-align:center;
  font-family:"幼圆";
  font-size:12px;
  padding:10px;
            border:1px #445566 solid;
            display:block;
}
-->
</style>
    </head>
<body>
  <h1 style="margin-bottom:50px;">距离下面块的距离</h1>
  <h1 style="margin-top:30px;">距离上面块的距离</h1>
</body>
</html>
```

在 IE 11.0 中浏览效果如图 11-8 所示，可以看到两个 h1 盒子，二者上下之间存在距离，其距离为 margin-bottom 和 margin-top 中较大的值，即 50 像素。如果修改下面 h1 盒子元素的 margin-top 为 40 像素，会发现执行结果没有任何变化。如果修改其值为 60 像素，会发现下面的盒子会向下移动 10 个像素。

图 11-8　设置上下 margin 距离

3. 父子块之间的 margin 设置

当一个 div 块包含在另一个 div 块中间时，二者便会形成一个典型的父子关系。其中子块的 margin 设置将会以父块的 content 为参考。

【例 11.8】父子块之间的 margin 设置(案例文件：ch11\11.8.html)。

```
<!DOCTYPE html>
<html>
<head>
<title>包含块的margin</title>
<style type="text/css">
<!--
div{
```

```
    background-color:#fffebb;
    padding:10px;
    border:1px solid #000000;
}
h1{
    background-color:#a2d2ff;
    margin-top:0px;
    margin-bottom:30px;
    padding:15px;
    border:1px dashed #004993;
              text-align:center;
    font-family:"幼圆";
    font-size:12px;
}
-->
</style>
   </head>
<body>
   <div >
     <h1>子块 div</h1>
   </div>
</body>
</html>
```

在 IE 11.0 中浏览效果如图 11-9 所示，可以看到子块 h1 盒子距离父 div 下边界为 40 像素(子块 30 像素的外边距加上父块 10 像素的内边距)，其他 3 边距离都是父块的 padding 距离，即 10 像素。

图 11-9　设置包括盒子的 margin 距离

在例 11.8 中，如果设定了父元素的高度 height 值，并且父块高度值小于子块的高度加上 margin 的值，此时 IE 浏览器会自动扩大，保持子元素的 margin-bottom 的空间以及父元素的 padding-bottom。而 Firefox 就不会这样，会保证父元素的 height 高度的完全吻合，而这时子元素将超过父元素的范围。

当将 margin 设置为负数时，会使得被设为负数的块向相反的方向移动，甚至覆盖在另外的块上。

11.3　弹性盒模型

CSS3 引入了新的盒模型处理机制，即弹性盒模型。该模型决定元素在盒子中的分布方式以及如何处理盒子的可用空间。通过弹性盒模型，可用轻松地设计出自适应浏览器窗口的流动布局或自适应字体大小的弹性布局。

CSS3 为了实现弹性盒模型，新增了 8 个属性，如表 11-3 所示。

表 11-3　CSS3 新增盒子模型属性

属　　性	说　　明
box-orient	定义盒子分布的坐标轴
box-align	定义子元素在盒子内垂直方向上的空间分配方式
box-direction	定义盒子的显示顺序
box-flex	定义子元素在盒子内的自适应尺寸
box-flex-group	定义自适应子元素群组
box-lines	定义子元素分布显示
box-ordinal-group	定义子元素在盒子内的显示位置
box-pack	定义子元素在盒子内的水平方向上的空间分配方式

11.3.1　定义盒子布局方向

box-orient 属性用于定义盒子元素内部的流动布局方向，即是横着排还是竖着走。其语法格式如下：

```
box-orient:horizontal | vertical | inline-axis | block-axis | inherit
```

其参数值含义如表 11-4 所示。

表 11-4　box-orient 属性值

属　性　值	说　　明
horizontal	盒子元素从左到右在一条水平线上显示它的子元素
vertical	盒子元素从上到下载一条垂直线上显示它的子元素
inline-axis	盒子元素沿着内联轴显示它的子元素
block-axis	盒子元素沿着块轴显示它的子元素

注意　弹性盒模型是 W3C 标准化组织于 2009 年发布的，目前还没有主流浏览器对其支持，不过采用 Webkit 和 Mozilla 渲染引擎的浏览器都自定义了一套私有属性，用来支持弹性盒模型。下面代码中会存在一些 Firefox 浏览器的私有属性定义。

【例 11.9】设置盒子布局方向(案例文件：ch11\11.9.html)。

```
<!DOCTYPE html>
<html>
<head>
<title>
box-orient
</title>
<style>
div{height:50px;text-align:center;}
.d1{background-color:#F6F;width:180px;height:500px}
.d2{background-color:#3F9;width:600px;height:500px}
```

```
.d3{background-color:#FCd;width:180px;height:500px}
body{
        display:box;                          /*标准声明，盒子显示*/
        display:-moz-box;                     /*兼容 Mozilla Gecko 引擎浏览器*/
        orient:horizontal;                    /*定义元素为盒子显示*/
        -mozbox-box-orient:horizontal;        /*兼容 Mozilla Gecko 引擎浏览器*/
        box-orient:horizontal;                /*CSS3 标准化设置*/
}
</style>
</head>
<body>
<div class=d1>左侧布局</div>
<div class=d2>中间布局</div>
<div class=d3>右侧布局</div>
</body>
</html>
```

在上述代码中，CSS 样式首先定义了每个 div 层的背景色和大小，在 body 标记选择器中，定义了 body 容器中元素以盒子模型显示，并使用 box-orient 定义元素水平并列显示。

在 Firefox 52.0 中浏览效果如图 11-10 所示，可以看到显示了 3 个层，3 个 div 层并列显示，分别为"左侧布局""中间布局"和"右侧布局"。

图 11-10　盒子元素水平并列显示

11.3.2　定义盒子布局顺序

box-direction 是用来确定子元素的排列顺序，也可以说是内部元素的流动顺序。其语法格式如下：

```
box-direction:normal | reverse | inherit
```

其参数值如表 11-5 所示。

表 11-5　box-direction 属性值

属性值	说明
normal	正常显示顺序，即如果盒子元素的 box-orient 属性值为 horizontal，则其包含的子元素按照从左到右的顺序显示，即每个子元素的左边总是靠近前一个子元素的右边；如果盒子元素的 box-orient 属性值为 vertical，则其包含的子元素按照从上到下的顺序显示
reverse	反向显示，盒子所包含的子元素的显示顺序将与 normal 相反
inherit	继承上级元素的显示顺序

【例 11.10】设置盒子布局顺序(案例文件：ch11\11.10.html)。

```
<!DOCTYPE html>
<html>
<head>
<title>
box-direction
</title>
<style>
div{height:50px;text-align:center;}
.d1{background-color:#F6F;width:180px;height:500px}
.d2{background-color:#3F9;width:600px;height:500px}
.d3{background-color:#FCd;width:180px;height:500px}
body{
     display:box;                       /*标准声明，盒子显示*/
      display:-moz-box;                  /*兼容 Mozilla Gecko 引擎浏览器*/
      orient:horizontal;                 /*定义元素为盒子显示*/
      -mozbox-box-orient:horizontal;     /*兼容 Mozilla Gecko 引擎浏览器*/
      box-orient:horizontal;             /*css3 标准声明*/
      -moz-box-direction:reverse;
      box-direction:reverse;

}
</style>
</head>
<body>
<div class=d1>左侧布局</div>
<div class=d2>中间布局</div>
<div class=d3>右侧布局</div>
</body>
</html>
```

可以发现此案例代码和上一个案例代码基本相同，只不过多了一个 box-direction 属性设置，此处设置布局进行反向显示。

在 Firefox 52.0 中浏览效果如图 11-11 所示，可以发现与上一个图形相比较，左侧布局和右侧布局进行了互换。

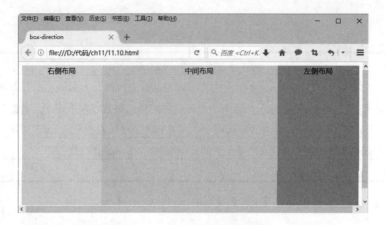

图 11-11　设置盒子布局顺序

11.3.3　定义盒子布局位置

box-ordinal-group 属性设置盒子中每个子元素在盒子中的具体位置。其语法格式如下：

```
box-ordinal-group:<integer>
```

参数值 integer 是一个自然数，从 1 开始，用来设置子元素的位置序号。子元素将分别根据这个属性从小到大进行排列。在默认情况下，子元素将根据元素的位置进行排列。如果是没有指定 box-ordinal-group 属性值的子元素，则其序号默认都为 1，并且序号相同的元素将按照它们在文档中加载的顺序进行排列。

【例 11.11】设置盒子布局位置(案例文件：ch11\11.11.html)。

```
<!DOCTYPE html>
<html>
<head>
<title>
box-ordinal-group
</title>
<style>
body{
    margin:0;
    padding:0;
    text-align:center
    background-color:#d9bfe8;
}
.box{
    margin:auto;
    text-align:center;
    width:988px;
    display:-moz-box;
    display:box;
    box-orient:vertical;
    -moz-box-orient:vertical;
}
.box1{
    -moz-box-ordinal-group:2;
```

```
        box-ordinal-group:2;
}
.box2{
        -moz-box-ordinal-group:3;
        box-ordinal-group:3;
}
.box3{
        -moz-box-ordinal-group:1;
        box-ordinal-group:1;
}
.box4{
        -moz-box-ordinal-group:4;
        box-ordinal-group:4;
}
</style>
</head>
<body>
<div class=box>
<div class=box1><img src=1.jpg/></div>
<div class=box2><img src=2.jpg/></div>
<div class=box3><img src=3.jpg/></div>
<div class=box4><img src=4.jpg/></div>
</div>
</body>
</html>
```

在上面的样式代码中，类选择器 box 中的代码 display:box 设置了容器以盒子方向显示，box-orient:vertical 代码设置排列方向从上到下。在下面的 box1、box2、box3 和 box4 类选择器中通过 box-ordinal-group 属性都设置了显示顺序。

在 Firefox 52.0 中浏览效果如图 11-12 所示，可以看到第三个层次显示在第一个和第二个层次之上。

图 11-12　设置层显示顺序

11.3.4　定义盒子弹性空间

box-flex 属性能够灵活地控制子元素在盒子中的显示空间。显示空间包括子元素的宽度和高度，而不只是子元素所在栏目的宽度，也可以说是子元素在盒子中所占的面积。

语法格式如下：

```
box-flex:<number>
```

<number>属性值是一个整数或者小数。当盒子中包含多个定义了 box-flex 属性的子元素时，浏览器将会把这些子元素的 box-flex 属性值相加，然后根据它们各自的值占总值的比例来分配盒子剩余的空间。

【例 11.12】设置盒子弹性空间(案例文件：ch11\11.12.html)。

```
<!DOCTYPE html>
<html>
<head>
<title>
box-flex
</title>
<style>
body{
margin:0;
padding:0;
text-align:center;
}
.box{
height:50px;
text-align:center;
width:960px;
overflow:hidden;
    display:box;                        /*标准声明，盒子显示*/
    display:-moz-box;                   /*兼容 Mozilla Gecko 引擎浏览器*/
    orient:horizontal;                  /*定义元素为盒子显示*/
    -mozbox-box-orient:horizontal;      /*兼容 Mozilla Gecko 引擎浏览器*/
    box-orient:horizontal;              /*css3 标准声明*/
}
.d1{
background-color:#F6F;
width:180px;
height:500px;
}
.d2,.d3{
 border:solid 1px #CCC;
 margin:2px;
}
.d2{
-moz-box-flex:2;
box-flex:2;
background-color:#3F9;
height:500px;
}
.d3{
-moz-box-flex:4;
box-flex:4;
background-color:#FCd;
height:500px;
```

```
}
.d2 div,.d3 div{display:inline;}
</style>
</head>
<body>
<div class=box>
<div class=d1>左侧布局</div>
<div class=d2>中间布局</div>
<div class=d3>右侧布局</div>
</div>
</body>
</html>
```

在上述 CSS 样式代码中,使用 display:box 语句设定容器内元素以盒子方式布局,box-orient:horizontal 语句设定盒子之间在水平方向上并列显示,类选择器 d1 中使用 width 和 height 设定显示层的大小,而在 d2 和 d3 中,使用 box-flex 分别设定两个盒子的显示面积。

在 Firefox 52.0 中浏览效果如图 11-13 所示,可以看到左侧布局所占空间比中间布局较大。

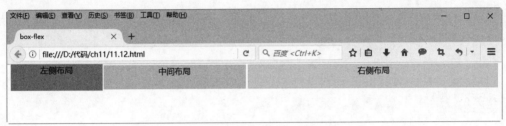

图 11-13　设置盒子面积

11.3.5　管理盒子空间

当弹性元素和非弹性元素混合排版时,可能会出现所有子元素的尺寸大于或小于盒子的尺寸,从而出现盒子空间不足或者富余的情况,这时就需要一种方法来管理盒子的空间。如果子元素的总尺寸小于盒子的尺寸,则可以使用 box-align 和 box-pack 属性进行管理。

box-pack 属性可以用于设置子容器在水平轴上的空间分配方式,其语法格式如下:

```
box-pack:start|end|center|justify
```

其参数值含义如表 11-6 所示。

表 11-6　box-pack 属性值

属 性 值	说　　明
start	所有子容器都分布在父容器的左侧,右侧留空
end	所有子容器都分布在父容器的右侧,左侧留空
justify	所有子容器平均分布(默认值)
center	平均分配父容器剩余的空间(能压缩子容器的大小,并且有全局居中的效果)

box-align 属性用于管理子容器在竖轴上的空间分配方式,其语法格式如下:

```
box-align: start|end|center|baseline|stretch
```

其参数值含义如表 11-7 所示。

表 11-7　box-align 属性值

属 性 值	说　　明
start	子容器从父容器顶部开始排列，富余空间显示在盒子底部
end	子容器从父容器底部开始排列，富余空间显示在盒子顶部
center	子容器横向居中，富余空间在子容器两侧分配，上面一半下面一半
baseline	所有盒子沿着它们的基线排列，富余的空间可前可后显示
stretch	每个子元素的高度被调整到适合盒子的高度显示。即所有子容器和父容器保持同一高度

【例 11.13】设置盒子中间显示(案例文件：ch11\11.13.html)。

```
<!DOCTYPE html>
<html>
<head>
<title>
box-pack
</title>
<style>
body,html{
height:100%;
width:100%;
}
body{
     margin:0;
     padding:0;
     display:box;                        /*标准声明，盒子显示*/
     display:-moz-box;                   /*兼容 Mozilla Gecko 引擎浏览器*/
     -mozbox-box-orient:horizontal;      /*兼容 Mozilla Gecko 引擎浏览器*/
     box-orient:horizontal;              /*css3 标准声明*/
     -moz-box-pack:center;
     box-pack:center;
     -moz-box-align:center;
     box-align:center;
     background:#04082b url(a.jpg) no-repeat top center;
}
.box{
border:solid 1px red;
padding:4px;
}
</style>
</head>
<body>
<div class=box>
<img src=yueji.jpg>
</div>
</body>
</html>
```

在上述代码中，display:box 语句定义了容器内元素以盒子形式显示；box-orient:horizontal 语句定义了盒子水平显示；box-pack:center 语句定义了盒子两侧空间平均分配；box-align:center 语句定义了盒子上下两侧空间平均分配，即图片盒子居中显示。

在 Firefox 52.0 中浏览效果如图 11-14 所示，可以看到中间盒子在容器中部显示。

图 11-14　设置盒子中间显示

11.3.6　盒子空间的溢出管理

弹性布局中盒子内的元素很容易出现空间溢出的现象，与传统的盒子模型一样，CSS3 允许使用 overflow 属性来处理溢出内容的显示。当然还可以使用 box-lines 属性来避免空间溢出的问题。语法格式如下：

```
box-lines:single|multiple
```

参数值 single 表示子元素都单行或单列显示；multiple 表示子元素可以多行或多列显示。

【例 11.14】管理盒子空间的溢出(案例文件：ch11\11.14.html)。

```
<!DOCTYPE html>
<html>
<head>
<title>
box-lines
</title>
<style>
.box{
border:solid 1px red;
width:600px;
height:400px;
display:box;                        /*标准声明，盒子显示*/
display:-moz-box;                   /*兼容 Mozilla Gecko 引擎浏览器*/
-mozbox-box-orient:horizontal;      /*兼容 Mozilla Gecko 引擎浏览器*/
-moz-box-lines:multiple;
```

```
box-lines:multiple;
}
.box div{
    margin:4px;
    border:solid 1px #aaa;
    -moz-box-flex:1;
    box-flex:1;
}
.box div img{width120px;}
</style>
</head>
<body>
<div class=box>
<div><img src="b.jpg"></div>
<div><img src="c.jpg"></div>
<div><img src="d.jpg"></div>
<div><img src="e.jpg"></div>
<div><img src="f.jpg"></div>
</div>
</body>
```

在 Firefox 52.0 中浏览效果如图 11-15 所示，可以看到右边盒子还是发生了溢出现象。这是因为目前各大主流浏览器还没有明确支持这种用法，所有导致 box-lines 属性被实际应用时显示无效。相信在未来的一段时间内，各个浏览器会支持该属性。

图 11-15　溢出管理

11.4　综合案例 1——图文排版效果

一个宣传页需要包括文字和图片信息。本案例将结合前面学习的盒子模型及其相关属性，创建一个旅游宣传页。具体操作步骤如下。

step 01 分析需求。

整个宣传页面需要一个 div 层包含并带有边框，div 层包括两个部分，上部空间包含 1 张图片，下面显示文本信息并带有底边框，下部空间显示 2 张图片。案例完成后，效果如图 11-16 所示。

step 02 构建 HTML 页面，使用 div 搭建框架。具体代码如下：

```
<!DOCTYPE html>
<html>
<head>
<title>图文排版</title>
</head>
<body>
  <div class="big">
    <div class="up">
      <img src="top.jpg" border="0" />
        <p>·反季游正流行 众信旅游暑期邀你到南半球过冬 </p>
        <p>·西安世园会暨旅游推介会今日在沈阳举行! </p>
        <p>·澳大利亚旅游局中国区首代邓李宝茵八月底卸任</p>
        <p>·"彩虹部落"土族:旅游经济支撑下的文化记忆恢复(组图)</p>
    </div>
    <div class="down">
      <img src="bottom1.jpg" border="0" />    <img
src="bottom2.jpg" border="0" />
    </div>
  </div>
</body>
</html>
```

在 IE 11.0 中浏览效果如图 11-17 所示，可以看到页面自上向下显示图片、段落信息和图片。

图 11-16 旅游宣传页

图 11-17 构建 HTML 文档

step 03 添加 CSS 代码，修饰整体 div。具体代码如下：

```
<style>
  *{
    padding:0px;
    margin:0px;
  }
  body{
```

```
  font-family:"宋体";
  font-size:12px;
   }
.big{
  width:220px;
  border:#0033FF 1px solid;
  margin:10px 0 0 20px;
   }
</style>
```

CSS 样式代码在 body 标记选择器设置了字体和字体大小，并在 big 类选择器中设置整个层的宽带、边框样式和外边距。

在 IE 11.0 中浏览效果如图 11-18 所示，可以看到页面图片信息和文本都在一个矩形盒子内显示，其边框颜色为蓝色，大小为 1 像素。

step 04 添加 CSS 代码，修饰字体和图片。具体代码如下：

```
.up p{
  margin:5px;
   }
.up img{
  margin:5px;
  text-align:center;}
.down{
  text-align:center;
  border-top:#FF0000 1px dashed;
   }
.down img{
  margin-top:5px;
   }
```

上述代码定义了段落、图片的外边距，例如 margin-top:5px 语句设置了下面图片的外边距为 5 像素，两张图片之间的距离是 10 像素。

在 IE 11.0 中浏览效果如图 11-19 所示，可以看到字体居中显示，下面带有一个红色虚线，宽带为 1 像素。

图 11-18　设置整体 div 样式

图 11-19　设置各个元素的外边距

11.5 综合案例 2——淘宝导购菜单

网上购物已经成为一种时尚，其中淘宝网是网上购物网站影响比较大的网站之一。淘宝网的宣传页面到处都是。本案例结合前面学习的知识，创建一个淘宝网宣传导航页面。

具体操作步骤如下。

step 01 分析需求。

根据实际效果，需要创建一个 div 层，包含 3 个部分：左边导航栏、中间图片显示区域、右边导航栏，然后使用 CSS 颜色设置导航栏字体和边框。案例完成后，具体效果如图 11-20 所示。

step 02 构建 HTML 页面，使用 div 搭建框架。具体代码如下：

```
<!DOCTYPE html>
<html>
<head>
<title>淘宝网</title>
</head>
<body>
<div class="wrap">
  <div class="area">
 <div>
   <div class="tab_area">
   <ul>
   <li class="current"><a href="#">男 T 恤</a></li>
   <li ><a href="#">男衬衫</a></li>
   <li><a href="#">休闲裤</a></li>
   <li><a href="#">牛仔裤</a></li>
            <li><a href="#">男短裤</a></li>
                    <li><a href="#">西裤</a></li>
   <li><a href="#">皮鞋</a></li>
                    <li><a href="#">休闲鞋</a></li>
                    <li ><a href="#">男凉鞋</a></li>
                    </ul>
                </div>
      <div class="tab_area1" >
  <ul>
<li><a href="#">女 T 恤</a></li>
  <li><a href="#">女衬衫</a></li>
  <li><a href="#">开衫</a></li>
  <li ><a href="#">女裤</a></li>
            <li><a href="#">女包</a></li>
            <li ><a href="#">男包</a></li>
  <li ><a href="#">皮带</a></li>
            <li><a href="#">登山鞋</a></li>
            <li ><a href="#">户外装</a></li>
  </ul>
  </div>
</div>
<div class="img_area">
  <img src=nantxu.jpg/>
```

```
</div>
  </div>
</body>
</html>
```

在 Firefox 52.0 中浏览效果如图 11-21 所示，三部分内容分别自上而下显示，第一部分是导航菜单栏；第二部分也是导航菜单栏；第三部分是图片信息。

图 11-20 淘宝宣传页

图 11-21 基本 HTML 显示

step 03 添加 CSS 代码，修饰整体样式。具体代码如下：

```
<style type="text/css">
body, p, ul, li{margin:0; padding:0;}
body{font:12px arial,宋体,sans-serif;}
.wrap{width:318px;height:248px; background-color:#FFFFFF; float:left;border:
1px solid #F27B04;}
.area{width:318px;  float:left;}
.tab_area{width:53px; height:248px;  border-right:1px solid
#F27B04;overflow:hidden; }
.tab_area1{width:53px; height:248px;  border-left:1px solid
#F27B04;overflow:hidden; position:absolute; left:265px; top:1px; }
.img_area{
  width:208px;
  height:248px;
  overflow:hidden;
  position:absolute;
  top:-2px;
  left:55px;
}
</style>
```

上述 CSS 样式代码中，设置了 body 页面字体、段落、列表和列表选项的样式。需要注意的是类选择器 tab_area 定义了左边列表选项，即左边导航菜单，其宽度为 53 像素，高度为 248 像素，边框颜色为黄色。类选择 tab_area1 定义了右边列表选项，即右边导航菜单，其宽度和高度同左侧菜单相同，但此次使用 position 定义了这个 div 层显示的绝对位置，语句为

"position:absolute; left:265px; top:1px;"。类选择器 img_area 定义了中间图片显示样式，也是使用 position 绝对定位。

在 Firefox 52.0 中浏览效果如图 11-22 所示，可以看到网页中显示了 3 个部分，左右两侧为导航菜单栏，中间是图片。

step 04 添加 CSS 代码，修饰列表选项。具体代码如下：

```
img{border:0;}
li{list-style:none;}
a{font-size:12px; text-decoration:none}
a:link,a:visited {color:#999;}
.tab_area ul li,.tab_area1 ul li
{width:53px;height:27px;text-align:center;line-height:26px;
float:left;border-bottom:1px solid #F27B04;}
.tab_area ul li a,.tab_area1 ul li a{color:#3d3d3d;}
.tab_area ul li.current,.tab_area1 ul li.current{ height:27px; background-
color:#F27B04;}
.tab_area ul li.current a,.tab_area1 ul li.current a{color:#fff; font-
size:12px; font-weight:400; line-height:27px}
```

上述 CSS 样式代码，完成了对字体大小，颜色，是否带有下划线等属性的定义。

在 Firefox 52.0 中浏览效果如图 11-23 所示，可以看到网页中左右两个导航菜单栏，相对于图 11-22，字体颜色发生了变化，大小发生了变化。

图 11-22　设置整体布局样式

图 11-23　修饰列表选项

11.6　大 神 解 惑

小白：如何理解 margin 的加倍问题？

大神：当 div 层被设置为 float 时，在 IE 下设置的 margin 会加倍。这是一个 ie 都存在的 bug。其解决办法是：在这个 div 里面加上 "display:inline;"。

例如：

```
<#div id="imfloat"></#DIV>
```

相应的 css 为：

```
#IamFloat{
float:left;
margin:5px;
display:inline;
}
```

小白：margin:0 auto 表示什么含义？

大神：margin:0 auto 定义元素向上补白 0 像素，左右为自动使用。这样按照浏览器解析习惯是可以让页面居中显示的，一般这个语句会在 body 标记中。在使用 margin:0 auto 语句使页面居中的时候，一定要给元素一个高度并且不要让元素浮动，即不要加 float，否则效果会失效。

11.7　跟我练练手

练习 1：制作一个包含块级元素和行内级元素的网页。

练习 2：制作一个包含 div 元素和 span 元素的网页。

练习 3：制作一个包含盒子布局方向的网页。

练习 4：使用盒子模型制作一个图文混排的网页。

练习 5：使用盒子模型制作一个导购菜单页面。

第 12 章

CSS+DIV 盒子的
浮动与定位

网页设计中，能否很好地定位网页中的每个元素，是网页整体布局的关键。一个布局混乱、元素定位不准的页面，是每个浏览者都不喜欢的。而把每个元素都精确定位到合理位置，才是构建美观大方页面的前提。本章就来学习 CSS+DIV 盒子的浮动与定位。

本章要点(已掌握的在方框中打钩)

☐ 了解 DIV 的基本概念

☑ 掌握盒子定位的各种方法

☐ 掌握其他 CSS 布局定位的方法

☐ 掌握 CSS3 多列布局的方法

☐ 掌握制作阴影文字效果的方法

12.1　定义 DIV

使用 DIV 进行网页排版是现在流行的一种趋势。例如使用 CSS 属性，可以轻易设置 DIV 位置，演变出多种不同的布局方式。

12.1.1　什么是 DIV

<div>标记作为一个容器标记被广泛地应用在<html>语言中。利用这个标记，加上 CSS 对其控制，可以很方便地实现各种效果。<div>标记早在 HTML3.0 时代就已经出现，但那时并不常用，直到 CSS 的出现，才逐渐发挥出它的优势。

12.1.2　创建 DIV

<div>(division)简单而言就是一个区块容器标记，即<div>与</div>之间相当于一个容器，可以容纳段落、标题、表格、图片，乃至章节、摘要、备注等各种 HTML 元素。因此，可以把<div>与</div>中的内容视为一个独立的对象，用于 CSS 的控制。声明时只需要对<div>进行相应的控制，其中的各标记元素都会因此而改变。

【例 12.1】设置 div 层(案例文件：ch12\12.1.html)。

```
<!DOCTYPE html>
<html>
<head>
<title>div 层</title>
<style type="text/css">
<!--
div{
  font-size:18px;
  font-weight:bolder;
  font-family:"幼圆";
  color:#FF0000;
  background-color:#eeddcc;
  text-align:center;
  width:300px;
  height:100px;
          border:1px #992211 dotted;
}
-->
</style>
  </head>
<body>
<center>
  <div>
  这是 div 层
  </div>
</center>
</body>
</html>
```

上述例子通过 CSS 对 div 块控制，绘制了一个 div 容器，容器中放置了一段文字。

在 IE 11.0 中浏览效果如图 12-1 所示，可以看到一个矩形方块的 div 层，居中显示，字体显示为红色，边框为浅红色，背景色为浅黄色。

图 12-1　div 层显示

12.2　盒子的定位

网页中各种元素需要有自己合理的位置，从而搭建整个页面的结构。在 CSS3 中，可以通过 position 这个属性对页面中各元素进行定位。

其语法格式如下：

```
position : static | absolute | fixed | relative
```

其参数含义如表 12-1 所示。

表 12-1　position 属性参数值

参 数 名	说 明
static	元素定位的默认值，无特殊定位，对象遵循 HTML 定位规则，不能通过 z-index 进行层次分级
relative	相对定位，对象不可重叠，可以通过 left、right、bottom、top 等属性在正常文档中偏移位置，可以通过 z-index 进行层次分级
absolute	生成绝对定位的元素，相对于 static 定位以外的第一个父元素进行定位。元素的位置通过 left、top、right 以及 bottom 属性进行规定
fixed	fixed 生成绝对定位的元素，相对于浏览器窗口进行定位。元素的位置通过 left、top、right 以及 bottom 属性进行规定

12.2.1　静态定位

静态定位是指没有使用任何移动效果的定义方式，其语法格式如下：

```
position : static
```

【例 12.2】静态定位(案例文件：ch12\12.2.html)。

```
<!DOCTYPE html>
<html>
```

```
<head>
<style type="text/css">
h2.pos_left
{
position:static;
left:-20px
}
h2.pos_right
{
position:static;
left:20px
}
</style>
</head>
<body>
<h2>这是位于正常位置的标题</h2>
<h2 class="pos_left">这个标题相对于其正常位置不会向左移动</h2>
<h2 class="pos_right">这个标题相对于其正常位置不会向右移动</h2>
</body>
</html>
```

在 IE 11.0 中浏览效果如图 12-2 所示，可以看到页面显示了 3 个标题，最上面的标题正常显示，下面两个标题即使设置了向左或向右移动，但结果还是以正常显示，这就是静态定位。

图 12-2　静态定位显示

12.2.2　相对定位

如果对一个元素进行相对定位，首先它将出现在它所在的位置上。然后通过设置垂直或水平位置，让这个元素"相对于"它的原始起点进行移动。再者，相对定位时，无论是否进行移动，元素仍然占据原来的空间。因此，移动元素会导致它覆盖其他框。

相对定位的语法格式如下：

```
position:relative
```

【例 12.3】相对定位(案例文件：ch12\12.3.html)。

```
<!DOCTYPE html>
<html>
<head>
<style type="text/css">
h2.pos_left
{
```

```
position:relative;
left:-20px
}
h2.pos_right
{
position:relative;
left:20px
}
</style>
</head>
<body>
<h2>这是位于正常位置的标题</h2>
<h2 class="pos_left">这个标题相对于其正常位置向左移动</h2>
<h2 class="pos_right">这个标题相对于其正常位置向右移动</h2>
</body>
</html>
```

在 IE 11.0 中浏览效果如图 12-3 所示，可以看到页面显示了 3 个标题，最上面的标题正常显示，下面两个标题分别以正常标题为原点，向左或向右分别移动了 20 像素。

图 12-3　相对定位显示

12.2.3　绝对定位

绝对定位是参照浏览器的左上角，配合 top、left、bottom 和 right 进行定位的，如果没有设置上述的 4 个值，则默认依据父级的坐标原点为原始点。绝对定位可以通过上、下、左、右来设置元素，使之处在任何一个位置。

绝对定位与相对定位的区别在于：绝对定位的坐标原点为上级元素的原点，与上级元素有关；相对定位的坐标原点为本身偏移前的原点，与上级元素无关。

在父层 position 属性为默认值时：上、下、左、右的坐标原点以 body 的坐标原点为起始位置。绝对定位的语法格式如下：

```
position:absolute
```

只要将上面代码加入到样式中，使用样式的元素就可以以绝对定位的方式显示了。

【例 12.4】绝对定位(案例文件：ch12\12.4.html)。

```
<!DOCTYPE html>
<html>
<head>
<title>绝对定位</title>
```

```
</head>
<body>
  <div style="background-color: Black; width:200px; height:200px">
    <h2 style=" position:absolute; left:80px; top:80px; width:110px;
height:50px;
        background-color:Red;">这是绝对定位</h2>
  </div>
</body>
</html>
```

在 IE 11.0 中浏览效果如图 12-4 所示，可以看到红色元素框依据浏览器左上角为原点，坐标位置为(80px，80px)，宽度为 110 像素，高度为 50 像素。

图 12-4　绝对定位

12.2.4　固定定位

固定定位的参照位置不是上级元素块而是浏览器窗口。所以可以使用固定定位来设定类似传统框架样式的布局，以及广告框架或导航框架等。使用固定定位的元素可以脱离页面，无论页面如何滚动，始终处在页面的同一位置上。

固定定位语法格式如下：

```
position:fixed
```

【例 12.5】固定定位(案例文件：ch12\12.5.html)。

```
<!DOCTYPE html>
<html>
<head>
<title>CSS 固定定位</title>
<style type="text/css">...
* {
padding:0;
margin:0;
}
#fixedLayer {
width:100px;
line-height:50px;
background: #FC6;
border:1px solid #F90;
```

```
position:fixed;
left:10px;
top:10px;
}
</style>
</head>
<body>
<div id="fixedLayer">固定不动</div>
<p>我动了</p>
<p>我动了</p>
<p>我动了</p>
<p>我动了</p>
<p>我动了</p>
<p>我动了</p>
<p>我动了</p>
<p>我动了</p>
<p>我动了</p>
<p>我动了</p>
<p>我动了</p>
<p>我动了</p>
</body>
</html>
```

在 IE 11.0 中浏览效果如图 12-5 所示，可以看到拉动滚动条时，无论页面内容怎么变化，其黄色框"固定不动"始终处在页面左上角顶部。

图 12-5　固定定位

12.2.5　盒子的浮动

除了使用 position 进行定位外，还可以使用 float 定位。float 定位只能在水平方向上定位，而不能在垂直方向上定位。float 属性表示浮动属性，它用来改变元素块的显示方式。
float 语法格式如下：

```
float : none | left | right
```

·属性值如表 12-2 所示。

表 12-2　float 属性值

属 性 值	说 明
none	元素不浮动
left	浮动在左面
right	浮动在右面

实际上，使用 float 可以实现两列布局，也就是让一个元素在左浮动，一个元素在右浮动，并控制好这两个元素的宽带。

【例 12.6】应用 float 浮动布局(案例文件：ch12\12.6.html)。

```html
<!DOCTYPE html>
<html>
<head>
<title>float 定位</title>
<style>
* {
    padding:0px;
    margin:0px;
}
.big {
    width:600px;
            height:100px;
    margin:0 auto 0 auto;
            border:#332533 1px solid;

}
.one {
    width:300px;
            height:20px;
    float:left;
    border:#996600 1px solid;
}
.two {
    width:290px;
            height:20px;
    float:right;
    margin-left:5px;
    display:inline;
    border:#FF3300 1px solid;
}
</style>
</head>
<body>
<div class="big">
  <DIV class="one">
  <p>非诚勿扰</p>
  </DIV>
  <DIV class="two">
  <p>开心一刻</p>
  </DIV>
```

```
</div>
</body>
</html>
```

在 IE 11.0 中浏览效果如图 12-6 所示，可以看到显示了 1 个大矩形框，大矩形框中存在 2 个小的矩形框，并且并列显示。

图 12-6   float 浮动布局

使用 float 属性不但会改变元素的显示位置，同时会对相邻内容造成影响。定义了 float 属性的元素会覆盖到其他元素上，而被覆盖的区域将处于不可见状态。使用该属性能够实现内容环绕图片的效果。

如果不想让 float 下面的其他元素浮动环绕在该元素周围，可以使用 CSS3 属性 clear，清除这些浮动元素。

Clear 的语法格式如下：

```
clear : none | left |right | both
```

其中，none 表示允许两边都可以有浮动对象；both 表示不允许有浮动对象；left 表示不允许左边有浮动对象；right 表示不允许右边有浮动对象。使用 float 以后，在必要的时候就需要通过 clear 语句清除 float 带来的影响，以免出现"其他 DIV 跟着浮动"的效果。

12.3   其他 CSS 布局定位方式

在了解了盒子的定位之后，下面再来介绍其他 CSS 布局定位方式。

12.3.1   溢出定位

如果元素框被指定了大小，而元素的内容不适合该大小，例如元素内容较多，元素框显示不下，此时则可以使用溢出属性 overflow 来控制这种情况。

overflow 语法格式如下：

```
overflow : visible | auto | hidden | scroll
```

各属性值及其说明如表 12-3 所示。

表 12-3　overflow 属性值

属 性 值	说 明
visible	若内容溢出，则溢出内容可见
hidden	若内容溢出，则溢出内容隐藏
scroll	保持元素框大小，在框内应用滚动条显示内容
auto	等同于 scroll，它表示在需要时应用滚动条

overflow 属性适用于以下情况。

(1) 当元素有负边界时。

(2) 框宽宽于上级元素内容区，换行不被允许。

(3) 元素框宽于上级元素区域宽度。

(4) 元素框高于上级元素区域高度。

(5) 元素定义了绝对定位

【例 12.7】设置溢出定位(案例文件：ch12\12.7.html)。

```html
<!DOCTYPE html>
<html>
<head>
    <title>overflow 属性</title>
    <style >
      div{
          position:absolute;
          color:#445633;
          height:200px;
           width: 30%;
          float:left;
           margin: 0px;
           padding: 0px;
           border-right: 2px dotted #cccccc;
           border-bottom: 2px solid #cccccc;
           padding-right: 10px;
           overflow:auto;
      }
    </style>
</head>
<body >
   <div>
      <p>综艺节目排名</p><p>1 非诚勿扰</p><p>2 康熙来了</p>
      <p>3  快乐大本营</p><p>4  娱乐大风暴</p><p>5 天天向上</p><p>6 爱情连连看</p>
      <p>7 锵锵三人行</p><p>8 我们约会吧</p>
   </div>
</body>
</html>
```

在 IE 11.0 中浏览效果如图 12-7 所示，可以看到在一个元素框中显示了多个元素，拉动显示的滚动条可以查看全部元素。如果 overflow 设置的值为 hidden，则会隐藏多余元素。

图 12-7　溢出定位

12.3.2　隐藏定位

visibility 属性指定是否显示一个元素生成的元素框。这意味着元素仍占据其本来的空间，不过可以完全不可见。即设定元素的可见性。

visibility 语法格式如下：

```
visibility : inherit | visible | collapse | hidden
```

其属性值如表 12-4 所示。

表 12-4　visibility 属性值

属 性 值	说　　明
visible	元素可见
hidden	元素隐藏
collapse	主要用来隐藏表格的行或列。隐藏的行或列能够被其他内容使用。对于表格外的其他对象，其作用等同于 hidden

如果元素 visibility 属性的属性值设定为 hidden，表现为元素隐藏，即不可见。但是，元素不可见，并不等同于元素不存在，它仍旧会占有部分页面位置，影响页面的布局，就如同可见一样。换句话说，元素仍然处于页面中的位置上，只是无法看到它而已。

【例 12.8】设置 visibility 属性(案例文件：ch12\12.8.html)。

```html
<!DOCTYPE html>
<html>
<head>
  <title>float 属性</title>
  <style type="text/css">
    .div{
      padding:5px;
    }
    .pic{
      float:left;
      padding:20px;
      visibility:visible;
```

```
        }
    h1{
        font-weight:bold;
        text-align:center
    }
    </style>
</head>
<body>
    <h1>插花</h1>
    <div class="div">
        <div class="pic">
            <img src="08.jpg"  width=150px height=100px />
        </div>
            <p>插花就是把花插在瓶、盘、盆等容器里，而不是栽在这些容器中。所插的花材，或枝、或
花、或叶，均不带根，只是植物体上的一部分，并且不是随便乱插的，而是根据一定的构思来选材，遵
循一定的创作法则，插成一个优美的形体(造型)，借此表达一种主题，传递一种感情和情趣，使人看
后赏心悦目，获得精神上的美感和愉快。
</p>
<p>
在我国插花的历史源远流长，发展至今已为人们日常生活所不可缺少。一件成功的插花作品，并不是一
定要选用名贵的花材、高价的花器。一般看来并不起眼的绿叶、一个花蕾，甚至路边的野花野草常见的
水果、蔬菜，都能插出一件令人赏心悦目的优秀作品来。使观赏者在心灵上产生共鸣是创作者唯一的目
的，如果不能产生共鸣，那么这件作品也就失去了观赏价值。具体地说，即插花作品在视觉上首先要立
即引起一种感观和情感上的自然反应，如果未能立刻产生反应，那么摆在眼前的这些花材将无法吸引观
者的目光。在插花作品中引起观赏者情感产生反应的要素有三点：一是创意(或称立意)、指的是表达什
么主题，应选什么花材；二是构思(或称构图)，指的是这些花材怎样巧妙配置造型，在作品中充分展现
出各自的美；三是插器，指的是与创意相配合的插花器皿。三者有机配合，作品便会给人以美的享受。
</p>
    </div>
</body>
</html>
```

在 IE 11.0 中浏览效果如图 12-8 所示，可以看到图片在左边显示，并被文本信息所环
绕。此时 visibility 属性为 visible，表示图片可以看见。

图 12-8　隐藏定位显示

12.3.3　z-index 空间定位

z-index 属性用于调整定位时重叠块的上下位置，与它的名称一样，想象页面为 x-y 轴，垂直于页面的方向为 z 轴，z-index 值大的页面位于其值小的上方，如图 12-9 所示。

图 12-9　z-index 空间定位模型

【例 12.9】设置 z-index 属性(案例文件：ch12\12.9.html)。

```html
<!DOCTYPE html>
<html>
<title>z-index 属性</title>
<style type="text/css">
<!--
body{
    margin:10px;
    font-family:Arial;
    font-size:13px;
    }
#block1{
    background-color:#ff0000;
    border:1px dashed#000000;
    padding:10px;
    position:absolute;
    left:20px;
    top:30px;
    z-index:1;          /*高低值 1*/
    }
#block2{
    background-color:#ffc24c;
    border:1px dashed#000000;
    padding:10px;
    position:absolute;
    left:40px;
    top:50px;
    z-index:0;              /*高低值 0*/
    }
#block3{
    background-color:#c7ff9d;
    border:1px dashed#000000;
    padding:10px;
    position:absolute;
    left:60px;
    top:70px;
```

233

```
        z-index:-1;    /*高低值-1*/
    }
-->
</style>
</head>
<body>
    <div id="block1">AAAAAAAAAA</div>
    <div id="block2">BBBBBBBBBB</div>
    <div id="block3">CCCCCCCCCC</div>
</body>
</html>
```

在上面的例子中，对 3 个有重叠关系的块分别设置了 z-index 的值。设置前与设置后的效果分别如图 12-10 所示。

图 12-10　z-index 空间定位

12.4　新增 CSS3 多列布局

在 CSS3 没有出来之前，网页设计者如果要设计多列布局，不外乎有两种方式：一种是浮动布局；另一种是定位布局。浮动布局比较灵活，但容易发生错位。定位布局可以精确地确定位置，不会发生错位，但无法满足模块的适应能力。为了解决多列布局的难题，CSS3 新增了多列自动布局，目前支持多列自动布局的浏览器为 Firefox 浏览器。

12.4.1　设置列宽度

在 CSS3 中，可以使用 column-width 属性定义多列布局中每列的宽度，可以单独使用，也可以和其他多列布局属性组合使用。

column-width 语法格式如下：

```
column-width: [<length> | auto]
```

其中属性值<length>是由浮点数和单位标识符组成的长度值，不可为负值。auto 根据浏览器计算值自动设置。

【例 12.10】设置列宽度(案例文件：ch12\12.10.html)。

```
<!DOCTYPE html>
<html>
<head>
<title>多列布局属性</title>
```

```
<style>
body{
    -moz-column-width:300px; /*兼容 Webkit 引擎，指定列宽是 300 像素*/
    column-width:300px;          /*CSS3 标准化指定列宽是 300 像素*/
}
h1{
    color:#333333;
    background-color:#DCDCDC;
    padding:5px 8px;
    font-size:20px;
    text-align:center;
     padding:12px;
}
h2{
    font-size:16px;text-align:center;
}
p{color:#333333;font-size:14px;line-height:180%;text-indent:2em;}
</style>
</head>
<body>
<h1>支付宝新动向</h1>
<h2>支付宝进军农村支付市场</h2>
<p>
12 月 19 日下午消息，支付宝公司确认，已于今年 7 月成立了新农村事业部，意在扩展三四线城市和
农村的非电商类的用户规模。
</p><p>
支付宝方面表示，支付宝的新农村事业部目前在农村的拓展将分两路并进，分别是农村便民支付普及和
农村金融服务合作。
</p><p>
农村便民支付普及方面，支付宝计划与各大农商行、电信经销网点合作，为农村用户提供各种支付应用
的指导和咨询服务，从而实现网络支付的农村普及。
</p>
….
</body>
</html>
```

在上面代码的 body 标记选择器中，使用 column-width 指定了要显示的多列布局的每列的
宽度。下面分别定义标题 h1、h3 和段落 p 的样式，例如字体大小、字体颜色、行高和对齐方
式等。

在 IE 11.0 中浏览效果如图 12-11 所示，可以看到页面文章分为两列显示，列宽相同。

图 12-11　设置列宽度

12.4.2 设置列数

在 CSS3 中，可以直接使用 column-count 指定多列布局的列数，而不需要通过列宽度自动调整列数。

column-count 语法格式如下：

```
column-count: auto | <integer>
```

上面属性值<integer>表示值是一个整数，用于定义栏目的列数，取值为大于 0 的整数。不可以为负值。auto 属性值表示根据浏览器计算值自动设置。

【例 12.11】设置列数(案例文件：ch12\12.11.html)。

```
<!DOCTYPE html>
<html>
<head>
<title>多列布局属性</title>
<style>
body{
    -moz-column-count:4;  /*Webkit 引擎定义多列布局列数*/
    column-count:3;        /*CSS3 标准定义多列布局列数*/
}
h1{
    color:#333333;
    background-color:#DCDCDC;
    padding:5px 8px;
    font-size:20px;
    text-align:center;
    padding:12px;
}
h2{
    font-size:16px;text-align:center;
}
p{color:#333333;font-size:14px;line-height:180%;text-indent:2em;}
</style>
</head>
<body>
<h1>支付宝新动向</h1>
<h2>支付宝进军农村支付市场</h2>
<p>
12 月 19 日下午消息，支付宝公司确认，已于今年 7 月成立了新农村事业部，意在扩展三四线城市和农村的非电商类的用户规模。
</p><p>
支付宝方面表示，支付宝的新农村事业部目前在农村的拓展将分两路并进，分别是农村便民支付普及和农村金融服务合作。
</p><p>
农村便民支付普及方面，支付宝计划与各大农商行、电信经销网点合作，为农村用户提供各种支付应用的指导和咨询服务，从而实现网络支付的农村普及。
</p>
<p>比如，新农村事业部会与一些贷款公司和涉农机构合作。贷款机构将资金通过支付宝借贷给农户，资金不流经农户之手而是直接划到卖房处。比如，农户需要贷款购买化肥，那贷款机构的资金直接通过支付宝划到化肥商家处。
这种贷后资金监控合作模式能够确保借款资金定向使用，降低法律和坏账风险。此外，可以减少涉事公
```

```
司大量人工成本，便于公司信息数据统计，并完善用户的信用记录。
支付宝方面认为，三四线城市和农村市场已经成为电商和支付企业的下一个金矿。2012 年淘宝天猫的
交易额已经突破 1 万亿，其中三四线以下地区的增长速度超过 60%，远高于一二线地区。
</p>
</body>
</html>
```

上面的 CSS 代码除了 column-count 属性设置外，其他样式属性和上一个例子基本相同，就不介绍了。

在 IE 11.0 中浏览效果如图 12-12 所示，可以看到页面根据指定的情况，显示了 4 列布局，其布局宽度由浏览器自动调整。

图 12-12 设置列数

12.4.3 设置列间距

在多列布局中，可以根据内容和喜好的不同，调整多列布局中列之间的距离，从而完成整体版式规划。在 CSS3 中，column-gap 属性用于定义两列之间的间距。

column-gap 语法格式如下：

```
column-gap: normal | <length>
```

其中，属性值 normal 表示根据浏览器默认设置进行解析，一般为 1em；属性值<length>表示值由浮点数和单位标识符组成的长度值，不可为负值。

【例 12.12】设置列间距(案例文件：ch12\12.12.html)。

```
<!DOCTYPE html>
<html>
<head>
<title>多列布局属性</title>
<style>
body{
  -moz-column-count:2;        /*Webkit 引擎定义多列布局列数*/
  column-count:2;             /*CSS3 定义多列布局列数*/
  -moz-column-gap:5em;        /*Webkit 引擎定义多列布局列间距*/
  column-gap:5em;             /*CSS3 定义多列布局列间距*/
  line-height:2.5em;
}
```

网站开发案例课堂

```
h1{
    color:#333333;
    background-color:#DCDCDC;
    padding:5px 8px;
    font-size:20px;
    text-align:center;
     padding:12px;
}
h2{
   font-size:16px;text-align:center;
}
p{color:#333333;font-size:14px;line-height:180%;text-indent:2em;}
</style>
</head>
<body>
<h1>支付宝新动向</h1>
<h2>支付宝进军农村支付市场</h2>
<p>
12月19日下午消息，支付宝公司确认，已于今年7月成立了新农村事业部，意在扩展三四线城市和
农村的非电商类的用户规模。
</p><p>
支付宝方面表示，支付宝的新农村事业部目前在农村的拓展将分两路并进，分别是农村便民支付普及和
农村金融服务合作。
</p><p>
农村便民支付普及方面，支付宝计划与各大农商行、电信经销网点合作，为农村用户提供各种支付应用
的指导和咨询服务，从而实现网络支付的农村普及。
</p>
</body>
</html>
```

在上述代码中，使用-moz-column-count 私有属性设定了多列布局的列数，-moz-column-gap 私有属性设定列间距为 5em，行高为 2.5em。

在 IE 11.0 中浏览效果如图 12-13 所示，可以看到页面还是分为 2 个列，但列之间的距离相比较原来增大了不少。

图 12-13　设置列间距

12.4.4　设置列边框样式

在 CSS3 中，边框样式使用 column-rule 属性定义，包括边框宽度、边框颜色、边框样

式等。

column-rule 语法格式如下：

```
column-rule: <length> | <style> | <color>
```

其中属性值含义如表 12-5 所示。

表 12-5 column-rule 属性值

属 性 值	含 义
\<length>	由浮点数和单位标识符组成的长度值，不可为负值。用于定义边框宽度，其功能和 column-rule-width 属性相同
\<style>	定义边框样式，其功能和 column-rule-style 属性相同
\<color>	定义边框颜色，功能和 column-rule-color 属性相同

【例 12.13】设置列边框样式(案例文件：ch12\12.13.html)。

```
<!DOCTYPE html>
<html>
<head>
<title>多列布局属性</title>
<style>
body{
   -moz-column-count:3;
   column-count:3;
   -moz-column-gap:3em;
   column-gap:3em;
   line-height:2.5em;
   -moz-column-rule:dashed 2px gray;     /*Webkit 引擎定义多列布局边框样式*/
   column-rule:dashed 2px gray;          /*CSS3 定义多列布局边框样式*/
}
h1{
    color:#333333;
    background-color:#DCDCDC;
    padding:5px 8px;
    font-size:20px;
    text-align:center;
     padding:12px;
}
h2{
   font-size:16px;text-align:center;
}
p{color:#333333;font-size:14px;line-height:180%;text-indent:2em;}
</style>
</head>
<body>
<h1>支付宝新动向</h1>
<h2>支付宝进军农村支付市场</h2>
<p>
12 月 19 日下午消息，支付宝公司确认，已于今年 7 月成立了新农村事业部，意在扩展三四线城市和
农村的非电商类的用户规模。
</p><p>
支付宝方面表示，支付宝的新农村事业部目前在农村的拓展将分两路并进，分别是农村便民支付普及和
```

农村金融服务合作。
</p><p>
农村便民支付普及方面，支付宝计划与各大农商行、电信经销网点合作，为农村用户提供各种支付应用的指导和咨询服务，从而实现网络支付的农村普及。
</p>
</body>
</html>

在 body 标记选择器中，定义了多列布局的列数、列间距和列边框样式，其边框样式是灰色破折线样式，宽度为 2 像素。

在 IE 11.0 中浏览效果如图 12-14 所示，可以看到页面列之间添加了一个边框，其样式为破折线。

图 12-14　设置列边框样式

12.5　综合案例 1——定位网页布局样式

一个美观大方的页面必然是一个布局合理的页面。左右布局是网页中比较常见的一种方式，即根据信息种类不同，将信息分别在当前页面左右侧显示。本案例将利用前面学习的知识创建一个左右布局的页面。

具体操作步骤如下。

step 01　分析需求。

首先需要将整个页面分为左右两个模块，左模块放置一类信息，右模块放置一类信息。可以设定其宽度和高度。

step 02　创建 HTML 页面，实现基本列表。

创建 HTML 页面，同时用 DIV 在页面中划分左边 DIV 层和右边 DIV 层两个区域，并且将信息放入到相应的 DIV 层中，注意 DIV 层内引用 CSS 样式名称。具体代码如下：

```
<!DOCTYPE html>
<html>
<head>
<title>布局</title>
</head>
<body>
<center>
<div class="big">
  <p class=pp>女人</p>
```

```
<div class="left">
  <h1>女人</h1>
  <p> ·男人性福告白：女人的性感与年龄成正比 09:59 </p>
  <p> ·六类食物能有效对抗紫外线 11:15 </p>
  <p> ·打造夏美人 受 OL 追捧的清爽发型 10:05 </p>
  <p> ·美丽帮帮忙：别让大油脸吓跑男人 09:47 </p>
  <p> ·简约雪纺清凉衫 百元搭出欧美范儿 14:51 </p>
  <p> ·花边连衣裙超勾人 7 月穿搭出新意 11:04 </p>
</div>
<div class="right">
  <h1>健康</h1>
  <p> ·女性养生：让女人老得快的 10 个原因 19:18 </p>
  <p> ·养生盘点：喝豆浆的九大好处和七大禁忌 09:14</p>
  <p> ·养生警惕：14 个护肤心理"错"觉 19:57</p>
  <p> ·柿子番茄骨汤 8 种营养师最爱的食物 15:16</p>
  <p> ·夏季养生指南："夫妻菜"宜常吃 10:48 </p>
  <p> ·10 条食疗养生方法，居家宅人的养生经 13:54 </p>
</div>
</div>
</center>
</body>
</html>
```

在 IE 11.0 中浏览效果如图 12-15 所示，可以看到页面显示了两个模块，分别是"女人"和"健康"，二者上下排列。

step 03 添加 CSS 代码，修饰整体样式和 DIV 层。具体代码如下：

```
<style>
* {
    padding:0px;
    margin:0px;
}body {
    font:"宋体";
    font-size:18px;
}
.big{
    width:570px;
            height:210px;
            border:#C1C4CD 1px solid;

    }

</style>
```

在 IE 11.0 中浏览效果如图 12-16 所示，可以看到页面相比于原来字体变小，并且大的 DIV 显示了边框。

step 04 添加 CSS 代码，设置两个层左右并列显示。具体代码如下：

```
.left{
    width:280px;
    float:right; //设置右边悬浮
    border:#C1C4CD 1px solid;
    }.right{
    width:280px;
    float:left;//设置左边悬浮
```

```
margin-left:6px;
border:#C1C4CD 1px solid;
}
```

在 IE 11.0 中浏览效果如图 12-17 所示，可以看到页面中文本信息左右并列显示，但字体没有发生变化。

图 12-15　上下排列　　　　　　　　图 12-16　修饰整体样式

step 05 添加 CSS 代码，定义文本样式。具体代码如下：

```
h1{
    font-size:14px;
    padding-left:10px;
    background-color:#CCCCCC;
    height:20px;
    line-height:20px;
}p{
margin:5px;
line-height:18px;
        color:#2F17CD;
}.pp{
        width:570px;
        text-align:left;
        height:20px;
        background-color:D5E7FD;
        position:relative;
        left:-3px;
        top:-3px;
        font-size:16px;
        text-decoration:underline;
}
```

在 IE 11.0 中浏览效果如图 12-18 所示，可以看到页面中文本信息左右并列显示，其字体颜色为蓝色，行高为 18 像素。

图 12-17　设置左右悬浮

图 12-18　文本修饰样式

12.6　综合案例 2——制作阴影文字效果

下面结合前面所学的知识，来制作阴影文字效果。具体操作步骤如下。

step 01　打开记事本文件，在其中输入如下代码：

```
<!DOCTYPE html>
<html>
<head>
<title>文字阴影效果</title>
<style type="text/css">
<!--
body{
    margin:15px;
    font-family:黑体;
    font-size:60px;
    font-weight:bold;
}
#block1{
    position:relative;
    z-index:1;
}
#block2{
    color:#AAAAAA;
/*阴影颜色*/
    position:relative;
    top:-1.06em;
/*移动阴影*/
    left:0.1em;
    z-index:0;
/*阴影重叠关系*/
}
-->
</style>
</head>
<body>
<div id="father">
        <div id="block1">定位阴影效果</div>
        <div id="block2">定位阴影效果</div>
```

```
</div>
</body>
</html>
```

step 02 在 IE 11.0 中浏览效果如图 12-19 所示，可以看到文字显示为阴影效果。

图 12-19　文字阴影效果

12.7　大神解惑

小白：如何将 DIV 块居中显示？

大神：如果想让 DIV 居中显示，需要将 margin 的属性参数设置为块参数的一半数值。举例说明，如果 DIV 的宽度和高度分别为 500px 和 400px，需要设置以下参数：margin-left:-250px　margin-top:-200px。

小白：position 设置对 CSS 布局有什么影响？

大神：CSS 属性中常见的 4 个属性是 top、right、bottom 和 left，表示的是块在页面中具体位置，但是这些属性的设置必须要和 position 配合使用才会产生效果。当 position 的属性设置为 relative 时，上述 CSS 的 4 个属性表示各个边界离原来位置的距离；当 position 的属性设置为 absolute 时，表示的是块的各个边界离页面边框的距离。然而，当 position 的属性设置为 static 时，则上述 4 个属性的设置不能生效，子块的位置也不会发生变化。

12.8　跟我练练手

练习 1：制作一个包含 DIV 块的网页。

练习 2：使用盒子定位技术，制作一个固定定位的网页。

练习 3：制作一个包含溢出定位的网页。

练习 4：制作一个包含隐藏定位的网页。

练习 5：制作一个包含三列布局的网页。

练习 6：制作一个包含阴影文字的网页。

第 13 章

固定宽度网页布局剖析与制作

　　使用 CSS+DIV 布局可以使网页结构清晰化，并将内容、结构与表现相分离，以方便设计人员对网页进行改版和引用数据。本章就来对固定宽度网页布局进行剖析并制作相关的网页布局样式。

本章要点(已掌握的在方框中打钩)

☐ 了解 CSS 排版观念

☐ 掌握 CSS 定位的方法

☐ 掌握制作单列布局模式的方法

☐ 掌握 CSS3 多列布局的方法

☐ 掌握制作阴影文字效果的方法

13.1 CSS 排版观念

DIV 在 CSS+DIV 页面排版中是一个块的概念，DIV 的起始标记和结束标记之间的所有内容都是用来构成这个块的，其中所包含元素特性由 DIV 标记属性来控制，或者是通过使用样式表格式化这个块来进行控制。CSS+DIV 页面排版思想是首先在整体上进行<div>标记的分块，然后对各个块进行 CSS 定位，最后在各个块中添加相应的内容。

13.1.1 将页面用 div 分块

使用 DIV+CSS 页面排版布局，需要对网页有一个整体构思，即网页可以划分为几个部分。例如上中下结构，还是左右两列结构，还是三列结构。这时就可以根据网页构思，将页面划分为几个 DIV 块，用来存放不同的内容。当然，大块中还可以存放不同的小块。最后，通过 CSS 属性对这些 DIV 进行定位。

在现在的网页设计中，一般情况下的网站都是上中下结构，即上面是页面头部，中间是页面内容，最下面是页脚，整个上中下结构最后放到一个 DIV 容器中，方便控制。页面头部一般用来存放 Logo 和导航菜单，页面内容包含页面要展示的信息、链接、广告等，页脚存放的是版权信息和联系方式等。

将上中下结构放置到一个 DIV 容器中，方便后面排版并且方便对页面进行整体调整，如图 13-1 所示。

图 13-1 上中下网页布局

13.1.2 设置各块位置

复杂的网页布局不是单纯的一种结构，而是包含多种网页结构。例如，总体上是上中下，中间内分为两列布局等，如图 13-2 所示。

页面总体结构确认后，一般情况下，页头和页脚变化就不大了。会发生变化的，就是页面主体，此时需要根据页面展示的内容，决定中间布局采用什么样式，三列水平分布还是两列分布等。

图 13-2　复杂网页布局

13.1.3　用 CSS 定位

页面版式确定后，就可以利用 CSS 对 DIV 进行定位，使其在指定位置出现，从而实现对页面的整体规划。然后向各个页面添加内容。

下面创建一个总体为上中下布局、页面主体布局为左右布局的页面的 CSS 定位案例。

1. 创建 HTML 页面，使用 DIV 构建层

首先构建 HTML 网页，使用 DIV 划分最基本的布局块。其代码如下：

```
<html>
<head>
<title>CSS 排版</title><body>
<div id="container">
  <div id="banner">页面头部</div>
  <div id=content >
  <div id="right">
页面主体右侧
  </div>
  <div id="left">
页面主体左侧
  </div>
</div>
  <div id="footer">页脚</div>
</div>
</body>
</html>
```

在上述代码中，创建了 5 个层，其中 ID 名称为 container 的 DIV 层，是一个布局容器，即所有的页面结构和内容都是在这个容器内实现；名称为 banner 的 DIV 层，是页头部分；名称为 footer 的 DIV 层，是页脚部分。名称为 content 的 DIV 层，是中间主体，该层包含了两个层，一个是 right 层，一个 left 层，分别放置不同的内容。

在 IE 11.0 中浏览效果如图 13-3 所示，可以看到网页中显示了这几个层，从上到下依次排列。

2. CSS 设置网页整体样式

然后需要对 body 标记和 container 层(布局容器)进行 CSS 修饰，从而对整体样式进行定义。其代码如下：

```
<style type="text/css">
<!--
body {
  margin:0px;
  font-size:16px;
  font-family:"幼圆";
}
#container{
  position:relative;
  width:100%;
}
-->
</style>
```

上述代码只是设置了文字大小、字形、布局容器 container 的宽度、层定位方式，布局容器撑满整个浏览器。

在 IE 11.0 中浏览效果如图 13-4 所示，可以看到此时相比较上一个显示页面，发生的变化不大，只不过字体和字体大小发生变化，因为 container 没有带边框和背景色无法显示该层。

图 13-3 使用 DIV 构建层

图 13-4 设置网页整体样式

3. CSS 定义页头部分

接下来就可以使用 CSS 对页头进行定位，即 banner 层，使其在网页上显示。其代码如下。

```
#banner{
  height:80px;
  border:1px solid #000000;
  text-align:center;
  background-color:#a2d9ff;
  padding:10px;
  margin-bottom:2px;
}
```

上面首先设置了 banner 层的高度为 80 像素，宽度充满整个 container 布局容器，下面分别设置了边框样式、字体对齐方式、背景色、内边距和外边距的底部等。

在 IE 11.0 中浏览效果如图 13-5 所示，可以看到在页面顶部显示了一个浅绿色的边框，边框充满整个浏览器，边框中间显示了一个"页面头部"的文本信息。

图 13-5　定义网页头部

4. CSS 定义页面主体

在页面主体如果两个层并列显示，需要使用 float 属性，将一个层设置到左边，一个层设置到右边。其代码如下：

```css
#right{
  float:right;
  text-align:center;
  width:80%;
 border:1px solid #ddeecc;
margin-left:1px;
height:200px;
}
#left{
  float:left;
  width:19%;
  border:1px solid #000000;
  text-align:center;
height:200px;
background-color:#bcbcbc;
}
```

上述代码设置了这两个层的宽度，right 层占有空间的 80%，left 层占有空间的 19%，并分别设置了两个层的边框样式、对齐方式、背景色等。

在 IE 11.0 中浏览效果如图 13-6 所示，可以看到页面主体部分分为两个层并列显示，左边背景色为灰色，占有空间较小；右侧背景色为白色，占有空间较大。

图 13-6　定义网页主体

网站开发案例课堂

5. CSS 定义页脚

最后需要设置页脚部分，页脚通常在主体下面。因为页面主体中使用了 float 属性设置层浮动，所以需要在页脚层设置 clear 属性，使其不受浮动的影响。其代码如下：

```
#footer{
  clear:both;          /* 不受float影响 */
  text-align:center;
  height:30px;
  border:1px solid #000000;
            background-color:#ddeecc;
}
```

上述代码设置页脚对齐方式、高度、边框、背景色等。在 IE 11.0 中浏览效果如图 13-7 所示，可以看到页面底部显示了一个边框，背景色为浅绿色，边框充满整个 DIV 布局容器。

图 13-7　定义网页页脚

13.2　固定宽度网页剖析与布局

CSS 的排版是一种全新的排版理念，与传统的表格排版布局完全不同，首先在页面上分块，然后应用 CSS 属性重新定位。在本节中，我们就固定宽度布局进行深入的讲解，使读者能够熟练掌握这些方法。

13.2.1　网页单列布局模式

网页单列布局模式是最简单的一种布局形式，也被称为"网页 1-1-1 型布局模式"。如图 13-8 所示为网页单列布局模式示意图。

制作单列布局网页的操作步骤如下。

step 01　打开记事本文件，在其中输入如下代码，

图 13-8　网页单列布局模式

其作用是在页面中放置第一个圆角矩形框。

```html
<!DOCTYPE html>
<head>
<title>单列网页布局</title>
</head>
<body>
<div class="rounded">
<h2>页头</h2>
<div class="main">
<p>
锄禾日当午，汗滴禾下土<br/>
锄禾日当午，汗滴禾下土</p>
</div>
<div class="footer">
<p></p>
</div>
</div>
</body>
</html>
```

代码中这组<div>……</div>之间的内容是固定结构的，其作用就是实现一个可以变化宽度的圆角框。在 IE 9.0 中浏览效果如图 13-9 所示。

图 13-9　添加网页圆角框

step 02 设置圆角框的 CSS 样式。为了实现圆角框效果，加入如下样式代码：

```css
<style>
body {
background: #FFF;
font: 14px 宋体;
margin:0;
padding:0;
}

.rounded {
background: url(images/left-top.gif) top left no-repeat;
width:100%;
}
.rounded h2 {
background:
url(images/right-top.gif)
top right no-repeat;
padding:20px 20px 10px;
margin:0;
```

```
}
.rounded .main {
background:
url(images/right.gif)
top right repeat-y;
padding:10px 20px;
margin:-20px 0 0 0;
}
.rounded .footer {
background:
url(images/left-bottom.gif)
bottom left no-repeat;
}
.rounded .footer p {
color:red;
text-align:right;
background:url(images/right-bottom.gif) bottom right no-repeat;
display:block;
padding:10px 20px 20px;
margin:-20px 0 0 0;
font:0/0;
}
</style>
```

在代码中定义了整个盒子的样式，如文字大小等，其后的 5 段以.rounded 开头的 CSS 样式都是为实现圆角框进行的设置。这段 CSS 代码在后面的制作中都不需要调整，直接放置在 <style></style> 之间即可，在 IE 11.0 中浏览效果如图 13-10 所示。

图 13-10　设置圆角框的 CSS 样式

step 03 设置网页固定宽度。为该圆角框单独设置一个 id，把针对它的 CSS 样式放到这个 id 的样式定义部分。设置 margin 以实现在页面中居中，并用 width 属性确定固定宽度，其代码如下：

```
#header {
margin:0 auto;
width:760px;}
```

这个宽度不要设置在 ".rounded" 相关的 CSS 样式中，因为该样式会被页面中的各个部分公用，如果设置了固定宽度，其他部分就不能正确显示了。

另外，在 HTML 部分的 <div class="rounded">.....</div> 的外面套一个 div，其代码如下：

```
<div id="header">
<div class="rounded">
<h2>页头</h2>
<div class="main">
<p>
锄禾日当午，汗滴禾下土<br/>
锄禾日当午，汗滴禾下土</p>
</div>
<div class="footer">
<p></p>
</div>
</div>
</div>
```

在 IE 11.0 中浏览效果如图 13-11 所示。

图 13-11　设置网页固定宽度

step 04　设置其他圆角矩形框。将放置的圆角框再复制出 2 个，并分别设置 id 为 content 和 footer，分别代表"内容"和"页脚"。完整的页面框架代码如下：

```
<div id="header">
<div class="rounded">
<h2>页头</h2>
<div class="main">
<p>
锄禾日当午，汗滴禾下土<br/>
锄禾日当午，汗滴禾下土</p>
</div>
<div class="footer">
<p></p>
</div>
</div>
</div>
<div id="content">
<div class="rounded">
<h2>正文</h2>
<div class="main">
<p>
锄禾日当午，汗滴禾下土<br />
锄禾日当午，汗滴禾下土</p>
</div>
<div class="footer">
<p>
查看详细信息&gt;&gt;
</p>
</div>
</div>
```

```
</div>
<div id="pagefooter">
<div class="rounded">
<h2>页脚</h2>
<div class="main">
<p>
锄禾日当午，汗滴禾下土</p>
</div>
<div class="footer">
<p>
</p>
</div>
</div>
</div>
```

修改 CSS 样式代码如下：

```
#header,#pagefooter,#content{
margin:0 auto;
width:760px;}
```

从 CSS 代码中可以看到，3 个 div 的宽度都设置为固定值 760 像素，并且通过设置 margin 的值来实现居中放置，即左右 margin 都设置为 auto。在 IE 11.0 中浏览效果如图 13-12 所示。

图 13-12　添加其他网页圆角框

13.2.2　网页 1-2-1 型布局模式

网页 1-2-1 型布局模式是网页制作之中最常用的一个模式，模式结构如图 13-13 所示。在布局结构中，增加了一个 side 栏。但是在通常状况下，两个 div 只能竖直排列。为了让 content 和 side 能够水平排列，必须把它们放到另一个 div 中，然后使用浮动或者绝对定位的方法使 content 和 side 并列起来。

<table>
<tr><td colspan="2">header</td></tr>
<tr><td>content</td><td>side</td></tr>
<tr><td colspan="2">footer</td></tr>
</table>

图 13-13　网页 1-2-1 型布局模式

制作网页 1-2-1 型布局的具体操作步骤如下。

step 01 修改网页单列布局的结果代码。这一步用上节完成的结果作为素材，在 HTML 中把 content 部分复制出一个新的，这个新的 id 设置为 side。然后在它们的外面套一个 div，命名为 container，修改部分的框架代码如下：

```html
<div id="container">
<div id="content">
<div class="rounded">
<h2>正文 1</h2>
<div class="main">
<p>
锄禾日当午，汗滴禾下土<br />
锄禾日当午，汗滴禾下土</p>
</div>
<div class="footer">
<p>
查看详细信息&gt;&gt;
</p>
</div>
</div>
</div>
<div id="side">
<div class="rounded">
<h2>正文 2</h2>
<div class="main">
<p>
锄禾日当午，汗滴禾下土<br />
锄禾日当午，汗滴禾下土</p>
</div>
<div class="footer">
<p>
查看详细信息&gt;&gt;
</p>
</div>
</div>
</div>
</div>
```

修改 CSS 样式代码如下：

```css
#header,#pagefooter,#container{
margin:0 auto;
width:760px;}
#content{}
#side{}
```

从上述代码中可以看出 #container、#header、#pagefooter 并列使用相同的样式，

#content、#side 的样式暂时先空着，这时的效果如图 13-14 所示。

图 13-14　修改网页单列布局样式

step 02　实现正文 1 与正文 2 的并列排列。这里有两种方法来实现，首先使用绝对定位
　　　　法来实现，具体代码如下：

```
#header,#pagefooter,#container{
margin:0 auto;
width:760px;}
#container{
position:relative; }
#content{
position:absolute;
top:0;
left:0;
width:500px;
}
#side{
margin:0 0 0 500px;
}
```

在上述代码中，为了使#content 能够使用绝对定位，必须考虑用哪个元素作为它的定位基
准。显然应该是 container 这个 div。因此，将#container 的 position 属性设置为 relative，使它
成为下级元素的绝对定位基准，然后将#content 这个 div 的 position 设置为 absolute，即绝对
定位，这样它就脱离了标准流，#side 就会向上移动占据原来#content 所在的位置。将#content
的宽度和#side 的左 margin 设置为相同的数值，就正好可以保证它们并列紧挨着放置，且不会
相互重叠。运行结果如图 13-15 所示。

图 13-15 使用绝对定位的效果

step 03 实现正文 1 与正文 2 的并列排列,使用浮动法来实现。在 CSS 样式部分,稍作修改,加入如下样式代码:

```css
#content{
float:left;
width:500px;
}
#side{
float:left;
width:260px;
}
```

运行结果如图 13-16 所示。

图 13-16 使用浮动定位的效果

使用浮动法修改正文布局模式非常灵活。例如,要 side 从页面右边移到左边,即交换与 content 的位置,只需要稍微修改一下 CSS 代码,即可以实现,具体代码如下:

```
#content{
float:right;
width:500px;
}
#side{ float:left;
width:260px;
}
```

13.2.3　网页 1-3-1 型布局模式

网页 1-3-1 型布局模式也是网页制作之中最常用的模式，模式结构如图 13-17 所示。

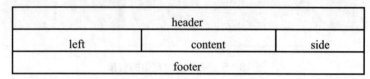

图 13-17　网页 1-3-1 型布局模式示意图

这里使用浮动方式来排列横向并排的 3 栏，制作过程与"1-1-1"到"1-2-1"布局转换一样，只要控制好#left、#content、#side 这 3 栏都使用浮动方式，3 列的宽度之和正好等于总宽度。具体过程不再详述，制作完之后的代码如下：

```html
<!DOCTYPE html>
<head>
<title>1-3-1 固定宽度布局</title>
<style type="text/css">
body {
background: #FFF;
font: 14px 宋体;
margin:0;
padding:0;
}

.rounded {
  background: url(images/left-top.gif)    top left no-repeat;
  width:100%;
  }
.rounded h2 {
  background:
    url(images/right-top.gif)
  top right no-repeat;
  padding:20px 20px 10px;
  margin:0;

  }
.rounded .main {
  background:
    url(images/right.gif)
  top right repeat-y;
  padding:10px 20px;
  margin:-20px 0 0 0;
    }
```

```
.rounded .footer {
  background:
    url(images/left-bottom.gif)
  bottom left no-repeat;
  }
.rounded .footer p {
  color:red;
  text-align:right;
  background:url(images/right-bottom.gif) bottom right no-repeat;
  display:block;
  padding:10px 20px 20px;
  margin:-20px 0 0 0;
  font:0/0;
  }
#header,#pagefooter,#container{
 margin:0 auto;
 width:760px;}
 #left{
    float:left;
    width:200px;
    }

#content{
    float:left;
    width:300px;
    }
#side{
    float:left;
    width:260px;
    }

#pagefooter{
    clear:both;
}
</style>
</head>
<body>
 <div id="header">
    <div class="rounded">
        <h2>页头</h2>
        <div class="main">
        <p>
        锄禾日当午，汗滴禾下土<br/>
锄禾日当午，汗滴禾下土</p>
        </div>
        <div class="footer">
        <p></p>
        </div>
    </div>
</div>

<div id="container">
<div id="left">
    <div class="rounded">
        <h2>正文</h2>
        <div class="main">
        <p>
```

```
            锄禾日当午，汗滴禾下土<br />
            锄禾日当午，汗滴禾下土
        </p>

    </div>
    <div class="footer">
    <p>
        查看详细信息&gt;&gt;
    </p>
    </div>
    </div>
</div>
<div id="content">
    <div class="rounded">
        <h2>正文 1</h2>
        <div class="main">
        <p>
            锄禾日当午，汗滴禾下土<br />
            锄禾日当午，汗滴禾下土
        </p>

    </div>
    <div class="footer">
    <p>
        查看详细信息&gt;&gt;
    </p>
    </div>
    </div>
</div>
<div id="side">
    <div class="rounded">
        <h2>正文 2</h2>
        <div class="main">
        <p>
            锄禾日当午，汗滴禾下土<br />
            锄禾日当午，汗滴禾下土
        </p>
        </div>
        <div class="footer">
        <p>
            查看详细信息&gt;&gt;
        </p>
        </div>
    </div>
</div>
</div>
<div id="pagefooter">
    <div class="rounded">
        <h2>页脚</h2>
        <div class="main">
        <p>
            锄禾日当午，汗滴禾下土
        </p>
        </div>
        <div class="footer">
        <p>
```

```
        </p>
      </div>
    </div>
</div>
</body>
</html>
```

在 IE 11.0 中浏览效果如图 13-18 所示。

图 13-18　网页 1-3-1 型布局模式

13.3　大神解惑

小白：如何把多于 3 个 div 都紧靠页面的侧边？

大神：在实际网页制作中，经常需要解决这样的问题，怎么把多于 3 个 div 都紧靠页面的左侧或者右侧？方法很简单，只需要修改几个 div 的 margin 值即可，具体的步骤如下。如果要使它们紧贴浏览器窗口左侧，可以将 margin 设置为"0 auto 0 0"，即只保留右侧的一根"弹簧"，就会把内容挤到最左边了。反之，如果要使它们紧贴浏览器窗口右侧，可以将 margin 设置为"0 0 0 auto"，即只保留左侧的一根"弹簧"，就会把内容挤到最右边了。

小白：IE 浏览器和 Firefox 浏览器，显示 float 浮动布局会出现不同的效果，为什么？

大神：两个相连的 IDV 块，如果一个设置为左浮动，一个设置为右浮动，这时在 Firefox 浏览器中就会出现设置失效的问题。其原因是 IE 浏览器会根据设置来判断 float 浮动，而在 Firefox 中，如果上一个 float 没有被清除的话，下一个 float 会自动沿用上一个 float 的设置，而不使用自己的 float 设置。

这个问题的解决办法就是，在每一个 DIV 块设置 float 后，在最后加入一句清除浮动的代码 clear:both，这样就会清除前一个浮动的设置了，下一个 float 也就不会再使用上一个浮动设置，从而使用自己所设置的浮动了。

13.4　跟我练练手

练习 1：制作一个包含 CSS 定位的网页。

练习 2：制作一个单列布局模式的网页。

练习 3：制作一个 1-2-1 型布局模式的网页。

练习 4：制作一个 1-3-1 型布局模式的网页。

第 14 章

自动缩放网页布局剖析与制作

上一章讲述了固定宽度的布局,本章开始讲述自动缩放网页布局的制作方法和技巧。变宽度的布局要比固定宽度的布局复杂一些,根本的原因在于宽度不确定,导致很多参数无法确定,必须使用一些技巧来完成。本章将依次讲述解决这些自动缩放布局中遇到的问题。

本章要点(已掌握的在方框中打钩)

☐ 掌握自动缩放网页 1-2-1 型布局模式的制作方法

☐ 掌握自动缩放网页 1-3-1 型布局模式的制作方法

☐ 掌握分列布局背景色的使用方法

☐ 掌握单列宽度变化的布局方法

☐ 掌握多列等比例宽度变化的布局方法

14.1 自动缩放网页 1-2-1 型布局模式

对于一个"1-2-1"变宽度的布局样式,会产生两种不同的情况:一是这两列按照一定的比例同时变化;二是一列固定,另一列变化。

14.1.1 "1-2-1"等比例变宽布局

对于等比例变宽布局样式,可以在前面制作的固定宽度网页布局样式当中的"1-2-1"浮动法布局的基础上完成本案例。原来的"1-2-1"浮动布局中的宽度都是用像素数值确定的固定宽度,下面就来对它进行改造,使它能够自动调整各个模块的宽度。具体代码如下:

```
#header,#pagefooter,#container{
    margin:0 auto;
    Width: 768px;     /*删除原来的固定宽度
    width: 85%; }      /*改为比例宽度*/
#content{
    float:right;
    Width:500px;      /*删除原来的固定宽度*/
    width: 66%; }      /*改为比例宽度*/
#side{
    float:left;
    width:  260px;    /*删除原来的固定宽度*/
    width:33%; }       /*改为比例宽度*/
```

在 IE 11.0 中预览效果如图 14-1 所示。在这个页面中,网页内容的宽度为浏览器窗口宽度的 85%,页面中左侧边栏的宽度和右侧内容栏的宽度保持 1:2 的比例,可以看到无论浏览器窗口宽度如何变化,它们都等比例变化。这样就实现了各个 div 的宽度都会等比例适应浏览器窗口。

图 14-1 "1-2-1"等比例变宽布局

在实际应用中还需要注意以下两点。

　　（1）确保不要使一列或多个列的宽度太大，以至于其内部的文字行宽太宽，造成阅读困难。

　　（2）圆角框的最宽宽度的限制，这种方法制作的圆角框如果超过一定宽度就会出现裂缝。

14.1.2　"1-2-1"单列变宽布局

　　"1-2-1"单列变宽布局样式是常用的网页布局样式，用户可以通过 margin 属性变通地实现单列变宽布局。这里仍然在"1-2-1"浮动法布局的基础上进行修改，修改之后的代码如下：

```
#header,#pagefooter,#container{
    margin:0 auto;
    width:85%;
    min-width:500px;
    max-width:800px;
}
#contentWrap{
    margin-left:-260px;
    float:left;
    width:100%;
}
#content{
    margin-left:260px;
}
#side{
    float:right;
    width:260px;
}
#pagefooter{
    clear:both;
}
```

　　在 IE 11.0 中预览效果如图 14-2 所示。

图 14-2　"1-2-1"单列变宽布局

14.2　自动缩放网页 1-3-1 型布局模式

"1-3-1"布局可以产生很多不同的变化方式，例如：

(1) 三列都按比例来适应宽度；

(2) 一列固定，其他两列按比例适应宽度；

(3) 两列固定，其他一列适应宽度。

对于后两种情况，又可以根据特殊的一列与另外两列的不同位置，产生出多种变化。

14.2.1　"1-3-1"三列宽度等比例布局

对于"1-3-1"布局的第一种情况，即三列按固定比例伸缩适应总宽度，和前面介绍的"1-2-1"布局完全一样，只要分配好每一列的百分比就可以了。这里就不再介绍具体的制作过程了。

14.2.2　"1-3-1"单侧列宽度固定的变宽布局

对于一列固定、其他两列按比例适应宽度的情况，可以使用浮动方法进行制作。解决的方法同"1-2-1"单列固定一样，这里把活动的两个看成一个，在容器里面再套一个 div，即由原来的一个 wrap 变为两层，分别叫作 outerWrap 和 innerWrap。这样，outerWrap 就相当于上面"1-2-1"方法中的 wrap 容器。新增加的 innerWrap 是以标准流方式存在的，宽度会自然伸展，由于设置 200 像素的左侧 margin，因此它的宽度就是总宽度减去 200 像素了。innerWrap里面的 navi 和 content 就会都以这个新宽度为宽度基准。

实现的具体代码如下：

```
<!DOCTYPE html>
<head>
<title>"1-3-1"单侧列宽度固定的变宽布局</title>
<style type="text/css">
body {
background: #FFF;
font: 14px 宋体;
margin:0;
padding:0;
}
.rounded {
  background: url(images/left-top.gif)   top left no-repeat;
  width:100%;
  }
.rounded h2 {
  background:
url(images/right-top.gif)
  top right no-repeat;
  padding:20px 20px 10px;
  margin:0;
```

```
    }
.rounded .main {
  background:
url(images/right.gif)
  top right repeat-y;
  padding:10px 20px;
    margin:-20px 0 0 0;
    }
.rounded .footer {
  background:
    url(images/left-bottom.gif)
  bottom left no-repeat;
  }
.rounded .footer p {
  color:red;
  text-align:right;
  background:url(images/right-bottom.gif) bottom right no-repeat;
  display:block;
  padding:10px 20px 20px;
  margin:-20px 0 0 0;
  font:0/0;
  }
#header,#pagefooter,#container{
 margin:0 auto;
 width:85%;
 }
#outerWrap{
float:left;
width:100%;
margin-left:-200px;
}
#innerWrap{
margin-left:200px;
}
#left{
float:left;
width:40%;
}
#content{
float:right;
width:59.5%;
}
#content img{
float:right;
}
#side{
float:right;
width:200px;
}
#pagefooter{
clear:both;
</style>
</head>
```

```
<body>
<div id="header">
    <div class="rounded">
        <h2>页头</h2>
        <div class="main">
        <p>
        锄禾日当午，汗滴禾下土</p>
        </div>
        <div class="footer">
        <p></p>
        </div>
    </div>
</div>
<div id="container">
<div id="outerWrap">
<div id="innerWrap">
<div id="left">
    <div class="rounded">
        <h2>正文</h2>
        <div class="main">
        <p>
                锄禾日当午，汗滴禾下土<br/>
锄禾日当午，汗滴禾下土</p>

        </div>
        <div class="footer">
        <p>
        查看详细信息&gt;&gt;
        </p>
        </div>
    </div>
</div>
<div id="content">
    <div class="rounded">
        <h2>正文 1</h2>
        <div class="main">
          <p>
                锄禾日当午，汗滴禾下土</p>

        </div>
        <div class="footer">
        <p>
        查看详细信息&gt;&gt;
        </p>
        </div>
    </div>
</div>
</div>
</div>
<div id="side">
    <div class="rounded">
        <h2>正文 2</h2>
        <div class="main">
        <p>
```

```
            锄禾日当午，汗滴禾下土<br/>
锄禾日当午，汗滴禾下土</p>
        </div>
        <div class="footer">
        <p>
        查看详细信息&gt;&gt;
        </p>
        </div>
    </div>
</div>
</div>

<div id="pagefooter">
    <div class="rounded">
        <h2>页脚</h2>
        <div class="main">
        <p>
        锄禾日当午，汗滴禾下土
        </p>
        </div>
        <div class="footer">
        <p>
        </p>
        </div>
    </div>
</div>
</body>
</html>
```

在 IE 11.0 中进行浏览，当页面收缩时，可以看到如图 14-3 所示的运行结果。

图 14-3　"1-3-1"单侧列宽度固定的变宽布局

14.2.3　"1-3-1"中间列宽度固定的变宽布局

这种布局的形式是固定列被放在中间，它的左右各有一列，并按比例适应总宽度，这是一种很少见的布局形式。实现"1-3-1"中间列宽度固定的变宽布局的代码如下：

```html
<!DOCTYPE html>
<head>
<title>"1-3-1"中间列宽度固定的变宽布局</title>
<style type="text/css">
body {
background: #FFF;
font: 14px 宋体;
margin:0;
padding:0;
}

.rounded {
  background: url(images/left-top.gif)   top left no-repeat;
  width:100%;
  }
.rounded h2 {
  background:
    url(images/right-top.gif)
  top right no-repeat;
  padding:20px 20px 10px;
  margin:0;

  }
.rounded .main {
  background:
    url(images/right.gif)
  top right repeat-y;
  padding:10px 20px;
   margin:-20px 0 0 0;
     }
.rounded .footer {
  background:
    url(images/left-bottom.gif)
  bottom left no-repeat;
  }
.rounded .footer p {
  color:red;
  text-align:right;
  background:url(images/right-bottom.gif) bottom right no-repeat;
  display:block;
  padding:10px 20px 20px;
  margin:-20px 0 0 0;
  font:0/0;
  }
#header,#pagefooter,#container{
 margin:0 auto;
 width:85%;
 }
```

```css
#naviWrap{
width:50%;
float:left;
margin-left:-150px;
}

#left{
margin-left:150px;
    }

#content{
float:left;
width:300px;
    }

#content img{
    float:right;
    }

#sideWrap{
    width:49.9%;
float:right;
margin-right:-150px;

}

#side{
margin-right:150px;
    }

#pagefooter{
    clear:both;
}

</style>
</head>
<body>
 <div id="header">
    <div class="rounded">
        <h2>页头</h2>
        <div class="main">
        <p>
        锄禾日当午，汗滴禾下土</p>
        </div>
        <div class="footer">
        <p></p>
        </div>
    </div>
</div>
<div id="container">
<div id="naviWrap">
<div id="left">
    <div class="rounded">
```

```
        <h2>正文</h2>
        <div class="main">
        <p>
        锄禾日当午，汗滴禾下土</p>

        </div>
        <div class="footer">
        <p>
        查看详细信息&gt;&gt;
        </p>
        </div>
    </div>
</div>
</div>
<div id="content">
    <div class="rounded">
        <h2>正文 1</h2>
        <div class="main">
         <p>
        锄禾日当午，汗滴禾下土</p>

     </div>
        <div class="footer">
        <p>
        查看详细信息&gt;&gt;
        </p>
        </div>
    </div>
</div>
<div id="sideWrap">
<div id="side">
    <div class="rounded">
        <h2>正文 2</h2>
        <div class="main">
        <p>
        锄禾日当午，汗滴禾下土
        </p>
        </div>
        <div class="footer">
        <p>
        查看详细信息&gt;&gt;
        </p>
        </div>
    </div>
</div>
</div>
</div>
<div id="pagefooter">
    <div class="rounded">
        <h2>页脚</h2>
        <div class="main">
        <p>
        锄禾日当午，汗滴禾下土
        </p>
```

```
        </div>
        <div class="footer">
        <p>
        </p>
        </div>
    </div>
</div>
</body>
</html>
```

在 IE 11.0 中浏览效果如图 14-4 所示。在上述代码中，页面中间列的宽度是 300 像素，两边列等宽(不等宽的道理是一样的)，即总宽度减去 300 像素后剩余宽度的 50%，制作的关键是如何实现"(100%-300px)/2"的宽度。现在需要在 left 和 side 两个 div 外面分别套一层 div，把它们"包裹"起来，依靠嵌套的两个 div，实现相对宽度和绝对宽度的结合。

图 14-4   "1-3-1"中间列宽度固定的变宽布局

14.2.4   "1-3-1"双侧列宽度固定的变宽布局

3 列中的左右两列宽度固定、中间列宽度自适应变宽布局实际应用很广泛，下面还是通过浮动定位进行了解。关键思想就是把 3 列的布局看作是嵌套的两列布局，利用 margin 的负值来实现 3 列浮动。具体代码如下：

```
<!DOCTYPE html>
<head>
<title>"1-3-1"双侧列宽度固定的变宽布局</title>
<style type="text/css">
body {
background: #FFF;
font: 14px 宋体;
margin:0;
padding:0;
```

```
    }
.rounded {
  background: url(images/left-top.gif)    top left no-repeat;
  width:100%;
  }
.rounded h2 {
  background:
    url(images/right-top.gif)
  top right no-repeat;
  padding:20px 20px 10px;
  margin:0;

  }
.rounded .main {
  background:
    url(images/right.gif)
  top right repeat-y;
  padding:10px 20px;
  margin:-20px 0 0 0;
    }
.rounded .footer {
  background:
    url(images/left-bottom.gif)
  bottom left no-repeat;
  }
.rounded .footer p {
  color:red;
  text-align:right;
  background:url(images/right-bottom.gif) bottom right no-repeat;
  display:block;
  padding:10px 20px 20px;
  margin:-20px 0 0 0;
  font:0/0;
  }
#header,#pagefooter,#container{
 margin:0 auto;
 width:85%;
 }
#side{
    width:200px;
    float:right;
    }
#outerWrap{
    width:100%;
    float:left;
    margin-left:-200px;
}
#innerWrap{
margin-left:200px;
    }
#left{
    width:150px;
```

```
        float:left;
}
#contentWrap{
    width:100%;
    float:right;
    margin-right:-150px;
}
#content{
margin-right:150px;
    }
#content img{
    float:right;
    }
#pagefooter{
    clear:both;
}
</style>
</head>
<body>
 <div id="header">
    <div class="rounded">
        <h2>页头</h2>
        <div class="main">
        <p>
        锄禾日当午，汗滴禾下土</p>
        </div>
        <div class="footer">
        <p></p>
        </div>
    </div>
</div>
<div id="container">
<div id="outerWrap">
<div id="innerWrap">
<div id="left">
    <div class="rounded">
        <h2>正文</h2>
        <div class="main">
        <p>锄禾日当午，汗滴禾下土</p>

        </div>
        <div class="footer">
        <p>
        查看详细信息&gt;&gt;
        </p>
        </div>
    </div>
</div>
<div id="contentWrap">
<div id="content">
```

```
        <div class="rounded">
            <h2>正文 1</h2>
            <div class="main">
            <p>
            锄禾日当午，汗滴禾下土</p>

            </div>
            <div class="footer">
            <p>
            查看详细信息&gt;&gt;
            </p>
            </div>
        </div>
    </div>
</div>
</div><!-- end of contetnwrap-->
</div><!-- end of inwrap-->
</div><!-- end of outwrap-->
<div id="side">
    <div class="rounded">
        <h2>正文 2</h2>
        <div class="main">
        <p>锄禾日当午，汗滴禾下土</p>
        </div>
        <div class="footer">
        <p>
        查看详细信息&gt;&gt;
        </p>
        </div>
    </div>
</div>
</div>
<div id="pagefooter">
    <div class="rounded">
        <h2>页脚</h2>
        <div class="main">
        <p>
        锄禾日当午，汗滴禾下土
        </p>
        </div>
        <div class="footer">
        <p>
        </p>
        </div>
    </div>
</div>
</body>
</html>
```

　　在 IE 11.0 中浏览效果如图 14-5 所示。在上述代码中，先把左边和中间两列看作一组活动列，而右边的一列作为固定列，使用前面的改进浮动法就可以实现。然后，再把两列各自当作独立的列，左侧列为固定列，再次使用改进浮动法，就可以最终完成整个布局。

图 14-5　"1-3-1"双侧列宽度固定的变宽布局

14.2.5　"1-3-1"中列和左侧列宽度固定的变宽布局

这种布局的中间列和它一侧的列是固定宽度，另一侧列宽度自适应。很显然这种布局就很简单了，同样使用改进浮动法来实现。由于两个固定宽度列是相邻的，因此就不用使用两次改进浮动法了，只需要一次就可以做到。

实现"1-3-1"中列和左侧列宽度固定的变宽布局的代码如下：

```
<!DOCTYPE html>
<head>
<title>"1-3-1"中列和左侧列宽度固定的变宽布局</title>
<style type="text/css">
body {
background: #FFF;
font: 14px 宋体;
margin:0;
padding:0;
}
.rounded {
  background: url(images/left-top.gif)    top left no-repeat;
  width:100%;
  }
.rounded h2 {
  background:
    url(images/right-top.gif)
  top right no-repeat;
  padding:20px 20px 10px;
  margin:0;

  }
.rounded .main {
  background:
    url(images/right.gif)
  top right repeat-y;
  padding:10px 20px;
```

```
      margin:-20px 0 0 0;
        }
.rounded .footer {
  background:
    url(images/left-bottom.gif)
  bottom left no-repeat;
   }
.rounded .footer p {
  color:red;
  text-align:right;
  background:url(images/right-bottom.gif) bottom right no-repeat;
  display:block;
  padding:10px 20px 20px;
  margin:-20px 0 0 0;
  font:0/0;
   }
#header,#pagefooter,#container{
 margin:0 auto;
 width:85%;
  }

#left{
float:left;
width:150px;
    }
#content{
float:left;
width:250px;
    }
#content img{
float:right;
    }
#sideWrap{
float:right;
width:100%;
margin-right:-400px;
    }
#side{
margin-right:400px;
    }
#pagefooter{
    clear:both;
}
</style>
</head>
<body>
 <div id="header">
    <div class="rounded">
        <h2>页头</h2>
        <div class="main">
        <p>
        锄禾日当午，汗滴禾下土</p>
        </div>
        <div class="footer">
```

```html
        <p></p>
        </div>
    </div>
</div>
<div id="container">
<div id="left">
    <div class="rounded">
        <h2>正文</h2>
        <div class="main">
        <p>
        锄禾日当午，汗滴禾下土</p>

        </div>
        <div class="footer">
        <p>
        查看详细信息&gt;&gt;
        </p>
        </div>
    </div>
</div>
<div id="content">
    <div class="rounded">
        <h2>正文 1</h2>
        <div class="main">
                <p>
        锄禾日当午，汗滴禾下土</p>

        </div>
        <div class="footer">
        <p>
        查看详细信息&gt;&gt;
        </p>
        </div>
    </div>
</div>
<div id="sideWrap">
<div id="side">
    <div class="rounded">
        <h2>正文 2</h2>
        <div class="main">
        <p>
        锄禾日当午，汗滴禾下土</p>
        </div>
        <div class="footer">
        <p>
        查看详细信息&gt;&gt;
        </p>
        </div>
    </div>
</div>
</div>
</div>
<div id="pagefooter">
    <div class="rounded">
```

```
        <h2>页脚</h2>
        <div class="main">
        <p>
        锄禾日当午，汗滴禾下土
        </p>
        </div>
        <div class="footer">
        <p>
        </p>
        </div>
    </div>
</div>
</body>
</html>
```

在 IE 11.0 浏览效果如图 14-6 所示。在代码中把左侧的 left 和 content 列的宽度分别固定为 150 像素和 250 像素，右侧的 side 列宽度变化。那么 side 列的宽度就等于"100%-150px-250px"。因此根据改进浮动法，在 side 列的外面再套一个 sideWrap 列，使 sideWrap 的宽度为 100%，并通过设置负的 margin 使它向右平移 400 像素。然后对 side 列设置正的 margin，限制右边界，这样就可以实现希望的效果了。

图 14-6 "1-3-1"中列和左侧列宽度固定的变宽布局

14.3 分列布局背景色的使用

在前面的各种布局案例中所有的例子都没有设置背景色，但是在很多页面布局中，对各列的背景色是有要求的，如希望每一列都有各自的背景色。

14.3.1 设置固定宽度布局的列背景色

这里用"固定宽度网页剖析与布局"小节当中的 1-3-1 网页布局.html 作为框架基础，直接修改其 CSS 样式表就可以了，具体的 CSS 代码如下：

```css
body{
    font:14px 宋体;
    margin:0;
}
#header,#pagefooter {
    background:#CF0;
    width:760px;
    margin:0 auto;
}
h2{
    margin:0;
    padding:20px;
}
p{
    padding:20px;
    text-indent:2em;
    margin:0;
}
#container {
    position: relative;
    width:760px;
    margin:0 auto;
    background:url(images/14-7.gif);
}
#left {
    width: 200px;
    position: absolute;
    left: 0px;
    top: 0px;
}
#content {
    right: 0px;
    top: 0px;
    margin-right: 200px;
    margin-left: 200px;
}
#side {
    width: 200px;
    position: absolute;
    right: 0px;
    top: 0px;
}
```

在 IE 11.0 中浏览效果如图 14-7 所示。在上述代码中，left、content、side 没有使用背景色，是因为各列的背景色只能覆盖到其内容的下端，而不能使每一列的背景色都一直扩展到最下端。因为每个 div 只负责自己的高度，根本不管它旁边的列有多高，要使并列的各列的高度相同是很困难的。通过给 container 设定一个宽度为 760px 的背景，这个背景图按样式中的 left、content、side 宽度进行颜色制作，变相实现给三列加背景的功能。

图 14-7　设置固定宽度布局的列背景色

14.3.2　设置特殊宽度变化布局的列背景色

宽度变化的布局分栏背景色因为列宽不确定，无法在图像处理软件中制作这个背景图，那么应该怎么办呢？由于这种变化组合有很多，以如下情况进行举例说明：

(1) 两侧列宽度固定、中间列变化的布局。

(2) 3 列的总宽度为 100%，也就是说两侧不露出 body 的背景色。

(3) 中间列最高。

在这种情况下，中间列的高度最高，可以设置自己的背景色，左侧可以使用 container 来设置背景图像，可以利用 body 来实现右侧栏的背景，CSS 样式代码如下：

```css
body{
    font:14px 宋体;
    margin:0;
    background-color:blue;
}
#header,#pagefooter {
    background:#CF0;
    width:100%;
    margin:0 auto;
}
h2{
    margin:0;
    padding:20px;
}
p{
    padding:20px;
    text-indent:2em;
    margin:0;
```

```
}
#container {
  width:100%;
  margin:0 auto;
  background:url(images/background-left.gif) repeat-y top left;
  position: relative;
}
#left {
  width: 200px;
  position: absolute;
  left: 0px;
  top: 0px;
}
#content {
  right: 0px;
  top: 0px;
  margin-right: 200px;
  margin-left: 200px;
  background-color:#F00;
}
#side {
  width: 200px;
  position: absolute;
  right: 0px;
  top: 0px;
}
```

在 IE 11.0 中浏览效果如图 14-8 所示。

图 14-8　设置特殊宽度变化布局的列背景色

14.4　综合案例 1——单列宽度变化布局

上面例子虽然实现了分栏的不同背景色，但是它的限制条件太多了。有没有更通用一些的方法呢？

仍然假设布局是中间活动、两侧列宽度固定的布局。由于 container 只能设置一个背景图像，因此可以在 container 里面再套一层 div，这样两层容器就可以各设置一个背景图像，一个左对齐，一个右对齐，各自竖直方向平铺。由于左右两列都是固定宽度，因此所有图像的宽度分别等于左右两列的宽度就可以了。具体代码如下：

```
body{
    font:14px 宋体;
    margin:0;
}
#header,#pagefooter {
    background:#CF0;
    width:85%;
    margin:0 auto;
}
h2{
    margin:0;
    padding:20px;
}
p{
    padding:20px;
    text-indent:2em;
    margin:0;
}
#container {
    width:85%;
    margin:0 auto;
    background:url(images/background-right.gif) repeat-y top right;
    position: relative;
}
#innerContainer {
    background:url(images/background-left.gif) repeat-y top left;
}
#left {
    width: 200px;
    position: absolute;
    left: 0px;
    top: 0px;
}
#content {
    right: 0px;
    top: 0px;
    margin-right: 200px;
    margin-left: 200px;
    background-color:#9F0;
}
#side {
```

```
    width: 200px;
    position: absolute;
    right: 0px;
    top: 0px;
}
```

在 IE 11.0 中浏览效果如图 14-9 所示。在代码中 3 列总宽度为浏览器窗口宽度的 85%，左右列各 200 像素，中间列自适应。header、footer 和 container 的宽度改为 85%，然后在 container 里面套一个 innerContainer，这样用 container 设置 side 背景，用 innerContainer 设置 left 背景，用 content 设置自己的背景。

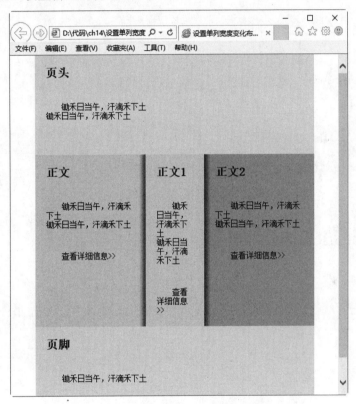

图 14-9 设置单列宽度变化布局的列背景色

14.5 综合案例 2——多列等比例宽度变化布局

对于 3 列按比例同时变化的布局，上面的方法就无能为力了，这时仍然使用制作背景图的方法。假设 3 列按照"1∶2∶1"的比例同时变化，也就是左、中、右 3 列所占的比例分别为 25%、50 % 和 25 %。先制作一个足够宽的背景图像，背景图像同样按照"1∶2∶1"设置 3 列的颜色。具体代码如下：

```
<!DOCTYPE html>
<head>
<title>设置多列等比例宽度变化布局的列背景色</title>
```

```
<style type="text/css">
body{
  font:14px 宋体;
  margin:0;
      }
#header,#pagefooter {
  background:#CF0;
  width:85%;
  margin:0 auto;
      }
h2{
  margin:0;
  padding:20px;
      }
p{
  padding:20px;
  text-indent:2em;
  margin:0;
      }
#container {
  width:85%;
  margin:0 auto;
  background:url(images/14-10.gif) repeat-y  25% top;
  position: relative;
      }

#innerContainer {
  background:url(images/14-10.gif) repeat-y  75% top;
      }
#left {
    width: 25%;
  position: absolute;
  left: 0px;
  top: 0px;
}
#content {
  right: 0px;
  top: 0px;
  margin-right: 25%;
  margin-left: 25%;
      }
#side {
  width: 25%;
  position: absolute;
  right: 0px;
  top: 0px;
      }
</style>
</head>
<body>
 <div id="header">
        <h2>页头</h2>
        <p>
        锄禾日当午，汗滴禾下土
```

```
</div>
<div id="container">
<div id="innerContainer">
    <div id="left">
            <h2>正文</h2>
    <p>
        锄禾日当午，汗滴禾下土
        </p>
    </div>
    <div id="content">
        <h2>正文 1</h2>
        <p>
        锄禾日当午，汗滴禾下土
        </p>
    </div>
    <div id="side">
        <h2>正文 2</h2>
        <p>
        锄禾日当午，汗滴禾下土
        </p>
    </div>
</div>
</div>
<div id="pagefooter">
        <h2>页脚</h2>
        <p>
        锄禾日当午，汗滴禾下土
        </p>
</div>
</body>
</html>
```

在 IE 11.0 中浏览效果如图 14-10 所示。

图 14-10 设置多列等比例宽度变化布局的列背景色

14.6　大神解惑

小白：自动缩放网页布局当中，网页框架百分比的关系是什么？

大神：对于框架中百分比的关系这个问题，初学者往往比较困惑。以 14.1.1 中样式做个说明，container 等外层 div 的宽度设置为 85%是相对于浏览器窗口而言的比例；而后面 content 和 side 这两个内层 div 的比例是相对于外层 div 而言的。这里分别设置为 66%和 33%，二者相加为 99%，而不是 100%，这是为了避免由于舍入误差造成总宽度大于它们的容器的宽度，而使某个 div 被挤到下一行中，如果希望精确，写成 99%也可以。

小白：DIV 层高度设置好，还是不设置好？

大神：在 IE 浏览器中，如果设置了高度值，但是内容很多，会超出所设置的高度，这时浏览器就会自己撑开高度，以达到显示全部内容的效果，不受所设置的高度值限制。而在 Firefox 浏览器中，如果固定了高度的值，那么容器的高度就会被固定住，就算内容过多，它也不会撑开，也会显示全部内容，但是如果容器下面还有内容的话，那么这一块就会与下一块内容重合。

这个问题的解决办法就是，不要设置高度的值，这样浏览器就会根据内容自动判断高度，也不会出现内容重合的问题。

14.7　跟我练练手

练习 1：制作一个包含"1-2-1"等比例变宽布局的网页。

练习 2：制作一个包含"1-3-1"单侧列宽度固定的变宽布局的网页。

练习 3：制作一个包含设置固定宽度布局的列背景色的网页。

练习 4：制作一个包含多列等比例宽度变化布局的网页。

练习 5：制作一个包含"1-2-1"单列变宽布局的网页。

第 IV 篇

高级技能

第 15 章

过渡和动画效果

在 CSS3 版本之前，用户如果想在网页中实现图像过渡和动画效果，只有使用 Flash 或者 JavaScript 脚本。在 CSS3 中，用户可以轻松地通过新增的属性实现图像的过渡和动画效果。不但使用方法非常简单，而且效果非常炫丽。

本章要点(已掌握的在方框中打钩)

☐ 了解过渡效果的基本概念

☐ 掌握添加过渡效果的方法

☐ 了解动画效果的基本概念

☐ 掌握添加动画效果的方法

15.1 了解过渡效果

在 CSS3 中，过渡效果主要是指网页元素从一种样式逐渐改变为另一种样式的效果。能实现过渡效果的属性如下。

(1) transition：过渡属性的简写版，用于在一个属性中设置下面 4 个过渡属性。

(2) transition-delay：规定过渡的 CSS 属性的名称。

(3) transitkit-duration：定义过渡效果花费的时间。

(4) transition-property：规定过渡效果的时间曲线。

(5) transition-timing-function：规定过渡效果何时开始。

CSS3 中过渡效果的属性在浏览器中的支持情况如表 15-1 所示。

表 15-1　常见浏览器对过渡属性的支持情况

名　称	图　标	支持情况
Chrome 浏览器		26.0 及以上版本
IE 浏览器		IE 10.0 及以上版本
Mozilla Firefox 浏览器		16.0 及以上版本
Opera 浏览器		15.0 及以上版本 CSS3 滤镜
Safari 浏览器		6.1 及以上版本 CSS3 滤镜

15.2 添加过渡效果

用户要实现过渡效果，不仅要添加效果的 CSS 属性，还需要指定过渡效果的持续时间。下面通过一个案例来学习如何添加过渡效果。

【例 15.1】添加过渡效果(案例文件：ch11\11.1.html)。

```
<!DOCTYPE html>
<html>
<head>
<title>过渡效果</title>
<style>
Div
{
    width:100px;
    height:100px;
    background:blue;
    transition:width,height 3s;
    -webkit-transition:width,height 3s; /* Safari */
}
div:hover
{
    width:300px;
    height:200px;
```

```
}
</style>
</head>
<body>
<p><b>鼠标指针移动到 div 元素上，查看过渡效果。</b></p>
<div></div>
</body>
</html>
```

在 IE 11.0 中浏览效果如图 15-1 所示。将鼠标放置在 div 块上，div 块的高度和宽度都发生了变化，过渡后的效果如图 15-2 所示。

图 15-1　过渡前的效果

图 15-2　过渡后的效果

上面的案例使用了简写的 transition 属性，用户也可以使用全部的属性。上面的代码修改如下即可：

```
<!DOCTYPE html>
<html>
<head>
<title>过渡效果</title>
<style>
div
{
    width:100px;
    height:100px;
    background:blue;
    transition-property:width,height;
    transition-duration:3s;
    transition-timing-function:linear;
    transition-delay:0s;
    /* Safari */
    -webkit-transition-property:width,height;
    -webkit-transition-duration:3s;
    -webkit-transition-timing-function:linear;
    -webkit-transition-delay:0s;
}
div:hover
{
    width:300px;
    height:200px;
}
</style>
```

```
</head>
<body>
<p><b>鼠标指针移动到 div 元素上，查看过渡效果。</b></p>
<div></div>
</body>
</html>
```

修改后的运行结果和上面的例子结果一样，只是它们的写法不同而已。

用户可以一次性添加多个样式的变换效果，添加的属性由逗号分隔即可。

【例 15.2】添加多个样式的过渡效果(案例文件：ch11\11.2.html)。

```
<!DOCTYPE html>
<html>
<head>
<title>过渡效果</title>
<style>
div
{
    width:100px;
    height:100px;
    background:blue;
    -webkit-transition:width 3s,height 3s,background 3s, -webkit-transform 3s;
    transition: width 3s, height 3s, background 3s, transform 3s;
}
div:hover {
    width: 300px;
    height: 200px;
background:red;
    -webkit-transform: rotate(180deg); /* Chrome, Safari, Opera */
    transform: rotate(180deg);
}
</style>
</head>
<body>
<p><b>鼠标指针移动到 div 元素上，查看过渡效果。</b></p>
<div>锄禾日当午，汗滴禾下土</div>
</body>
</html>
```

在 IE 11.0 中浏览效果如图 15-3 所示。将鼠标放置在 div 块上，div 块的高度和宽度都发生了变化，背景颜色由浅蓝色变为浅红色，而且进行了 180 度的旋转操作，过渡后的效果如图 15-4 所示。

图 15-3　过渡前的效果

图 15-4　过渡后的效果

15.3　了解动画效果

通过 CSS3 提供的动画功能，用户可以制作很多具有动感效果的网页，从而取代网页动画图像。

在添加动画效果之前，用户需要了解有关动画的属性。

(1) @keyframes：规定动画的规则。包括一个 CSS 样式和动画将逐步从目前的样式更改为新的样式。

(2) animation：除了 animation-play-state 属性以外，其他所有动画属性的简写。

(3) animation-name：定义@keyframes 动画的名称。

(4) animation-duration：规定动画完成一个周期所花费的秒或毫秒。默认是 0。

(5) animation-timing-function：规定动画的速度曲线。默认是 ease。

(6) animation-delayz：规定动画何时开始。默认是 0。

(7) animation-iteration-count：规定动画被播放的次数。默认是 1。

(8) animation-direction：规定动画是否在下一周期逆向地播放。默认是 normal。

(9) animation-play-state：规定动画是否正在运行或暂停。默认是 running。

在 CSS3 中，动画效果其实就是使元素从一种样式逐渐变化为另一种样式的效果。在创建动画时，首先需要创建动画规则@keyframes，然后将@keyframes 绑定到指定的选择器上。

　　创建动画规则，至少需要规定动画的名称和持续时间，然后将动画规则绑定到选择器上，否则动画不会有任何效果。

在规定动画规则时，可使用关键字 from 和 to 来规定动画的初始时间和结束时间，也可以使用百分比来规定变化发生的时间，0%是动画的开始，100%是动画的完成。

例如下面定义一个动画规则，将实现网页背景从蓝色转换为红色的动画效果，代码如下：

```
@keyframes colorchange
{
    from {background:blue;}
    to {background: red;}
}

@-webkit-keyframes colorchange /* Safari 与 Chrome */
{
    from {background:blue;}
    to {background: red;}
}
```

动画规则定义完成后，就可以将其规则绑定到指定的选择器上，然后指定动画持续的时间即可。例如，将 colorchange 动画捆绑到 div 元素，动画持续时间设置为 10 秒，代码如下：

```
div
{
    animation:colorchange 10s;
    -webkit-animation:colorchange 10s; /* Safari 与 Chrome */
}
```

这里需要注意的是，必须要指定动画持续的时间，否则将无动画效果，因为动画默认的持续时间为 0。

15.4 添加动画效果

下面的案例将添加一个不仅改变背景色还改变位置的动画效果。这里定义了 0%~50%~100% 三个时间上的样式和位置。

【例 15.3】添加动画效果(案例文件：ch11\11.3.html)。

```html
<!DOCTYPE html>
<html>
<head>
<title>过渡效果</title>
<style>
div
{
    width:100px;
    height:100px;
    background:blue;
    position:relative;
    animation:mydht 10s;
    -webkit-animation:mydh 10s; /* Safari and Chrome */
}

@keyframes mydh
{
    0%   {background: red; left:0px; top:0px;}
    50%  {background: blue; left:100px; top:200px;}
    100% {background: red; left:200px; top:0px;}
}

@-webkit-keyframes mydh /* Safari 与 Chrome */
{
    0%   {background: red; left:0px; top:0px;}
    50%  {background: blue; left:100px; top:200px;}
    100% {background: red; left:200px; top:0px;}
}
</style>
</head>
<body>
<p><b>查看动画效果</b></p>
<div> </div>
</body>
</html>
```

由于在 IE 11.0 中浏览效果如图 15-5 所示。动画过渡中的效果如图 15-6 所示。动画过渡后的效果如图 15-7 所示。

图 15-5　过渡前的效果

图 15-6　过渡中的效果

图 15-7　过渡后的效果

15.5　大 神 解 惑

小白：添加了动画效果后，为什么在 IE 浏览器中没有效果呢？

大神：首先需要仔细检查代码，在设置参数时有没有多余的空格。确认代码无误后，可以查看 IE 浏览器的版本，如果浏览器的版本为 IE 9.0 或者更低的版本，则需要升级到 IE 10.0 或者更新的版本，才能查看添加的动画效果。

小白：定义动画的时间用百分比还是用关键字 from 和 to？

大神：一般情况下，使用百分比和使用关键字 from 和 to 的效果是一样的，但是对于以下两种情况，用户需要考虑使用百分比来定义时间。

(1) 定义多于两种以上的动画状态时，需要使用百分比来定义动画时间。

(2) 考虑到在多种浏览器上查看动画效果时，使用百分比的方式会获得更好的兼容效果。

15.6　跟我练练手

练习1：制作一个包含 div 块长度变为 3 倍的过渡效果的网页。

练习2：通过一个案例来对比简写的 transition 属性和全部属性两种方式的区别。

练习3：了解添加动画的基本原理。

练习4：制作一个包含动画效果的网页。

第 16 章

2D 和 3D 效果

在 CSS3 版本中，通过改变网页元素的形状、大小、位置等，从而产生 2D 或 3D 的效果。在 CSS3 转换效果中，用户可以移动、反转、旋转和拉伸网页元素，从而产生各种各样绚丽的效果，从而丰富网页的特效。

本章要点(已掌握的在方框中打钩)

☐ 了解 2D 转换效果的属性和方法

☐ 掌握添加 2D 转换效果的方法

☐ 了解 3D 转换效果的属性和方法

☐ 掌握添加 3D 转换效果的方法

16.1 了解 2D 转换效果

在 CSS3 中，2D 转换效果主要是指网页元素的形状、大小和位置从一个状态转换到另外一个状态。其中 2D 转换中的属性如下。

(1) transform：用于指定转换元素的方法。

(2) transform-origin：用于更改转换元素的位置。

CSS3 中 2D 转换效果的属性，在浏览器中的支持情况如表 16-1 所示。

表 16-1　常见浏览器对 2D 转换属性的支持情况

名　称	图　标	支持情况
Chrome 浏览器		36.0 及以上版本
IE 浏览器		IE 10.0 及以上版本
Mozilla Firefox 浏览器		16.0 及以上版本
Opera 浏览器		23.0 及以上版本
Safari 浏览器		3.2 及以上版本

2D 转换中的方法含义如下。

(1) translate()：定义 2D 移动效果，沿着 X 轴或 Y 轴移动元素。

(2) rotate()：定义 2D 旋转效果，在参数中规定角度。

(3) scale()：定义 2D 缩放转换效果，改变元素的宽度和高度。

(4) skew()：定义 2D 倾斜效果，沿着 X 轴或 Y 轴倾斜元素。

(5) matrix()：定义 2D 转换效果，包含 6 个参数，可以一次定义旋转、缩放、移动和倾斜综合效果。

16.2 添加 2D 转换效果

下面将讲述如何添加不同类型的 2D 转换效果。

16.2.1 添加 2D 移动效果

使用 translate()方法，定义 X 轴、Y 轴和 Z 轴的参数，可以将当前元素移动到指定的位置。

例如，将指定元素沿着 X 轴移动 30 个像素，然后沿着 Y 轴移动 60 个像素。代码如下：

```
translate(30px, 60px)
```

下面通过案例来对比移动转换前后的效果。

【例 16.1】添加 2D 移动效果(案例文件：ch16\16.1.html)。

```
<!DOCTYPE html>
<html>
<head>
<title>2D 移动效果</title>
<style>
div
{
    width:140px;
    height:100px;
    background-color:#FFB5B5;
    border:1px solid black;
}
div#div2
{
    transform:translate(150px,50px);
    -ms-transform:translate(150px,50px);          /* IE 9 */
    -webkit-transform:translate(150px,50px);      /* Safari and Chrome */
}
</style>
</head>
<body>
<div>自在飞花轻似梦，无边丝雨细如愁。</div>
<div id="div2">自在飞花轻似梦，无边丝雨细如愁。</div>
</body>
</html>
```

在 IE 11.0 中浏览效果如图 16-1 所示。可以看出移动前和移动后的不同效果。

16.2.2　添加 2D 旋转效果

使用 rotate()方法，可以将一个网页元素按指定的角度添加旋转效果，如果指定的角度是正值，则网页元素按顺时针旋转；如果指定的角度为负值，则网页元素按逆时针旋转。

例如，将网页元素顺时针旋转 60 度，代码如下：

图 16-1　2D 移动效果

```
rotate(30deg)
```

【例 16.2】添加 2D 旋转效果(案例文件：ch16\16.2.html)。

```
<!DOCTYPE html>
<html>
<head>
<title>2D 旋转效果</title>
<style>
div
{
    width:100px;
    height:75px;
    background-color: #FFB5B5;
```

```
    border:1px solid black;
}
div#div2
{
    transform:rotate(45deg);
    -ms-transform:rotate(45deg); /* IE 9 */
    -webkit-transform:rotate(45deg); /* Safari and Chrome */
}
</style>
</head>
<body>
<div>侯门一入深如海，从此萧郎是路人</div>
<div id="div2">侯门一入深如海，从此萧郎是路人</div>
</body>
</html>
```

在 IE 11.0 中浏览效果如图 16-2 所示。可以看出旋转前和旋转后的不同效果。

16.2.3　添加 2D 缩放效果

使用 scale()方法，可以将一个网页元素按指定的参数进行缩放。缩放后的大小取决于指定的宽度和高度。

图 16-2　2D 旋转效果

例如，将指定元素的宽度增加为原来的 4 倍，高度增加为原来的 3 倍，代码如下：

```
scale(4,3)
```

【例 16.3】添加 2D 缩放效果(案例文件：ch16\16.3.html)。

```
<!DOCTYPE html>
<html>
<head>
<title>2D 缩放效果</title>
<style>
div {
    margin: 50px;
    width: 100px;
    height: 100px;
    background-color:#FFB5B5;
    border: 1px solid black;
    border: 1px solid black;
}
div#div2
{
    -ms-transform: scale(2,2);       /* IE 9 */
    -webkit-transform: scale(2,2);   /* Safari */
    transform: scale(2,2);           /* 标准语法 */
}

</style>
```

```
</head>
<body>
<div>春云吹散湘帘雨，絮黏蝴蝶飞还住。人在玉楼中，楼高四面风。</div>
缩放后的效果：
<div id="div2">春云吹散湘帘雨，絮黏蝴蝶飞还住。人在玉楼中，楼高四面风。</div>
</body>
</html>
```

在 IE 11.0 中浏览效果如图 16-3 所示。可以看出缩放前和缩放后的不同效果。

图 16-3　2D 缩放效果

16.2.4　添加 2D 倾斜效果

使用 skew()方法可以为网页元素添加倾斜效果。语法格式如下：

```
transform:skew(<angle> [,<angle>]);
```

这里包含了两个角度值，分别表示 X 轴和 Y 轴倾斜的角度。如果第二个参数为空，则默认为 0，参数为负表示向相反方向倾斜。

例如：将网页元素围绕 X 轴翻转 30 度，围绕 Y 轴翻转 40 度。代码如下：

```
skew(30deg,40deg)
```

另外，如果只在 X 轴(水平方向)倾斜。方法如下：

```
skewX(<angle>);
```

如果只在 Y 轴(垂直方向)倾斜。方法如下：

```
skewY(<angle>);
```

【例 16.4】添加 2D 倾斜效果(案例文件：ch16\16.4.html)。

```
<!DOCTYPE html>
<html>
<head>
<title>2D 倾斜效果</title>
<style>
```

```
div {
    margin: 50px;
    width: 100px;
    height: 100px;
    background-color:#FFB5B5;
    border: 1px solid black;
    border: 1px solid black;
}
div#div2
{
    transform:skew(30deg,150deg);
    -ms-transform:skew(30deg,15deg);       /* IE 9 */
    -moz-transform:skew(30deg,15deg);      /* Firefox */
    -webkit-transform:skew(30deg,15deg);   /* Safari and Chrome */
    -o-transform:skew(30deg,40deg);        /* Opera */
}
</style>
</head>
<body>
<div>窗含西岭千秋雪，门泊东吴万里船。</div>
倾斜后的效果：
<div id="div2">窗含西岭千秋雪，门泊东吴万里船。</div>
</body>
</html>
```

在 IE 11.0 中浏览效果如图 16-4 所示。可以看出倾斜前和倾斜后的不同效果。

图 16-4　2D 倾斜效果

16.2.5　添加综合变幻效果

使用 matrix() 方法可以为网页元素添加移动、旋转、缩放和倾斜效果。语法格式如下：

```
transform: matrix(n,n,n,n,n,n)
```

这里包含了 6 个参数值，使用这 6 个值的矩阵可以添加不同的 2D 转换效果。

【例 16.5】添加综合变幻效果(案例文件：ch16\16.5.html)。

```
<!DOCTYPE html>
<html>
<head>
<title>2D 综合变幻效果</title>
<style>
div {
    margin: 50px;
    width: 100px;
    height: 100px;
    background-color:#FFB5B5;
    border: 1px solid black;
    border: 1px solid black;
}
div#div2
{
    transform:matrix(0.888,0.6,-0.6,0.888,0,0);
    -ms-transform:matrix(0.888,0.6,-0.6,0.888,0,0);          /* IE 9 */
    -webkit-transform:matrix(0.888,0.6,-0.6,0.888,0,0);   /* Safari and Chrome */
}
</style>
</head>
<body>
<div>众芳摇落独喧妍，占尽风情向小园。</div>
变换后的效果：
<div id="div2">众芳摇落独喧妍，占尽风情向小园。</div>
</body>
</html>
```

在 IE 11.0 中浏览效果如图 16-5 所示。可以看出倾斜前和倾斜后的不同效果。

图 16-5　2D 综合变幻效果

16.3　添加 3D 转换效果

在 CSS3 中，3D 转换效果主要是指网页元素在三维空间内进行转换的效果。其中 3D 转换中的属性如下。

(1) transform：指定转换元素的方法。

(2) transform-origin：更改转换元素的位置。

(3) transform-style：规定被嵌套元素如何在 3D 空间中显示。

(4) perspective：规定 3D 元素的透视效果。

(5) perspective-origin：规定 3D 元素的底部位置。

(6) backface-visibility：定义元素在不面向屏幕时是否可见。如果在旋转元素后，又不希望看到其背面时，该属性很有用。

CSS3 中 3D 转换效果的属性在浏览器中的支持情况如表 16-2 所示。

表 16-2　常见浏览器对 3D 转换属性的支持情况

名　称	图　标	支持情况
Chrome 浏览器		36.0 及以上版本
IE 浏览器		IE 10.0 及以上版本
Mozilla Firefox 浏览器		16.0 及以上版本
Opera 浏览器		23.0 及以上版本
Safari 浏览器		4.0 及以上版本

3D 转换中的方法含义如下。

(1) translate3d(x,y,z)：定义 3D 移动效果，沿着 X 轴或 Y 轴或 Z 轴移动元素。

(2) rotate3d(x,y,z,angle)：定义 3D 旋转效果，在参数中规定角度。

(3) scale3d(x,y,z)：定义 3D 缩放效果。

(4) perspective(n)：定义 3D 元素的透视效果。

(5) matrix3d()：定义 3D 转换效果，包含 6 个参数，可以定义旋转、缩放、移动和倾斜综合效果。

添加 3D 转换效果与 2D 转换效果的方法类似，下面以 3D 旋转效果为例进行讲解。

【例 16.6】沿 X 轴旋转效果(案例文件：ch16\16.6.html)。

```
<!DOCTYPE html>
<html>
<head>
<title>3D 旋转效果</title>
<style>
div
{
    width:100px;
    height:75px;
    background-color: #FFB5B5;
    border:1px solid black;
}
div#div2
{
    transform:rotateX(60deg);
    -webkit-transform:rotateX(60deg); /* Safari and Chrome */}
</style>
```

```
</head>
<body>
<div>侯门一入深如海，从此萧郎是路人</div>
<div id="div2">侯门一入深如海，从此萧郎是路人</div>
</body>
</html>
```

在 IE 11.0 中浏览效果如图 16-6 所示。可以看出旋转前和旋转后的不同效果。

图 16-6　沿 X 轴旋转效果

【例 16.7】沿 Y 轴旋转效果(案例文件：ch16\16.7.html)。

```
<!DOCTYPE html>
<html>
<head>
<title>3D 旋转效果</title>
<style>
div
{
    width:100px;
    height:75px;
    background-color: #FFB5B5;
    border:1px solid black;
}
div#div2
{
    transform:rotateY(60deg);
    -webkit-transform:rotateY(60deg);  /* Safari and Chrome */}
</style>
</head>
<body>
<div>侯门一入深如海，从此萧郎是路人</div>
<div id="div2">侯门一入深如海，从此萧郎是路人</div>
</body>
</html>
```

在 IE 11.0 中浏览效果如图 16-7 所示。可以看出旋转前和旋转后的不同效果。

图 16-7　沿 Y 轴旋转效果

16.4　大　神　解　惑

小白： 如何实现 3D 网页对象沿 Z 轴旋转？

大神： 使用 translateZ(n)方法可以将网页对象沿着 Z 轴做 3D 旋转。例如，将网页对象沿着 Z 轴做 60 度旋转，代码如下：

```
transform:rotateZ(60deg)
```

小白： 如何能在 IE 9.0 中显示 2D 转换效果？

大神： 如果想让 2D 转换效果也能在 IE 9.0 中正常现实，需要在转换属性前添加-ms-。例如在添加移动效果中的代码如下：

```
-ms-transform:translate(150px,50px);  /* IE 9 */
```

16.5　跟我练练手

练习 1：制作一个包含 2D 移动效果的网页。

练习 2：制作一个包含 2D 旋转效果的网页。

练习 3：制作一个包含 2D 缩放效果的网页。

练习 4：制作一个包含 2D 倾斜效果的网页。

练习 5：制作一个包含 3D 旋转效果的网页。

第 17 章

创建响应式页面

弹性盒子是 CSS3 的一种新的布局模式。CSS3 弹性盒子是一种当页面需要适应不同的屏幕大小以及设备类型时确保元素拥有恰当的行为的布局方式。引入弹性盒子布局模型的目的是提供一种更加有效的方式来对一个容器中的子元素进行排列、对齐和分配空白空间，从而创建响应式页面。

本章要点(已掌握的在方框中打钩)

- [ ] 了解弹性盒子的基本概念
- [ ] 掌握使用弹性盒子的方法
- [ ] 掌握设置弹性子元素位置的方法
- [ ] 掌握设置弹性子元素横向对齐的方法
- [ ] 掌握设置弹性子元素纵向对齐的方法
- [ ] 掌握设置弹性子元素对齐方式的方法
- [ ] 掌握使用弹性盒子创建响应式页面的方法

17.1　了解弹性盒子

弹性盒子由弹性容器(Flex container)和弹性子元素(Flex item)组成。弹性容器通过设置 display 属性的值为 flex 或 inline-flex 将其定义为弹性容器。弹性容器内包含了一个或多个弹性子元素。弹性子元素通常在弹性盒子内一行显示。在默认情况下每个容器只有一行。

弹性盒子只定义了弹性子元素如何在弹性容器内布局，并不控制弹性子元素的外观样式。

在 CSS3 中，弹性盒子中的属性含义如下。

(1) display：指定 HTML 元素盒子类型。

(2) flex-direction：指定弹性容器中子元素的排列方式。

(3) justify-content：设置弹性盒子元素在主轴(横轴)方向上的对齐方式。

(4) align-items：设置弹性盒子元素在侧轴(纵轴)方向上的对齐方式。

(5) flex-wrap：设置弹性盒子的子元素超出父容器时是否换行。

(6) align-content：修改 flex-wrap 属性的行为，类似 align-items，但不是设置子元素对齐，而是设置行对齐。

(7) flex-flow：flex-direction 和 flex-wrap 的简写。

(8) order：设置弹性盒子的子元素排列顺序。

(9) align-self：在弹性子元素上使用。覆盖容器的 align-items 属性。

(10) flex：设置弹性盒子的子元素分配空间的方式。

CSS3 中这些弹性盒子的属性在浏览器中的支持情况如表 17-1 所示。

表 17-1　常见浏览器对弹性盒子属性的支持情况

名　称	图　标	支持情况
Chrome 浏览器		29.0 及以上版本
IE 浏览器		IE 11.0 及以上版本
Mozilla Firefox 浏览器		22.0 及以上版本
Opera 浏览器		12.0 及以上版本
Safari 浏览器		6.1 及以上版本

17.2　使用弹性盒子

在默认情况下，弹性盒子中的弹性子元素在一行内显示，并且从左到右排列。

【例 17.1】使用弹性盒子(案例文件：ch17\17.1.html)。

```
<!DOCTYPE html>
<html>
```

```
<head>
<style>
.flex-container {
    display: -webkit-flex;
    display: flex;
    width: 400px;
    height: 300px;
    background-color:#FFB5B5;
}

.flex-item {
    background-color: cornflowerblue;
    width: 100px;
    height: 100px;
    margin: 10px;
}
</style>
</head>
<body>

<div class="flex-container">
  <div class="flex-item">第 1 个弹性子元素</div>
  <div class="flex-item">第 2 个弹性子元素</div>
  <div class="flex-item">第 3 个弹性子元素</div>
</div>
</body>
</html>
```

在 IE 11.0 中浏览效果如图 17-1 所示。

图 17-1　使用弹性盒子

如果用户想改变弹性子元素的排列方式，可以通过设置 direction 属性来实现。例如下面设置弹性子元素的排列方式为 rtl(right-to-left)。

【例 17.2】　修改弹性子元素的排列方式(案例文件：ch17\17.2.html)。

```
<!DOCTYPE html>
<html>
```

```
<head>
<title>修改弹性子元素的排列方式</title>
<style>
body {
    direction: rtl;
}

.flex-container {
    display: -webkit-flex;
    display: flex;
    width: 400px;
    height:300px;
    background-color:FFB5B5;
}

.flex-item {
    background-color: cornflowerblue;
    width: 100px;
    height: 100px;
    margin: 10px;
}
</style>
</head>
<body>

<div class="flex-container">
  <div class="flex-item">第 1 个弹性子元素</div>
  <div class="flex-item">第 2 个弹性子元素</div>
  <div class="flex-item">第 3 个弹性子元素</div>
</div>
</body>
</html>
```

在 IE 11.0 中浏览效果如图 17-2 所示。弹性子元素的排列方式发生了改变，页面布局也跟着改变了。

图 17-2　改变弹性子元素的排列方式

17.3 设置弹性子元素的位置

如果想具体设置每个弹性子元素在父容器中的位置，可以使用 flex-direction 属性，语法规则如下：

```
flex-direction: row | row-reverse | column | column-reverse
```

各个参数的含义如下。

(1) row：横向从左到右排列(左对齐)，默认的排列方式。

(2) row-reverse：反转横向排列(右对齐)，从后往前排，最后一项排在最前面。

(3) column：纵向排列。

(4) column-reverse：反转纵向排列，从后往前排，最后一项排在最上面。

下面以反转纵向排列 column-reverse 的使用方法为例进行讲解。

【例17.3】设置弹性子元素的位置(案例文件：ch17\17.3.html)。

```html
<!DOCTYPE html>
<html>
<head>
<title>设置弹性子元素的位置</title>
<style>
.flex-container {
    display: -webkit-flex;
    display: flex;
    -webkit-flex-direction: column-reverse;
    flex-direction: column-reverse;
    width: 400px;
    height: 300px;
    background-color: #FFB5B5;
}
.flex-item {
    background-color: cornflowerblue;
    width: 100px;
    height: 100px;
    margin: 10px;
}
</style>
</head>
<body>
<div class="flex-container">
  <div class="flex-item">第 1 个弹性子元素</div>
  <div class="flex-item">第 2 个弹性子元素</div>
  <div class="flex-item">第 3 个弹性子元素</div>
</div>
</body>
</html>
```

在 IE 11.0 中浏览效果如图 17-3 所示。弹性子元素的排列方式为反转纵向排列。

网站开发案例课堂

图 17-3　反转纵向排列

17.4　设置弹性子元素的横向对齐方式

在 CSS3 中，justify-content 属性是用于设置横向对齐方式，主要是将弹性子元素沿着弹性容器的主轴线对齐。语法格式如下：

```
justify-content: flex-start | flex-end | center | space-between | space-around
```

各个参数的含义如下。

(1) flex-start：弹性子元素向行头紧挨着填充。这个是默认值。

(2) flex-end：弹性子元素向行尾紧挨着填充。

(3) center：弹性子元素居中紧挨着填充。

(4) space-between：弹性子元素平均分布在该行上。

(5) space-around：弹性子元素平均分布在该行上，两边留有一半的间隔空间。

下面通过案例分别学习这几种对齐方式的设置方法和区别。

【例 17.4】设置 flex-start 对齐方式(案例文件：ch17\17.4.html)。

```
<!DOCTYPE html>
<html>
<head>
<title> flex-start 对齐方式</title>
<style>
.flex-container {
    display: -webkit-flex;
    display: flex;
    -webkit-justify-content: flex-start;
    justify-content: flex-start;
    width: 400px;
    height: 300px;
    background-color: #FFB5B5;
```

```
}
.flex-item {
    background-color: cornflowerblue;
    width: 100px;
    height: 100px;
    margin: 10px;
}
</style>
</head>
<body>
<div class="flex-container">
  <div class="flex-item">第 1 个弹性子元素</div>
  <div class="flex-item">第 2 个弹性子元素</div>
  <div class="flex-item">第 3 个弹性子元素</div>
</div>
</body>
</html>
```

在 IE 11.0 中浏览效果如图 17-4 所示。

图 17-4   flex-start 对齐方式

【例 17.5】设置 flex-end 对齐方式(案例文件：ch17\17.5.html)。

```
<!DOCTYPE html>
<html>
<head>
<title> flex-end 对齐方式</title>
<style>
.flex-container {
    display: -webkit-flex;
    display: flex;
    -webkit-justify-content: flex-end;
    justify-content: flex-end;
    width: 400px;
    height: 300px;
    background-color: #FFB5B5;
```

```
}
.flex-item {
    background-color: cornflowerblue;
    width: 100px;
    height: 100px;
    margin: 10px;
}
</style>
</head>
<body>
<div class="flex-container">
  <div class="flex-item">第 1 个弹性子元素</div>
  <div class="flex-item">第 2 个弹性子元素</div>
  <div class="flex-item">第 3 个弹性子元素</div>
</div>
</body>
</html>
```

在 IE 11.0 中浏览效果如图 17-5 所示。

图 17-5　flex-end 对齐方式

【例 17.6】设置 center 对齐方式(案例文件：ch17\17.6.html)。

```
<!DOCTYPE html>
<html>
<head>
<title> center 对齐方式</title>
<style>
.flex-container {
    display: -webkit-flex;
    display: flex;
    -webkit-justify-content: center;
    justify-content: center;
    width: 600px;
    height: 300px;
    background-color: #FFB5B5;
}
```

```
.flex-item {
    background-color: cornflowerblue;
    width: 100px;
    height: 100px;
    margin: 10px;
}
</style>
</head>
<body>
<div class="flex-container">
  <div class="flex-item">第 1 个弹性子元素</div>
  <div class="flex-item">第 2 个弹性子元素</div>
  <div class="flex-item">第 3 个弹性子元素</div>
</div>
</body>
</html>
```

在 IE 11.0 中浏览效果如图 17-6 所示。

图 17-6　center 对齐方式

【例 17.7】设置 space-between 对齐方式(案例文件：ch17\17.7.html)。

```
<!DOCTYPE html>
<html>
<head>
<title>space-between 对齐方式</title>
<style>
.flex-container {
    display: -webkit-flex;
    display: flex;
    -webkit-justify-content: space-between;
    justify-content: space-between;
    width: 600px;
    height: 300px;
    background-color: #FFB5B5;
}
.flex-item {
    background-color: cornflowerblue;
```

```
    width: 100px;
    height: 100px;
    margin: 10px;
}
</style>
</head>
<body>
<div class="flex-container">
  <div class="flex-item">第 1 个弹性子元素</div>
  <div class="flex-item">第 2 个弹性子元素</div>
  <div class="flex-item">第 3 个弹性子元素</div>
</div>
</body>
</html>
```

在 IE 11.0 中浏览效果如图 17-7 所示。

图 17-7   space-between 对齐方式

【例 17.8】设置 space-around 对齐方式(案例文件：ch17\17.8.html)。

```
<!DOCTYPE html>
<html>
<head>
<title>space-around 对齐方式</title>
<style>
.flex-container {
    display: -webkit-flex;
    display: flex;
    -webkit-justify-content: space-around;
    justify-content: space-around;
    width: 600px;
    height: 300px;
    background-color: #FFB5B5;
}
.flex-item {
    background-color: cornflowerblue;
    width: 100px;
```

```
    height: 100px;
    margin: 10px;
}
</style>
</head>
<body>
<div class="flex-container">
  <div class="flex-item">第 1 个弹性子元素</div>
  <div class="flex-item">第 2 个弹性子元素</div>
  <div class="flex-item">第 3 个弹性子元素</div>
</div>
</body>
</html>
```

在 IE 11.0 中浏览效果如图 17-8 所示。

图 17-8　space-around 对齐方式

17.5　设置弹性子元素的纵向对齐方式

在 CSS3 中，align-items 属性是用于设置纵向对齐方式，主要是将弹性子元素沿着弹性容器的纵轴线对齐。语法格式如下：

```
justify-content: flex-start | flex-end | center | baseline | stretch
```

各个参数的含义如下。

(1) flex-start：弹性子元素沿着纵轴起始位置的边界填充。

(2) flex-end：弹性子元素沿着纵轴结束位置的边界填充。

(3) center：弹性子元素在该行的纵轴居中填充。

(4) baseline：弹性子元素将与基线对齐。

(5) stretch：如果设置纵轴大小的属性值为 auto，则 stretch 值会使弹性子元素边距的尺寸尽可能接近所在行的尺寸。

由于设置方法与上一节类似，这里只介绍 stretch 的使用方法，其他的类似。

【例 17.9】设置 stretch 对齐方式(案例文件：ch17\17.9.html)。

```html
<!DOCTYPE html>
<html>
<head>
<title> stretch 对齐方式</title>
<style>
.flex-container {
    display: -webkit-flex;
    display: flex;
    -webkit-align-items: stretch;
    align-items: stretch;
    width: 400px;
    height: 300px;
    background-color: #FFB5B5;
}
.flex-item {
    background-color: cornflowerblue;
    width: 100px;
    margin: 10px;
}
</style>
</head>
<body>
<div class="flex-container">
  <div class="flex-item">第 1 个弹性子元素</div>
  <div class="flex-item">第 2 个弹性子元素</div>
  <div class="flex-item">第 3 个弹性子元素</div>
</div>
</body>
</html>
```

在 IE 11.0 中浏览效果如图 17-9 所示。

图 17-9　stretch 对齐方式

17.6　设置弹性子元素的换行方式

flex-wrap 属性用于指定弹性盒子中子元素的换行方式。语法格式如下：

```
flex-flow: nowrap| wrap | wrap-reverse |
```

各个参数的含义如下。

(1) nowrap：默认换行方式。弹性容器为单行。该情况下弹性子元素可能会溢出容器。

(2) wrap：弹性容器为多行。该情况下弹性子元素溢出的部分会被放置到新行，子元素内部会发生断行。

(3) wrap-reverse：反转 wrap 排列。

【例 17.10】设置 nowrap 换行方式(案例文件：ch17\17.10.html)。

```
<!DOCTYPE html>
<html>
<head>
<title>nowrap 换行方式</title>
<style>
.flex-container {
    display: -webkit-flex;
    display: flex;
    -webkit-flex-wrap: nowrap;
    flex-wrap: nowrap;
    width: 250px;
    height: 250px;
    background-color: #FFB5B5;
}
.flex-item {
    background-color: cornflowerblue;
    width: 100px;
    height: 100px;
    margin: 10px;
}
</style>
</head>
<body>
<div class="flex-container">
  <div class="flex-item">风萧萧兮易水寒，壮士一去兮不复还。</div>
  <div class="flex-item">探虎穴兮入蛟宫，仰天呼气兮成白虹。</div>
  <div class="flex-item">借问酒家何处有？牧童遥指杏花村。</div>
</div>
</body>
</html>
```

在 IE 11.0 中浏览效果如图 17-10 所示。

【例 17.11】设置 wrap 换行方式(案例文件：ch17\17.11.html)。

```
<!DOCTYPE html>
<html>
<head>
<title> wrap 换行方式</title>
```

网站开发案例课堂

```
<style>
.flex-container {
    display: -webkit-flex;
    display: flex;
    -webkit-flex-wrap: wrap;
    flex-wrap: wrap;
    width: 250px;
    height: 250px;
    background-color: #FFB5B5;
}
.flex-item {
    background-color: cornflowerblue;
    width: 100px;
    height: 100px;
    margin: 10px;
}
</style>
</head>
<body>
<div class="flex-container">
  <div class="flex-item">风萧萧兮易水寒，壮士一去兮不复还。</div>
  <div class="flex-item">探虎穴兮入蛟宫，仰天呼气兮成白虹。</div>
  <div class="flex-item">借问酒家何处有？牧童遥指杏花村。</div>
</div>
</body>
</html>
```

在 IE 11.0 中浏览效果如图 17-11 所示。

图 17-10　nowrap 换行方式

图 17-11　wrap 换行方式

【例 17.12】设置 wrap-reverse 换行方式(案例文件：ch17\17.12.html)。

```
<!DOCTYPE html>
<html>
<head>
<title> wrap-reverse 换行方式</title>
<style>
.flex-container {
    display: -webkit-flex;
```

```
        display: flex;
        -webkit-flex-wrap: wrap-reverse;
        flex-wrap: wrap-reverse;
        width: 250px;
        height: 250px;
        background-color: #FFB5B5;
}
.flex-item {
        background-color: cornflowerblue;
        width: 100px;
        height: 100px;
        margin: 10px;
}
</style>
</head>
<body>
<div class="flex-container">
  <div class="flex-item">风萧萧兮易水寒，壮士一去兮不复还。</div>
  <div class="flex-item">探虎穴兮入蛟宫，仰天呼气兮成白虹。</div>
  <div class="flex-item">借问酒家何处有？牧童遥指杏花村。</div>
</div>
</body>
</html>
```

在 IE 11.0 中浏览效果如图 17-12 所示。

图 17-12　wrap-reverse 换行方式

17.7　综合案例——使用弹性盒子创建响应式页面

通过 CSS3 弹性盒子可以创建响应式页面。所谓响应式页面，是指能够智能地根据用户行为以及使用的设备环境(系统平台、屏幕尺寸、屏幕定向等)进行相对应的布局的网页。下面通过一个案例来学习如何使用弹性合子创建响应式页面。

【例 17.13】创建响应式页面(案例文件：ch17\17.13.html)。

```
<!DOCTYPE html>
<html>
```

```
<head>
<style>
.flex-container {
    display: -webkit-flex;
    display: flex;
    -webkit-flex-flow: row wrap;
    flex-flow: row wrap;
    font-weight: bold;
    text-align: center;
}

.flex-container > * {
    padding: 10px;
    flex: 1 100%;
}

.main {
    text-align: left;
    background: cornflowerblue;
}

.header {background: coral;}
.footer {background: lightgreen;}
.aside1 {background: moccasin;}
.aside2 {background: violet;}

@media all and (min-width: 600px) {
    .aside { flex: 1 auto; }
}

@media all and (min-width: 800px) {
    .main    { flex: 3 0px; }
    .aside1 { order: 1; }
    .main    { order: 2; }
    .aside2 { order: 3; }
    .footer { order: 4; }
}
</style>
</head>
<body>

<div class="flex-container">
  <header class="header">经典古诗词</header>
  <article class="main">
    <p>皑如山上雪，皎若云间月。闻君有两意，故来相决绝。今日斗酒会，明旦沟水头。蹀躞御沟
上，沟水东西流。凄凄复凄凄，嫁娶不须啼。愿得一心人，白头不相离。竹竿何袅袅，鱼尾何簁簁！
男儿重意气，何用钱刀为！</p>
  </article>
  <aside class="aside aside1">唐诗</aside>
  <aside class="aside aside2">宋词</aside>
  <footer class="footer">查看更多</footer>
</div>

</body>
</html>
```

由于在 IE 11.0 中浏览效果如图 17-13 所示。按住 IE 浏览器的右边框拖曳，增加浏览器的

宽度，效果如图 17-14 所示。继续增加浏览器的宽度，效果如图 17-15 所示。可见该网页是响应式页面。

图 17-13 创建响应式页面

图 17-14 增加浏览器的宽度

图 17-15 再次增加浏览器的宽度

17.8 大 神 解 惑

小白： 如何设置弹性盒子中各个行的对齐方式？

大神： 使用 align-content 属性可以设置各个行的对齐方式。语法规则如下：

```
align-content: flex-start | flex-end | center | space-between | space-
around | stretch
```

上述各个参数的含义如下。

(1) stretch：默认值。各行将会伸展以占用剩余的空间。

(2) flex-start：各行向弹性盒容器的起始位置堆叠。

(3) flex-end：各行向弹性盒容器的结束位置堆叠。

(4) center：各行向弹性盒容器的中间位置堆叠。

(5) space-between：各行在弹性盒容器中平均分布。

(6) space-around：各行在弹性盒容器中平均分布，两端保留子元素与子元素之间间距大小的一半。

小白： 如何实现第一个弹性子元素占用了 2/4 的空间，其他两个各占 1/4 的空间？

大神： flex 属性用于指定弹性子元素分配空间的方法。实现上述要求的代码如下：

```
.flex-item {
    background-color: cornflowerblue;
    margin: 10px;
}

.item1 {
    -webkit-flex: 2;
    flex: 2;
}

.item2 {
    -webkit-flex: 1;
    flex: 1;
}

.item3 {
    -webkit-flex: 1;
    flex: 1;
}
```

17.9 跟我练练手

练习1：制作一个设置弹性子元素位置的网页。

练习2：制作一个设置弹性子元素横向对齐方式为 space-around 的网页。

练习3：制作一个设置弹性子元素纵向对齐方式为 stretch 的网页。

练习4：制作一个设置弹性子元素换行方式为 wrap-reverse 的网页。

练习5：使用弹性盒子制作一个响应式网页。

第 V 篇

综 合 案 例

第 18 章

商业门户类网站赏析

商业门户类网页类型较多，结合行业不同，所设计的网页风格差异很大。本章将以一个时尚家居企业为例，完成商业门户网站的制作。通过商业门户网站的展示与制作，做到 DIV+CSS 综合运用，掌握整体网站的设计流程与注意事项，为完成其他行业的同类网站打下基础。

本章要点(已掌握的在方框中打钩)

☐ 了解商业门户网站的整体设计方法

☐ 掌握商业门户网站的主要模块的设计方法

☐ 掌握商业门户网站的调整方法

18.1　整体设计

本案例是一个商业门户网站首页，网站风格简约。符合大多数同类网站的布局风格。如图 18-1 所示为本实例的效果图。

图 18-1　时尚家居首页

18.1.1　颜色应用分析

该案例作为商业门户网站，在进行设计时需要考虑其整体风格，需要注意网站主色调与整体色彩搭配问题。

(1) 网站主色调。企业的形象塑造是非常重要的，所以在设计网页时要使网页的主色调符合企业的行业特征。本实例中企业为时尚家居，所以整体要体现温馨舒适的主色调，再者当前提倡绿色环保，所以网页主色调采用了绿色为主的色彩风格。

(2) 整体色彩搭配。主色调定好后，整体色彩搭配就要围绕主色调调整。其中以深绿、浅绿渐变的色彩为主。中间主题使用浅绿到米白的渐变，头部和尾部多用深绿，以体现上下层次结构。

18.1.2 架构布局分析

从网页整体架构来看，采用的是传统的上中下结构，即网页头部、网页主体和网页底部。网页主体部分又分为纵排的三栏：左侧、中间和右侧，中间为主要内容。具体排版架构如图18-2所示。

网页中间主体又做了细致划分，分为左右两栏。在实现整个网页布局结构时，使用了<div>标记。具体布局划分代码如下：

图 18-2 网页架构

```
/*网页头部*/
<div class="content border_bottom">
</div>
/*网页导航栏*/
<div class="content dgreen-bg">
    <div class="content">
    </div>
</div>
/*网页banner*/
<div class="content" id="top-adv"><img src="img/top-adv.gif" alt=""
/></div>
/*中间主体*/
<div class="content">
    /*主体左侧*/
    <div id="left-nav-bar" class="bg_white">
    </div>
    /*主体右侧*/
    <div id="right-cnt">
    </div>
/*网页底部*/
<div id="about" >
    <div class="content">
    </div>
</div>
```

网页整体结构布局由以上<div>标记控制，并对应设置了 CSS 样式。

18.2 主要模块设计

整个网页的实现是由一个个的模块构成的，在上一节中已经介绍了这些模块，下面就来详细介绍这些模块的实现方法。

18.2.1 网页整体样式插入

首先，网页设计中需要使用 CSS 样式表控制整体样式，所以网站可以使用以下代码结构实现页面代码框架和 CSS 样式的插入。

```html
<!doctype html >
<html>
<head>
<meta http-equiv="content-type" content="text/html; charset=gb2312" />
<title>时尚家居网店首页</title>
<link href="css/common.css" rel="stylesheet" type="text/css" />
<link href="css/layout.css" rel="stylesheet" type="text/css" />
<link href="css/red.css" rel="stylesheet" type="text/css" />
<script language="javascript" type="text/javascript" ></script></head>
<body>
……
</body>
</html>
```

由以上代码可以看出，案例中使用了 3 个 CSS 样式表，分别是：common.css、layout.css
和 red.css。其中 common.css 是控制网页整体效果的通用样式，另外两个用于控制特定模块内
容的样式。下面先来看一下 common.css 样式表中的样式内容。

(1) 网页全局样式如下：

```css
*{
    margin:0;
    padding:0;
}

body{
    text-align:center;
    font:normal 12px "宋体", Verdana, Arial, Helvetica, sans-serif;
}
div,span,p,ul,li,dt,dd,h1,h2,h3,h4,h5,h5,h7{
    text-align:left;
}
img{border:none;}
.clear{
    font-size:1px;
    width:1px;
    height:1px;
    visibility:hidden;
    clear:both;
}
ul,li{
    list-style-type:none;
}
```

(2) 网页链接样式如下：

```css
a,a:link,a:visited{
    color:#000;
    text-decoration:none;
}
a:hover{
    color:#BC2931;
    text-decoration:underline;
```

```
}
.cdred,a.cdred:link,a.cdred:visited{color:#C80000;}
.cwhite,a.cwhite:link,a.cwhite:visited{color:#FFF;background-
color:transparent;}
.cgray,a.cgray:link,a.cgray:visited{color:#6B6B6B;}
.cblue,a.cblue:link,a.cblue:visited{color:#1F3A87;}
.cred,a.cred:link,a.cred:visited{color:#FF0000;}
.margin-r24px{
   margin-right:24px;
}
```

(3) 网页字体样式如下:

```
/*字体大小*/
.f12px{ font-size:12px;}
.f14px{ font-size:14px;}

/* 字体颜色 */
.fgreen{color:green;}
.fred{color:#FF0000;}
.fdred{color:#bc2931;}
.fdblue{color:#344E71;}
.fdblue-1{color:#1c2f57;}
.fgray{color:#999;}
.fblack{color:#000;}
```

(4) 其他样式属性如下:

```
.txt-left{text-align:left;}
.txt-center{text-align:center;}
.left{ text-align:center;}
.right{ float: right;}
.hidden {display: none;}
.unline,.unline a{text-decoration: none;}
.noborder{border:none; }
.nobg{background:none;}
```

18.2.2　网页局部样式

layout.css 和 red.css 样式表用于控制网页中特定内容的样式。每一个网页元素都可能有独立的样式内容，这些样式内容都需要设定自己独有的名称。在样式表中设置完成后，要在网页代码中使用 class 或者 id 属性调用。

(1) layout.css 样式表如下:

```
#container {
    MARGIN: 0px auto; WIDTH: 878px
}
.content {
    MARGIN: 0px  auto; WIDTH: 878px;
}
.border_bottom {
    POSITION: relative
}
```

```
.border_bottom3 {
    MARGIN-BOTTOM: 5px
}
#logo {
    FLOAT: left; MARGIN: 23px 0px 10px 18px; WIDTH: 200px; HEIGHT: 75px
}
#adv_txt {
    FLOAT: left; MARGIN: 75px 0px 0px 5px; WIDTH: 639px; HEIGHT: 49px
}
#sub_nav {
    RIGHT: 12px; FLOAT: right; WIDTH: 202px; POSITION: absolute; TOP: 0px;
HEIGHT: 26px
}
#sub_nav LI {
    PADDING-RIGHT: 5px; MARGIN-TOP: 1px; DISPLAY: inline; PADDING-LEFT: 5px;
FLOAT: left; PADDING-BOTTOM: 5px; WIDTH: 57px; PADDING-TOP: 5px; HEIGHT:
12px; TEXT-ALIGN: center
}
#sub_nav LI.nobg {
    BACKGROUND: none transparent scroll repeat 0% 0%; WIDTH: 58px
}
#main_nav {
    DISPLAY: inline; FLOAT: left; MARGIN-LEFT: 10px; WIDTH: 878px; HEIGHT:
auto
}
#main_nav LI {
    PADDING-RIGHT: 10px; DISPLAY: block; PADDING-LEFT: 12px; FLOAT: left;
PADDING-BOTTOM: 10px; FONT: bold 14px "",sans-serif; WIDTH: 65px; PADDING-
TOP: 10px; HEIGHT: 14px
}
#main_nav LI.nobg {
    BACKGROUND: none transparent scroll repeat 0% 0%
}
#main_nav LI SPAN {
    FONT-SIZE: 11px; FONT-FAMILY: Arial,sans-serif
}
#topad {
    WIDTH: 876px; HEIGHT: 65px;
    background:#fff;
    text-align:center;
    padding-top:3px;
}
#top-adv {
    WIDTH: 876px; HEIGHT: 181px
}
#top-adv IMG {
    WIDTH: 876px; HEIGHT: 181px
}
#top-contact-info {
    FONT-SIZE: 12px; MARGIN: 0px auto 1px; WIDTH: 190px; LINE-HEIGHT: 150%;
PADDING-TOP: 55px; HEIGHT: 76px
}
#left-nav-bar {
    PADDING-RIGHT: 5px; PADDING-LEFT: 5px; FLOAT: left; PADDING-BOTTOM: 5px;
```

```
WIDTH: 210px; PADDING-TOP: 5px
}
#left-nav-bar H2 {
    PADDING-RIGHT: 0px; PADDING-LEFT: 20px; PADDING-BOTTOM: 10px; FONT:
bold 15px "",sans-serif; PADDING-TOP: 10px; LETTER-SPACING: 1px; HEIGHT:
15px
}
#left-nav-bar UL {
    MARGIN: 0px; WIDTH: 210px
}
#left-nav-bar UL LI {
    PADDING-RIGHT: 0px; PADDING-LEFT: 10px; PADDING-BOTTOM: 3px; WIDTH:
200px; PADDING-TOP: 5px; HEIGHT: 12px
}
#left-nav-bar H3 {
    PADDING-RIGHT: 0px; PADDING-LEFT: 0px; PADDING-BOTTOM: 5px; MARGIN:
25px 0px; FONT: 19px "",sans-serif; PADDING-TOP: 5px; LETTER-SPACING: 2px;
HEIGHT: 28px; TEXT-ALIGN: center
}
#hits {
    PADDING-RIGHT: 0px; DISPLAY: block; PADDING-LEFT: 0px; PADDING-BOTTOM:
10px; MARGIN: 0px auto; FONT: bold 12px "",sans-serif; WIDTH: 100%;
PADDING-TOP: 10px; HEIGHT: 12px; TEXT-ALIGN: center
}
#right-cnt {
    FLOAT: right; WIDTH: 652px
}
#right-cnt P {
    FONT-SIZE: 14px; MARGIN: 0px auto 24px; WIDTH: 96%; LINE-HEIGHT: 150%
}
P#location {
    PADDING-RIGHT: 0px; PADDING-LEFT: 5px; FONT-WEIGHT: bold; PADDING-
BOTTOM: 6px; MARGIN: 0px auto; WIDTH: 647px; TEXT-INDENT: 0px; PADDING-TOP:
6px
}
.pages {
    PADDING-RIGHT: 10px; PADDING-LEFT: 10px; PADDING-BOTTOM: 6px; MARGIN:
0px auto; WIDTH: 632px; PADDING-TOP: 6px; HEIGHT: 14px
}
.pages H2 {
    PADDING-LEFT: 10px; FLOAT: left; FONT: bold 14px "",sans-serif; WIDTH:
100px; LETTER-SPACING: 1px; HEIGHT: 14px
}
.pages SPAN {
    FONT-WEIGHT: bold; FLOAT: left; WIDTH: 480px; HEIGHT: 12px; TEXT-ALIGN:
left
}
.pages SPAN#p_nav {
    FLOAT: right; FONT: 12px "",sans-serif; WIDTH: 340px; HEIGHT: 12px;
TEXT-ALIGN: right
}
.pages DIV#more {
    FONT-WEIGHT: bold; FONT-SIZE: 10px; FLOAT: right; WIDTH: 36px; FONT-
FAMILY: Arial,sans-serif
```

```
}
#tags {
    PADDING-RIGHT: 0px; DISPLAY: block; PADDING-LEFT: 15px; PADDING-BOTTOM:
5px; MARGIN: 0px auto; WIDTH: 637px; TEXT-INDENT: 0px; PADDING-TOP: 5px;
HEIGHT: 12px
}
#products-list {
    FLOAT: left; WIDTH: 652px
}
#products-list LI {
    FLOAT: left; MARGIN: 5px 0px; WIDTH: 326px; HEIGHT: 120px
}
#products-list LI IMG {
    FLOAT: left; WIDTH: 160px; HEIGHT: 120px
}
#products-list LI H3 {
    PADDING-RIGHT: 0px; PADDING-LEFT: 6px; FLOAT: right; PADDING-BOTTOM:
5px; FONT: bold 12px "",sans-serif; WIDTH: 150px; PADDING-TOP: 5px; LETTER-
SPACING: 1px
}
#products-list LI UL {
    FLOAT: right; WIDTH: 161px
}
#products-list LI UL LI {
    PADDING-RIGHT: 0px; DISPLAY: inline; PADDING-LEFT: 5px; FLOAT: left;
PADDING-BOTTOM: 5px; WIDTH: 151px; MARGIN-RIGHT: 5px; PADDING-TOP: 5px;
HEIGHT: 12px
}
#products-list LI UL LI SPAN {
    FONT: bold 12px "",sans-serif; MARGIN-LEFT: 20px; COLOR: #c80000
}
DIV.col_center {
    PADDING-RIGHT: 5px; MARGIN-TOP: 5px; DISPLAY: inline; PADDING-LEFT: 5px;
FLOAT: left; MARGIN-BOTTOM: 10px; PADDING-BOTTOM: 5px; OVERFLOW: hidden;
WIDTH: 310px; PADDING-TOP: 5px; HEIGHT: 183px
}
DIV.right {
    FLOAT: right
}
DIV.noborder {
    BORDER-TOP-STYLE: none; BORDER-RIGHT-STYLE: none; BORDER-LEFT-STYLE:
none; BORDER-BOTTOM-STYLE: none
}
.sub-title {
    PADDING-RIGHT: 0px; PADDING-LEFT: 0px; PADDING-BOTTOM: 6px; MARGIN: 0px
auto; WIDTH: 292px; PADDING-TOP: 6px; HEIGHT: 14px
}
.sub-title H2 {
    PADDING-LEFT: 15px; FLOAT: left; FONT: bold 14px "",sans-serif; LETTER-
SPACING: 1px
}
.sub-title SPAN {
    DISPLAY: inline; FLOAT: right; FONT: bold 12px Arial,sans-serif;
PADDING-TOP: 1px
```

```
}
DIV.col_center P {
    PADDING-RIGHT: 5px; PADDING-LEFT: 5px; PADDING-BOTTOM: 5px; MARGIN: 0px
auto; OVERFLOW: hidden; WIDTH: 272px; TEXT-INDENT: 24px; LINE-HEIGHT: 150%;
PADDING-TOP: 5px; HEIGHT: 128px
}
DIV.col_center UL {
    FLOAT: left; WIDTH: 302px
}
DIV.col_center UL LI {
    PADDING-RIGHT: 0px; DISPLAY: inline; PADDING-LEFT: 10px; FLOAT: left;
PADDING-BOTTOM: 4px; MARGIN-LEFT: 5px; OVERFLOW: hidden; WIDTH: 282px;
PADDING-TOP: 5px; HEIGHT: 12px
}
DIV.col_center UL LI A {
    COLOR: #686868
}
#m_adv {
    MARGIN: 0px auto 15px; WIDTH: 652px; HEIGHT: 151px; TEXT-ALIGN: center
}
#m_adv IMG {
    WIDTH: 652px; HEIGHT: 151px
}
#right-list {
    MIN-HEIGHT: 600px; FLOAT: left; MARGIN-BOTTOM: 5px; WIDTH: 652px
}
#right-list LI {
    PADDING-RIGHT: 0px; DISPLAY: inline; PADDING-LEFT: 12px; FLOAT: left;
PADDING-BOTTOM: 10px; MARGIN-LEFT: 15px; WIDTH: 610px; PADDING-TOP: 9px
}
#copyright {
    PADDING-RIGHT: 0px; PADDING-LEFT: 0px; PADDING-BOTTOM: 15px; MARGIN:
0px auto; WIDTH: 878px; LINE-HEIGHT: 150%; PADDING-TOP: 15px; TEXT-ALIGN:
center
}
```

(2) red.css 样式表如下：

```
body{
  color:#000;
  background:#FDFDEE url(../img/bg1.gif) 0 0 repeat-x;
}
#container{
  background:transparent url(../img/dot-bg.jpg) 0 0 repeat-x;
  color:#000;
}
.border_bottom3{
  border-bottom:3px solid #CDCDCD;
}
#sub_nav{
  background-color:#1D4009;
}
#sub_nav li{
  background:transparent url(../img/white-lt.gif) 100% 5px no-repeat;
  color:#FFF;
```

```
}
#sub_nav li a:link{
  color:#FFF;
}
#sub_nav li a:visited{
  color:#FFF;
}
#sub_nav li a:hover{
  color:#FFF;
}
.dgreen-bg{
  background-color:#1C3F09;
  width:100%;
  height:34px;
  border-bottom:20px solid #B6B683;
  border-top:3px solid #85B512;
}
#main_nav li{
  color:#FFF;
  background:transparent url(../img/lt2.gif) 0 10px no-repeat;
}
#main_nav li a:link{
  color:#FFF;
}
#main_nav li a:visited{
  color:#FFF;
}
#main_nav li a:hover{
  color:#FFF;
}
#top-adv{
  border:1px solid #B6B683;
  border-bottom:4px solid #B6B683;
}
#top-contact-info{
  color:#565615;
  background:transparent url(../img/contact-bg.gif) 0 2px no-repeat;
}
#left-nav-bar{
  background:#E7E7D6 url(../img/left.gif) 0 0 repeat-x;
}
#left-nav-bar h2{
  color:#3E650C;
  background:transparent url(../img/green-tab.gif) 8px 12px no-repeat;
  letter-spacing:1px;
  border-bottom:1px solid #ABABAB;
}
#left-nav-bar ul li{
  background:transparent url(../img/black-dot.jpg) 3px 9px no-repeat;
}
#left-nav-bar h3{
  border-top:1px solid #D8CECD;
  border-bottom:1px solid #D8CECD;
  color:#6E1920;
```

```
}
#right-cnt p{
  color:#4D4D4D;
}
.pages{
  background-color:#B6B683;
  border-bottom:3px solid #4D4D37;
}
.pages h2{
  color:#3F4808;
  background:url(../img/coffee-tab.gif) 1px 1px no-repeat;
}
#tags{
  background-color:#F6F6F6;
}
#products-list li ul li{
  border-top:1px dashed #000;
  color:#6F6F6F;
}
#products-list li ul li span{
  color:#C80000;
}
div.col_center{
  border:1px solid #B6B683;
  background:transparent url(../img/c-bg.gif) 100% 100% no-repeat;
}
.sub-title h2{
  background:transparent url(../img/green-tab.gif) 6px 1px no-repeat;
  color:#3E650C;
}
div.col_center p#intro{
  color:#426A0C;
}
div.col_center ul li{
  background:transparent url(../img/black-dot.jpg) 3px 8px no-repeat;
}
div.col_center ul li a:link{
  color:#426A0C;
}
div.col_center ul li a:visited{
  color:#426A0C;
}
div.col_center ul li a:hover{
  color:#426A0C;
}
#right-list li{
  background:transparent url(../img/black-dot.jpg) 5px 16px no-repeat;
  border-bottom:1px solid #CECECE;
}
#about{
  background-color:#1C3F09;
  width:100%;
  padding:10px 0 10px 0;
  height:14px;
```

```
    border-top:3px solid #85B512;
    text-align:left;
    color:#FFF;
}
#about a:link{
    color:#FFF;
}
#about a:visited{
    color:#FFF;
}
#about a:hover{
    color:#FFF;
}
```

18.2.3 顶部模块样式代码分析

网页顶部需要有网页 Logo、导航栏和一些快速链接，如设为首页、加入收藏和联系我们。如图 18-3 所示为网页顶部模块的样式。在制作时为了突出网页特色，可以将 Logo 制作成 gif 动图，使网页更有活力。

图 18-3　网页顶部模块

网页顶部模块的实现代码如下：

```
/*网页 logo 与快捷链接*/
<div class="content border_bottom">
    <ul id="sub_nav">
        <li><a href="#">设为首页</a></li>
        <li><a href="#">加入收藏</a></li>
        <li class="nobg"><a href="#">联系我们</a></li>
    </ul>
        <img src="img/logo.gif" alt="时尚家居" name="logo" width="200"
height="75" id="logo" />
        <img src="img/adv-txt.gif" alt="" name="adv_txt" width="644"
height="50" id="adv_txt" />
        <br class="clear" />
</div>

/*导航栏*/
<div class="content dgreen-bg">
    <div class="content">
    <ul id="main_nav">
        <li class="nobg"><a href="#">网店首页</a></li>
        <li><a href="#">公司介绍</a></li>
        <li><a href="#">资质认证</a></li>
```

```
            <li><a href="#">产品展示</a></li>
            <li><a href="#">视频网店</a></li>
            <li><a href="#">招商信息</a></li>
            <li><a href="#">招聘信息</a></li>
            <li><a href="#">促销活动</a></li>
            <li><a href="#">企业资讯</a></li>
            <li><a href="#">联系我们</a></li>
        </ul><br class="clear" />
    </div>
</div>
```

18.2.4　中间主体代码分析

中间主体可以分为上下结构两部分：一部分是主体 banner；另一部分就是主体内容。下面来分别实现。

1. 主体 banner 的实现

主体 banner 只是插入的一张图片，其效果如图 18-4 所示。

图 18-4　网页主体 Banner

banner 模块的实现代码如下：

```
<div class="content" id="top-adv"><img src="img/top-adv.gif" alt="" /></div>
```

2. 主体内容的实现

网页主体内容较多，整体可以分为左右两栏，左侧栏目实现较简单，右侧栏目又由多个小模块构成，其展示效果如图 18-5 所示。

实现中间主体的代码如下：

```
/*左侧栏目内容*/
<div class="content">
    <div id="left-nav-bar" class="bg_white">
        <p id="top-contact-info">
        联系人：张经理<br />
        联系电话：0371-60000000<br />
        手机：16666666666<br />
        E-mail:shishangjiaju@163.com<br>
        地址：黄淮路 120 号经贸大厦
        </p>
        <br>
        <h2>招商信息</h2>
        <ul>
```

```
        <li>新款上市，诚邀加盟商家入驻</li>
        <li>新款上市，诚邀加盟商家入驻<a href="#"></a></li>
        <li>新款上市，诚邀加盟商家入驻<a href="#"></a></li>
        <li>新款上市，诚邀加盟商家入驻<a href="#"></a></li>
    </ul>
    <h2>企业资讯</h2>
    <ul>
        <li><a href="#">新款上市，诚邀加盟商家入驻</a></li>
        <li><a href="#">新款上市，诚邀加盟商家入驻</a></li>
        <li><a href="#">新款上市，诚邀加盟商家入驻</a></li>
        <li><a href="#">新款上市，诚邀加盟商家入驻</a></li>
    </ul>
    <h3><a href="#"><img src="img/sq-txt.gif" width="143" height="28"
/></a></h3>
    <h3><a href="#"><img src="img/log-txt.gif" width="120"
height="27" /></a></h3>
    <h3><a href="#"><img src="img/loglt-txt.gif" width="143"
height="27" /></a></h3>
    <span id="hits">现在已经有[35468254]次点击</span>
  </div>
/*右侧栏目内容*/
  <div id="right-cnt">
    <div class="col_center">
        <div class="sub-title"><h2>促销活动</h2><span><a href="#"
class="cblue">more</a> </span><br class="clear" />
        </div>
        <ul>
            <li><a href="#">岁末大放送，新款家居全新推出，欢迎新老客户惠顾
</a></li>
            <li><a href="#">岁末大放送，新款家居全新推出，欢迎新老客户惠顾
</a></li>
            <li><a href="#">岁末大放送，新款家居全新推出，欢迎新老客户惠顾
</a></li>
            <li><a href="#">岁末大放送，新款家居全新推出，欢迎新老客户惠顾
</a></li>
            <li><a href="#">岁末大放送，新款家居全新推出，欢迎新老客户惠顾
</a></li>
            <li><a href="#">岁末大放送，新款家居全新推出，欢迎新老客户惠顾
</a></li>
            <li><a href="#">岁末大放送，新款家居全新推出，欢迎新老客户惠顾
</a></li>
        </ul>
    </div>
    <div class="col_center right">
        <div class="sub-title"><h2>公司简介</h2><span><a href="#"
class="cblue">more</a> </span><br class="clear" /></div>
        <p id="intro">
        时尚家居主要以家居产品为主。从事家具、装潢、装饰等产品。公司以多元化的方式，
致力提供完美、时尚、自然、绿色的家居生活。以人为本、以品质为先是时尚家居人的服务理念原
则...[<a href="#" class="cgray">详细</a>]               </p>
    </div><br class="clear" />
    <div id="m_adv"><img src="img/m-adv.gif" width="630" height="146"
/></div>
```

```
        <div class="pages"><h2>产品展示</h2>
        <span>产品分类：家具 | 家纺 | 家饰 | 摆件 | 墙体 | 地板 | 门窗 | 桌柜 | 电
器</span>
        <div id="more"><a href="#" class="cblue">more</a></div>
        <br class="clear" /></div>
        <ul id="products-list">
            <li>
            <img src="img/product1.jpg" alt=" " width="326"
height="119" />
            <h3>产品展示</h3>
            <ul>
                <li>规格：迷你墙体装饰书架</li>
                <li>产地：江西南昌</li>
                <li>价格：200 <span>[<a href="#" class="cdred">详细
</a>]</span></li>
            </ul>
            </li>
            <li>
            <img src="img/product2.jpg" alt=" " width="326"
height="119" />
            <h3>产品展示</h3>
            <ul>
                <li>规格：茶艺装饰台</li>
                <li>产地：江西南昌</li>
                <li>价格：800 <span>[<a href="#" class="cdred">详细
</a>]</span></li>
            </ul>
            </li>
            <li>
            <img src="img/product3.jpg" alt=" " width="326"
height="119" />
            <h3>产品展示</h3>
            <ul>
                <li>规格：壁挂电视装饰墙</li>
                <li>产地：江西南昌</li>
                <li>价格：5200 <span>[<a href="#" class="cdred">详细
</a>]</span></li>
            </ul>
            </li>
            <li>
            <img src="img/product4.jpg" alt=" " width="326"
height="119" />
            <h3>产品展示</h3>
            <ul>
                <li>规格：时尚家居客厅套装</li>
                <li>产地：江西南昌</li>
                <li>价格：100000 <span>[<a href="#" class="cdred">详细
</a>]</span></li>
            </ul>
            </li>
        </ul><br class="clear" />
    </div>
    <br class="clear" />
</div>
```

图 18-5   网页主体内容

18.2.5   底部模块分析

网站底部设计较简单，包括一些快捷链接和版权声明信息，具体效果如图 18-6 所示。

| 网店首页 | 公司介绍 | 资质认证 | 产品展示 | 视频网店 | 招商信息 | 招聘信息 | 促销活动 | 企业资讯 | 联系我们 |

地址：黄淮路120号经贸大厦 联系电话：1666666666
版权声明：时尚家居所有

图 18-6   网页底部内容

网站底部的实现代码如下：

```
/*快捷链接*/
<div id="about" >
    <div class="content">
        <a href="#">网店首页</a> | <a href="#">公司介绍</a> | <a href="#">资
质认证</a> | <a href="#">产品展示</a> | <a href="#">视频网店</a> | <a
href="#">招商信息</a> | <a href="#">招聘信息</a> | <a href="#">促销活动</a> |
<a href="#">企业资讯</a> | <a href="#">联系我们</a>
    </div>
</div>
/*版权声明*/
<p id="copyright">地址：黄淮路 120 号经贸大厦        联系电话：1666666666 <br>版权声
明：时尚家居所有</p>
```

18.3 网站调整

在网站设计完成后，如果需要完善或者修改，可以对其中的框架代码以及样式代码进行调整。下面简单介绍几项内容的调整方法。

18.3.1 部分内容调整

以修改网页背景为例介绍网页调整方法。在 red.css 文件中修改 body 标记样式。代码如下：

```
body{
    color:#000;
    background:#FDFDEE url(../img/bg1.gif) 0 0 repeat-x;
}
```

将其中的 background 属性删除，网页的背景就会变成 color:#000，即为白色。

网页中的内容修改比较简单，只要换上对应的图片和文字即可。比较麻烦的是对象样式的更换，需要先找到要调整的对象，然后再找到控制该对象的样式，最后找到对应的样式表进行修改即可。有的时候修改完样式表，可能使部分网页布局错乱，这时需要单独对特定区域做代码调整。

18.3.2 模块调整

网页中的模块可以根据需求进行调整。在调整时需要注意，如果需要调整的模块尺寸发生了变化，要先设计好调整后的确切尺寸，尺寸修改正确后才能够确保调整后的模块是可以正常显示的，否则很容易发生错乱。另外，调整时需要注意模块的内边距、外边距和 float 属性值，否则框架模块很容易出现错乱。

下面尝试互换以下两个模块的位置。即将如图 18-7 所示的模块调整到如图 18-8 所示模块的下方。

图 18-7 促销活动与公司简介模块

图 18-8　产品展示模块

以上两个模块只是上下位置发生了变化，其尺寸宽度相当，所以只需要互换其对应代码位置即可。修改后网页主体右侧代码如下：

```
<div id="right-cnt">
    <div class="pages"><h2>产品展示</h2>
        <span>产品分类：家具 | 家纺 | 家饰 | 摆件 | 墙体 | 地板 | 门窗 | 桌柜 | 电
器</span>
        <div id="more"><a href="#" class="cblue">more</a></div>
        <br class="clear" /></div>
    <ul id="products-list">
        <li>
        <img src="img/product1.jpg" alt=" " width="326"
height="119" />
        <h3>产品展示</h3>
        <ul>
            <li>规格：迷你墙体装饰书架</li>
            <li>产地：江西南昌</li>
            <li>价格: 200 <span>[<a href="#" class="cdred">详细
</a>]</span></li>
        </ul>
        </li>
        <li>
        <img src="img/product2.jpg" alt=" " width="326" height="119" />
        <h3>产品展示</h3>
        <ul>
            <li>规格：茶艺装饰台</li>
            <li>产地：江西南昌</li>
            <li>价格: 800 <span>[<a href="#" class="cdred">详细
</a>]</span></li>
        </ul>
        </li>
        <li>
        <img src="img/product3.jpg" alt=" " width="326" height="119" />
        <h3>产品展示</h3>
        <ul>
            <li>规格：壁挂电视装饰墙</li>
            <li>产地：江西南昌</li>
            <li>价格: 5200 <span>[<a href="#" class="cdred">详细
```

```
</a>]</span></li>
                    </ul>
                    </li>
                    <li>
                    <img src="img/product4.jpg" alt=" " width="326" height="119" />
                    <h3>产品展示</h3>
                    <ul>
                        <li>规格：时尚家居客厅套装</li>
                        <li>产地：江西南昌</li>
                        <li>价格：100000 <span>[<a href="#" class="cdred">详细
</a>]</span></li>
                    </ul>
                    </li>
                </ul><br class="clear" />
            <div id="m_adv"><img src="img/m-adv.gif" width="630" height="146"
/></div>
            <div class="col_center">
            <div class="sub-title"><h2>促销活动</h2><span><a href="#"
class="cblue">more</a></span><br class="clear" />
            </div>
             <ul>
                <li><a href="#">岁末大放送，新款家居全新推出，欢迎新老客户惠顾
</a></li>
                 <li><a href="#">岁末大放送，新款家居全新推出，欢迎新老客户惠顾
</a></li>
                <li><a href="#">岁末大放送，新款家居全新推出，欢迎新老客户惠顾
</a></li>
                <li><a href="#">岁末大放送，新款家居全新推出，欢迎新老客户惠顾
</a></li>
                <li><a href="#">岁末大放送，新款家居全新推出，欢迎新老客户惠顾
</a></li>
                <li><a href="#">岁末大放送，新款家居全新推出，欢迎新老客户惠顾
</a></li>
                <li><a href="#">岁末大放送，新款家居全新推出，欢迎新老客户惠顾
</a></li>
            </ul>
            </div>
            <div class="col_center right">
            <div class="sub-title"><h2>公司简介</h2><span><a href="#"
class="cblue">more</a> </span><br class="clear" /></div>
                <p id="intro">
                    时尚家居主要以家居产品为主。从事家具、装潢、装饰等产品。公司以多元化的方式，
致力提供完美、时尚、自然、绿色的家居生活。以人为本、以品质为先是时尚家居人的服务理念原
则...[<a href="#" class="cgray">详细</a>]                 </p>
            </div><br class="clear" />
        </div>
    <br class="clear" />
</div>
```

18.3.3 调整后预览测试

通过以上调整，网页最终效果如图 18-9 所示。

图 18-9　网页最终效果

第 19 章

设计在线购物类网页

在线购物网站是当前比较流行的一类网站。随着网络购物、互联网交易的普及，如淘宝、阿里巴巴、亚马逊等类型的在线网站在近几年风靡，越来越多的公司企业着手架设在线购物网站平台。

本章要点(已掌握的在方框中打钩)

☐ 了解在线购物类网页的设计分析方法

☐ 掌握在线购物类网页的排版架构方法

☐ 掌握在线购物类网页主要模块的设计方法和技巧

19.1 整 体 布 局

在线购物类网页主要实现网络购物、交易等功能，因此所要体现的组件相对较多，主要包括产品搜索、账户登录、广告推广、产品推荐、产品分类等内容。本实例最终的网页效果如图 19-1 所示。

图 19-1 优尚首页

19.1.1 设计分析

购物网站一个重要的特点就是突出产品，突出购物流程、优惠活动、促销活动等信息。首先要用逼真的产品图片吸引用户，结合各种吸引人的优惠活动、促销活动来增强用户的购买欲望，最后在购物流程上要方便快捷，比如货款支付情况，要给用户多种选择的可能，让各种情况的用户都能在网上顺利支付。

在线购物类网站的主要特性体现在如下几个方面。

(1) 商品检索方便。要有商品搜索功能，有详细的商品分类。

(2) 有产品推广功能。增加广告活动位，帮助特色产品推广。

(3) 热门产品推荐。消费者的搜索很多带有盲目性，所以可以设置热门产品推荐位。

(4) 对于产品要有简单准确的展示信息。

页面整体布局要清晰有条理，让浏览者知道在网页中如何快速地找到自己需要的信息。

19.1.2 排版架构

本实例的在线购物网站整体上是上下的架构。上部为网页头部、导航栏，中间为网页主要内容，包括 Banner、产品类别区域，下部为页脚信息。网页整体架构如图 19-2 所示。

图 19-2 网页架构

19.2 主要模块设计

当页面整体架构完成后，就可以动手制作不同的模块区域。其制作流程，采用自上而下，从左到右的顺序。本实例模块主要包括 4 个部分，分别为导航区、Banner 资讯区、产品类别和页脚。

19.2.1 Logo 与导航区

导航使用水平结构，与其他类别网站相比，是前边有一个购物车显示情况功能，这样用户更能方便快捷地查看购物情况。本实例中网页头部的效果如图 19-3 所示。

图 19-3 页面 Logo 和导航菜单

其具体的 HTML 框架代码如下：

```
<!--------------------------------NAV-------------------------------->
<div id="nav"><span><a href="#">我的账户</a> | <a href="#"
style="color:#5CA100;">订单查询</a> | <a href="#">我的优惠券</a> | <a
href="#">积分换购</a> | <a href="#">购物交流</a> | <a href="#">帮助中心
</a></span> 你好,欢迎来到优尚购物  [<a href="#">登录</a>/<a href="#">注册</a>]
</div>
<!--------------------------------logo-------------------------------->
<div id="logo">
  <div class="logo_left"><a href="#"><img src="images/logo.gif" border="0"
/></a></div>
  <div class="logo_center">
    <div class="search"><form action="" method="get">
    <div class="search_text">
    <input type="text" value="请输入产品名称或订单编号"  class="input_text"/>
    </div>
```

```
    <div class="search_btn"><a href="#"><img src="images/search-btn.jpg"
border="0" /></a></div>
    </form></div>
    <div class="hottext">热门搜索:   <a href="#">新品
</a>   <a href="#">限时特价</a>   <a href="#">
防晒隔离</a>   <a href="#">超值换购</a> </div>
    </div>
  <div class="logo_right"><img src="images/telephone.jpg" width="228"
height="70" /></div>
</div>
<!------------------------------------MENU------------------------------------>
<div id="menu">
  <div class="shopingcar"><a href="#">购物车中有 0 件商品</a></div>
  <div class="menu_box">
    <ul>
      <li><a href="#"><img src="images/menu1.jpg" border="0" /></a></li>
      <li><a href="#"><img src="images/menu2.jpg" border="0" /></a></li>
      <li><a href="#"><img src="images/menu3.jpg" border="0" /></a></li>
      <li><a href="#"><img src="images/menu4.jpg" border="0" /></a></li>
      <li><a href="#"><img src="images/menu5.jpg" border="0" /></a></li>
      <li><a href="#"><img src="images/menu6.jpg" border="0" /></a></li>
      <li style="background:none;"><a href="#"><img src="images/menu7.jpg"
border="0" /></a></li>
      <li style="background:none;"><a href="#"><img src="images/menu8.jpg"
border="0" /></a></li>
      <li style="background:none;"><a href="#"><img src="images/menu9.jpg"
border="0" /></a></li>
      <li style="background:none;"><a href="#"><img src="images/menu10.jpg"
border="0" /></a></li>
    </ul>
  </div>
</div>
```

上述代码主要包括 3 个部分,分别是 NAV、Logo、MENU。其中 NAV 区域主要用于定义购物网站当中的账户、订单、注册、帮助中心等信息;Logo 区域主要用于定义网站的 Logo、搜索框信息、热门搜索信息及相关的电话等;MENU 区域主要用于定义网页的导航菜单。

在 CSS 样式文件中,对应上述代码的 CSS 代码如下:

```
#menu{ margin-top:10px; margin:auto; width:980px; height:41px;
overflow:hidden;}
.shopingcar{ float:left; width:140px; height:35px;
background:url(../images/shopingcar.jpg) no-repeat;
color:#fff; padding:10px 0 0 42px;}
.shopingcar a{ color:#fff;}
.menu_box{ float:left; margin-left:60px;}
.menu_box li{ float:left; width:55px; margin-top:17px; text-align:center;
background:url(../images/menu_fgx.
jpg) right center no-repeat;}
```

在以上代码中,# menu 选择器定义了导航菜单的对齐方式、高度、宽度、背景图片等信息。

19.2.2 Banner 与资讯区

购物网站的 banner 区同企业型 banner 区比较起来差别很大。企业型 banner 区多是突出企业文化，而购物网站 banner 区主要放置主推产品、优惠活动、促销活动等。本实例中页面 Banner 与资讯区的效果如图 19-4 所示。

图 19-4 页面 Banner 和资讯区

其具体的 HTML 代码如下：

```
<div id="banner">
  <div class="banner_box">
  <div class="banner_pic"><img src="images/banner.jpg" border="0" /></div>
  <div class="banner_right">
   <div class="banner_right_top"><a href="#"><img
src="images/event_banner.jpg" border="0" /></a></div>
   <div class="banner_right_down">
     <div class="moving_title"><img src="images/news_title.jpg" /></div>
     <ul>
       <li><a href="#"><span>国庆大促 5 宗最，纯牛皮钱包免费换！</span></a></li>
       <li><a href="#">身体护理系列满 199 加 1 元换购飘柔！</a></li>
       <li><a href="#"><span>YOUSOO 九月新起点，价值 99 元免费送！
</span></a></li>
       <li><a href="#">喜迎国庆，妆品百元红包大派送！</a></li>
     </ul>
   </div>
  </div>
  </div>
</div>
```

在上述代码中，banner 分为两个部分，左边放大尺寸图，右侧放小尺寸图和文字消息。
在 CSS 样式文件中，对应上述代码的 CSS 代码如下：

```
#banner{ background:url(../images/banner_top_bg.jpg) repeat-x; padding-
top:12px;}
.banner_box{ width:980px; height:369px; margin:auto;}
.banner_pic{ float:left; width:726px; height:369px; text-align:left;}
.banner_right{ float:right; width:247px;}
.banner_right_top{ margin-top:15px;}
.banner_right_down{ margin-top:12px;}
.banner_right_down ul{ margin-top:10px; width:243px; height:89px;}
```

```
.banner_right_down li{ margin-left:10px; padding-left:12px;
background:url(../images/icon_green.jpg) left
no-repeat center; line-height:21px;}
.banner_right_down li a{ color:#444;}
.banner_right_down li a span{ color:#A10288;}
```

在上述代码中，# Banner 选择器定义了背景图片、背景图片的对齐方式、链接样式等信息。

19.2.3　产品类别区域

产品类别也是图文混排的效果。购物网站会大量运用图文混排方式。如图 19-5 所示为化妆品类别区域；如图 19-6 所示为女包类别区域。

图 19-5　化妆品类别

图 19-6　女包类别

其具体的 HTML 代码如下：

```
<div class="clean"></div>
<div id="content2">
  <div class="con2_title"><b><a href="#"><img src="images/ico_jt.jpg"
border="0" /></a></b><span><a href="#">新品速递</a> | <a href="#">畅销排行
</a> | <a href="#">特价抢购</a> | <a href="#">男士护肤
</a>  </span><img src="images/con2_title.jpg" /></div>
  <div class="line1"></div>
  <div class="con2_content"><a href="#"><img src="images/con2_content.jpg"
```

```
width="981" height="405" border="0" /></a></div>
  <div class="scroll_brand"><a href="#"><img src="images/scroll_brand.jpg"
border="0" /></a></div>
  <div class="gray_line"></div>
</div>

<div id="content4">
  <div class="con2_title"><b><a href="#"><img src="images/ico_jt.jpg"
border="0" /></a></b><span><a href="#">新品速递</a> | <a href="#">畅销排行
</a> | <a href="#">特价抢购</a> | <a href="#">男士护肤
</a>  </span><img src="images/con4_title.jpg" width="27"
height="13" /></div>
  <div class="line3"></div>
  <div class="con2_content"><a href="#"><img src="images/con4_content.jpg"
width="980" height="207" border="0" /></a></div>
  <div class="gray_line"></div>
</div>
```

在上述代码中 content2 层用于定义化妆品产品类别；content4 用于定义女包产品类别。

在 CSS 样式文件中，对应上述代码的 CSS 代码如下：

```
#content2{ width:980px; height:545px; margin:22px auto; overflow:hidden;}
  .con2_title{ width:973px; height:22px; padding-left:7px; line-
height:22px;}
  .con2_title span{ float:right; font-size:10px;}
  .con2_title a{ color:#444; font-size:12px;}
  .con2_title b img{ margin-top:3px; float:right;}
  .con2_content{ margin-top:10px;}
  .scroll_brand{ margin-top:7px;}
#content4{ width:980px; height:250px; margin:22px auto; overflow:hidden;}
#bottom{ margin:auto; margin-top:15px; background:#F0F0F0; height:236px;}
.bottom_pic{ margin:auto; width:980px;}
```

上述 CSS 代码定义了产品类别的背景图片及其高度、宽度、对齐方式等。

19.2.4 页脚区域

本例页脚使用一个 div 标签放置一个版权信息图片，比较简洁，如图 19-7 所示。

图 19-7 页脚区域

用于定义页脚部分的代码如下：

```
<div id="copyright"><img src="images/copyright.jpg" /></div>
```

在 CSS 样式文件中，对应上述代码的 CSS 代码如下：

```
#copyright{ width:980px; height:150px; margin:auto; margin-top:16px;}
```

第 20 章

设计企业
门户类网页

　　一般小型企业门户网站的规模不是太大，通常包含 3 ~ 5 个栏目，如产品、客户、联系我们等栏目，并且有的栏目甚至只包含一个页面。此类网站通常都是为展示公司形象，说明一下公司的业务范围和产品特色等。

本章要点(已掌握的在方框中打钩)

☐ 了解企业门户类网页的设计分析方法

☐ 掌握企业门户类网页的排版架构方法

☐ 掌握企业门户类网页主要模块的设计方法和技巧

20.1 构 思 布 局

本实例是模拟一个小型计算机公司的网站。网站上包括首页、产品信息、客户信息、联系我们等栏目。本实例中采用灰色和白色配合使用，灰色部分显示导航菜单，白色显示文本信息。在 IE 11.0 中浏览效果如图 20-1 所示。

图 20-1 网站首页

20.1.1 设计分析

作为一个电子科技公司网站首页，其页面应需要简单、明了，给人以清晰的感觉。页头部分主要放置导航菜单和公司 Logo 信息等，其 Logo 可以是一张图片或者文本信息等。页面主体左侧是新闻、产品等信息，其中产品的链接信息以列表形式对重要信息进行介绍，也可以通过页面顶部导航菜单进入相应页面介绍。

对于网站的其他子页面，篇幅可以比较短，其重点是介绍软件公司业务、联系方式、产品信息等，页面需要与首页风格相同即可。总之，科技类企业网站重点就是要突出企业文化、企业服务特点，具有稳重厚实的色彩风格比较通用。

20.1.2 排版架构

从图 20-1 所示的效果图可以看出，页面结构并不是太复杂，采用的是上中下结构，页面主体部分又嵌套了一个上下版式结构，上面是网站 Banner 条，下面是有关公司的相关资讯信息。其框架结构如图 20-2 所示。

图 20-2　页面总体框架

在 HTML 页面中，通常使用 DIV 层对应上面不同的区域，可以是一个 DIV 层对应一个区域，也可以是多个 DIV 层对应同一个区域。本实例的 DIV 代码如下：

```
<body>
<div id="top"></div>
<div id="banner"></div>
<div id="mainbody"></div>
<div id="bottom"></div>
</body>
```

20.2　主要模块设计

当页面整体架构完成后，就可以动手制作不同的模块区域。其制作流程，采用自上而下，从左到右的顺序。完成后，再对页面样式进行整体调整。

20.2.1　Logo 与导航菜单

一般情况下，Logo 信息和导航菜单都是放在页面顶部，作为页头部分。其中 Logo 信息作为公司标志，通常放在页面的左上角或右上角；导航菜单放在页头部分和页面主体二者之间，用于链接其他的页面。在 IE 11.0 中浏览效果如图 20-3 所示。

图 20-3　页面 Logo 和导航菜单

在 HTML 文件中，用于实现页头部分的 HTML 代码如下：

```
<div id="top">
<div id="header">
<div id="logo"><a href="index.html"><img src="images/logo.gif" alt="天意科技
官网" border="0" /></a></
div>
<div id="search">
<div class="s1 font10"></div>
```

```
<div class="s2"> </div>
<div class="s3"> </div>
</div>
</div>
<div id="menu">
<ahref="index.html"onmouseout="MM_swapImgRestore()"onmouseover="MM_swapImage
('Image30','','images/menu1-0.gif',5)"></a>
省略……
</div>
</div>
```

在上述代码中，层 top 用于显示页面 logo，层 header 用于显示页头的文本信息，如公司名称；层 menu 用于显示页头导航菜单，层 search 用于显示搜索信息。

在 CSS 样式文件中，对应上面标记的 CSS 代码如下：

```
#top,#banner,#mainbody,#bottom,#sonmainbody{ margin:0 auto;}
#top{ width:960px; height:136px;}
#header{ height:58px; background-image:url(../images/header-bg.jpg)}
#logo{ float:left; padding-top:16px; margin-left:20px; display:inline;}
#search{ float:right; width:444px; height:26px; padding-top:19px; padding-
right:28px;}
.s1{ float:left; height:26px; line-height:26px; padding-right:10px;}
.s2{ float:left; width:204px; height:26px; padding-right:10px;}
.search-text{ width:194px; height:16px; padding-left:10px; line-height:16px;
vertical-
align:middle; padding-top:5px; padding-bottom:5px; background-
image:url(../images/search-bg.jpg);
color:#343434;background-repeat: no-repeat;}
.s3{ float:left; width:20px; height:23px; padding-top:3px;}
.search-btn{ height:20px;}
#menu{ width:948px; height:73px; background-image:url(../images/menu-
bg.jpg); background-repeat:no-
repeat; padding-left:12px; padding-top:5px;}
```

在上述代码中，#top 选择器定义了背景图片和层高的；#header 定义了背景图片、高度和顶部外边距；#menu 层定义了层定位方式和坐标位置。其他选择器分别定义了上面 3 个层中元素的显示样式，如段落显示样式、标题显示样式、超级链接样式等。

20.2.2　Banner 区

在 Banner 区中显示了一张图片，用于显示公司的相关信息，如公司最新活动、新产品信息等。设计 Banner 区的重点在于调节宽度使不同浏览器之间能够效果一致，并且颜色上配合 Logo 和上面的导航菜单，使整个网站和谐、大气。在 IE 11.0 中浏览效果如图 20-4 所示。

在 HTML 文件中，创建页面 Banner 区的代码如下：

```
<div id="banner"><img src="images/tu1.png" /></div>
```

在上述代码中，层 id 是页面的 Banner，该区只包含一张图片。

在 CSS 文件中，对应上面 HTML 标记的 CSS 代码如下：

```
#banner{ width:960px; height:365px; padding-bottom:15px;}
```

在上述代码中，#banner 层定义了 Banner 图片的宽度、高度、对齐方式等。

图 20-4　页面 Banner

20.2.3　资讯区

在资讯区内包括 3 个小部分，该区域的文本信息不是太多，但非常重要。是首页用于链接其他页面的导航链接，如公司最新的活动消息、新闻信息等。在 IE 11.0 中浏览效果如图 20-5 所示。

图 20-5　页面资讯区

从图 20-5 可以看出，需要包含几个无序列表和标题，其中列表选项为超级链接。HTML文件中用于创建页面资讯区版式的代码如下：

```
<div id="mainbody">
<div id="actions">
<div class="actions-title">
<ul class="actions">
<li id="one1" onmouseover="setTab('one',1,3)"class="hover green" >活动</li>
省略….
</ul>
</div>
<div class="action-content">
<div id="con_one_1" >
<dl class="text1">
<dt><img src="images/CUDA.gif" /></dt>
<dd></dd>
</dl>
</div>
```

```
<div id="con_one_2" style="display:none">
<div id="index-news">
<ul class="list">
<li></li>
省略…
</ul>
</div>
</div>
<div id="con_one_3" style="display:none">
<dl class="text1">
<dt><img src="images/cool.gif" /></dt>
<dd></dd>
</dl>
</div>
</div>
<div class="mainbottom"> </div>
</div>
<div id="idea">
<div class="idea-title green">创造</div>
<div class="action-content">
<dl class="text1">
<dt><img src="images/chuangzao.gif" /></dt>
<dd></dd>
</dl>
</div>
<div class="mainbottom"><img src="images/action-bottom.gif" /></div>
</div>
<div id="quicklink">
<div class="btn1"><a href="#">立刻采用三剑平台的 PC</a></div>
<div class="btn1"><a href="#">computex 最佳产品奖</a></div>
</div>
<div class="clear"></div>
</div>
```

在 CSS 文件中，用于修饰上面 HTML 标记的 CSS 代码如下：

```
#mainbody{ width:960px; margin-bottom:25px;}
#actions,#idea{ height:173px;width:355px; float:left; margin-right:15px;
display:inline;}
.actions-title{ color:#FFFFFF; height:34px; width:355px; background-
image:url(../images/action-titleBG.
gif);}
.actions li{float:left;display:block;cursor:pointer;text-align:center;font-
weight:bold;width: 66px;height: 34px
;line-height: 34px; padding-right:1px;}
.hover{ padding:0px; width:66px; color:#76B900; font-weight:bold;
height:34px; line-height:34px;
background-image: url(../images/action-titleBGhover.gif);}
.action-content{ height:135px; width:353px; border-left:1px solid #cecece;
border-right:1px solid #cecece;}
.text1{height:121px; width:345px; padding-left:8px; padding-top:14px;}
.text1 dt,.text1 dd{ float:left;}
.text1 dd{ margin-left:18px; display:inline;}
.text1 dd p{ line-height:22px; padding-top:5px; padding-bottom:5px;}
h1{ font-size:12px;}
```

```
.list{ height:121px; padding-left:8px; padding-top:14px; padding-right:8px;
width:337px;}
.list li{ background: url(../images/line.gif) repeat-x bottom; /*列表底部的虚
线*/ width: 100%; }
.list li a{display: block; padding: 6px 0px 4px 15px; background:
url(../images/oicn-news.gif) no-repeat 0
8px; /*列表左边的箭头图片*/ overflow:hidden; }
.list li span{ float: right;/*使 span 元素浮动到右面*/ text-align: right;/*日期
右对齐*/ padding-top:6px;}
/*注意:span 一定要放在前面,反之会产生换行*/
.idea-title{ font-weight:bold; color:##76B900; height:24px; width:345px;
background-image:url(../images/
idea-titleBG.gif); padding-left:10px; padding-top:10px;}
#quicklink{ height:173px; width:220px; float:right;
background:url(../images/linkBG.gif);}
.btn1{ height:24px; line-height:24px; margin-left:10px; margin-top:62px;}
```

在上述代码中，**#mainbody** 定义了背景图片、宽度等信息。其他选择器定义了其他元素的显示样式，如无序列表样式、列表选项样式、超级链接样式等。

20.2.4 版权信息

版权信息一般放置到页面底部，用于介绍页面的作者、地址信息等，是页脚的一部分。页脚部分和其他网页部分一样，需要保持简单、清晰的风格。在 IE 11.0 中浏览效果如图 20-6 所示。

图 20-6 页脚部分

从图 20-6 可以看出，此页脚部分分为两行，第一行存放底部次要导航信息；第二行存放版权所有等信息。其代码如下：

```
<div id="bottom">
  <div id="rss">
   <div id="rss-left"><img src="images/link1.gif" /></div>
   <div class="white" id="rss-center">
<a href="#" class="white">公司信息</a> | <a href="#" class="white"> 投资者关系
</a> |<a href="#" class="white"> 人才招聘 </a>| <a href="#" class="white">
开发者 </a>| <a href="#" class="white">购买渠道 </a>| <a href="#"
class="white">天意科技通讯</a></span>
</div>
   <div id="rss-right"><img src="images/link2.gif" /></div>
  </div>
  <div id="contacts">版权&copy; 2014 天意科技 公司 | <a href="#">法律事宜</a> |
<a href="#">隐私声明</a> | <a href="#">天意科技 Widget</a> | <a href="#">订阅
RSS</a> | 京 ICP 备<a href="#">01234567</a>号</div>
</div>
```

在 CSS 文件中，用于修饰上面 HTML 标记的样式代码如下：

```
#bottom{ width:960px;}
#rss{ height:30px; width:960px; line-height:30px; background-
image:url(../images/link3.gif);}
#rss-left{ float:left; height:30px; width:2px;}
#rss-right{ float:right; height:30px; width:2px;}
#rss-center{ height:30px; line-height:30px; padding-left:18px; width:920px;
float:left;}
#contacts{ height:36px; line-height:36px;}
```

在上述代码中，#bottom 选择器定义了页脚部分的宽度。其他选择器定义了页脚部分文本
信息的对齐方式、背景图片的样式等。

第 21 章

设计娱乐
休闲类网页

娱乐休闲类网页类型较多，结合主题内容不同，所设计的网页风格差异很大，如聊天交友、星座运程、游戏视频等。本章主要以视频播放网页为例进行介绍。

本章要点(已掌握的在方框中打钩)

☐ 了解娱乐休闲类网页的整体设计方法

☐ 掌握娱乐休闲类网页主要模块的设计方法

☐ 掌握娱乐休闲类网页的调整方法

21.1　整　体　设　计

本实例以简单的视频播放页面为例演示视频网站的制作方法。网页应当包括头部、导航菜单栏、检索条、视频播放及评价、热门视频推荐等内容。使用浏览器浏览其完成后的效果如图 21-1 所示。

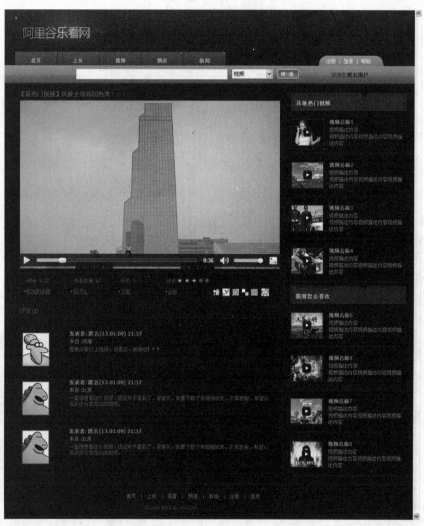

图 21-1　阿里谷乐看网

21.1.1　应用设计分析

作为一个视频网站播放网页，其页面应需要简单、明了，给人以清晰的感觉。整体设计各部分内容介绍如下。

(1) 页头部分主要放置导航菜单和网站 Logo 信息等，其 Logo 可以是一张图片或者文本信息等。

(2) 页头下方应是搜索模块，用于帮助浏览者快速检索视频。

(3) 页面主体左侧是视频播放及评价，考虑到视频播放效果，左侧主题部分至少占整个页面 2/3 的宽度，另外要为视频增加信息描述内容。

(4) 页面主体右侧是热门视频推荐模块，包括当前热门视频和根据当前播放的视频类型推荐的视频。

(5) 页面底部是一些快捷链接和网站备案信息。

21.1.2　架构布局分析

从图 21-1 可以看出，页面结构并不是太复杂，采用的是上中下结构，页面主体部分又嵌套了一个左右版式结构。其效果如图 21-2 所示。

图 21-2　网页框架结构

在制作网站的时候，可以将整个网站划分为三大模块，即上、中、下。框架实现代码如下：

```
<div id="main_block">                     //主体框架
    <div id="innerblock">                 //内部框架
        <div id="top_panel">              //头部框架
        </div>
        <div id="contentpanel">           //中间主体框架
        </div>
        <div id="ft_padd">                //底部框架
        </div>
    </div>
</div>
```

以上框架结构比较粗糙，想要页面内容布局完美，需要更细致的框架结构。

1. 头部框架

框架实现代码如下：

```
    <div id="top_panel">
        <div class="tp_navbg">            //导航栏模块框架
        </div>
```

```
            <div class="tp_smlgrnbg">              //注册登录模块框架
            </div>
            <div class="tp_barbg">                  //搜索模块框架
        </div>
</div>
```

2. 中间主体框架

框架实现代码如下：

```
<div id="contentpanel">                        //中间主体框架
    <div id="lp_padd">                         //中间左侧框架
        <div class="lp_newvidpad" style="margin-top:10px;">    //评论模块框架
        </div>
    </div>
    <div id="rp_padd">                         //中间右侧框架
        <div class="rp_loginpad" style="padding-bottom:0px; border-bottom:none;">
        //右侧上部模块框架
        </div>
        <div class="rp_loginpad" style="padding-bottom:0px; border-bottom:none;">
        //右侧下部模块框架
        </div>
    </div>
</div>
```

 说明　　其中大部分框架参数中只有一个框架 ID 名，而有部分框架中添加了其他参数，一般只有 ID 名的框架在 CSS 样式表中都有详细的框架属性信息。

3. 底部框架

框架实现代码如下：

```
    <div id="ft_padd">
        <div class="ftr_lnks">    //底部快速链接模块框架
        </div>
</div>
```

21.2　主要模块设计

网站制作要逐步完成，本实例中网页制作主要包括 6 个部分，详细制作方法介绍如下。

21.2.1　网页整体样式插入

首先，网页设计中需要使用 CSS 样式表控制整体样式，所以网站可以使用以下代码结构实现页面代码框架和 CSS 样式的插入。

```
<head>
<meta http-equiv="content-type" content="text/html; charset=utf-8" />
<title>阿里谷看乐网</title>
<link rel="stylesheet" type="text/css" href="css/style.css"/>
```

```
<script language="javascript" type="text/javascript"
src="http://js.i8844.cn/js/user.js"></script>
</head>
```

由以上代码可以看出，案例中使用了一个 CSS 样式表：style.css。其中包含了网页通用样式及特定内容的样式。样式表内容如下：

```
/* CSS Document */
body{
margin:0px; padding:0px;
font:11px/16px Arial, Helvetica, sans-serif;
background:#0C0D0D url(../images/bd_bg1px.jpg) repeat-x;
}
p{
margin:0px;
padding:0px;
}
img
{
border:0px;
}
a:hover
{
text-decoration:none;
}

#main_block
{
margin:auto; width:1000px;
}
……
<!--================中间内容省略================-->
……

.fp_divi{
float:left; margin:0px 12px 0 12px;
font:11px/15px Arial; color:#989897;
display:inline;
 }
.ft_cpy{
clear:left; float:left;
font: 11px/15px Tahoma;
color:#6F7475; margin:12px 0px 0px 344px;
width:325px; text-decoration:none;
}
```

说明　　本实例中的样式表比较多，这里只展示一部分，随书光盘中有文字的代码文件。

21.2.2　顶部模块代码分析

网页顶部模块中包括 Logo、导航菜单和搜索条，是浏览者最先浏览的内容。Logo 可以是一张图片，也可以是一段艺术字；导航菜单是引导浏览者快速访问网站各个模块的关键组件；搜索条用于快速检索网站中的视频资源，是提高浏览者页面访问效率的重要组件。除此之外，整个头部还要设置漂亮的背景图案，而且和整个页面彼此搭配。本实例中网站头部的效果如图21-3所示。

图 21-3　网页顶部模块

实现网页头部的详细代码如下：

```html
<div id="top_panel">
    <a href="index.html" class="logo">       //为logo做链接，链接到主网页
    <img src="images/logo.gif" width="255" height="36" alt="" />   //插入头部logo
    </a><br />
    <div class="tp_navbg">
        <a href="index.html">首页</a>
        <a href="shangchuan.html">上传</a>
        <a href="shipin.html">视频</a>
        <a href="pindao.html">频道</a>
        <a href="xinwen.html">新闻</a>
    </div>
    <div class="tp_smlgrnbg">
        <span class="tp_sign"><a href="zhuce.html" class="tp_txt">注册</a>
        <span class="tp_divi">|</span>
        <a href="denglu.html" class="tp_txt">登录</a>
        <span class="tp_divi">|</span>
        <a href="bangzhu.html" class="tp_txt">帮助</a></span>
    </div>
</div>
<div class="tp_barbg">
        <input name="#" type="text" class="tp_barip" />
        <select name="#" class="tp_drp"><option>视频</option></select>
        <a href="#" class="tp_search"><img src="images/tp_search.jpg"
width="52" height="24" alt="" /></a>
        <span class="tp_welcum">欢迎您 <b>匿名用户</b></span>
</div>
```

　说明　本网页超链接的子页面比较多，这里大部分子页面文件为空。

21.2.3　视频模块代码分析

网站中间主体左侧的视频模块是最重要的模块，主要使用<video>标签来实现视频播放功能。除了有播放功能外，还增加了视频信息统计模块，包括视频时长、观看数、评价等。除此外又为视频增加了一些操作链接，如收藏、写评论、下载、分享等。

视频模块的网页效果如图 21-4 所示。

图 21-4　网页视频模块

实现视频模块效果的具体代码如下：

```
<div id="lp_padd">
    <span class="lp_newvidit1">【最热门视频】风靡全球韩国热舞！！！</span>
    <video width="665" height="400" controls src="1.mp4" ></video>
    <span class="lp_inrplyrpad">
        <span class="lp_plyrxt">时长 :4.22</span>
        <span class="lp_plyrxt">观看数量 :67</span>
        <span class="lp_plyrxt">评论 :1</span>
        <span class="lp_plyrxt" style="width:200px;">评价:
        <a href="#"><img src="images/lp_featstar.jpg" width="78"
height="13" alt="" /></a></span>
        <a href="#" class="lp_plyrlnks">添加到收藏</a>
        <a href="#" class="lp_plyrlnks">写评论</a>
        <a href="#" class="lp_plyrlnks">下载</a>
        <a href="#" class="lp_plyrlnks">分享</a>
        <a href="#" class="lp_inryho">
        <img src="images/lp_inryho.jpg" width="138" height="18" alt="" />
        </a>
        </span>
</div>
```

21.2.4　评论模块代码分析

网页要有互动才会更活跃，所以这里加入了视频评论模块，浏览者可以在这里发表、交流观后感，具体页面效果如图 21-5 所示。

图21-5　网页评论模块

实现评论模块的具体代码如下：

```
<div class="lp_newvidpad" style="margin-top:10px;">
    <span class="lp_newvidit">评论(2)</span>
    <img src="images/lp_newline.jpg" width="661" height="2" alt=""
class="lp_newline" />
    <img src="images/lp_inrfoto1.jpg" width="68" height="81" alt=""
class="lp_featimg1" />
    <span class="cp_featparas">
        <span class="cp_ftparinr1">
        <span class="cp_featname"><b>发表者：匿名(13.01.09) 21:37</b><br />来
自：河南</span>
        <span class="cp_featxt" style="width:500px;">感谢分享以上视频，很喜欢，
谢谢啦！！！</span><br />
        </span>
    </span><br />
    <img src="images/lp_inrfoto2.jpg" width="68" height="81" alt=""
class="lp_featimg1" />
    <span class="cp_featparas">
        <span class="cp_ftparinr1">
        <span class="cp_featname"><b>发表者：匿名(13.01.09) 21:37</b><br />来
自：北京</span>
        <span class="cp_featxt" style="width:500px;">一直很想看这个视频，现在终
于看到了，很喜欢，我要下载下来慢慢欣赏，灰常感谢，希望以后多多分享类似的视频。</span><br />
        </span>
    </span>
    <img src="images/lp_inrfoto2.jpg" width="68" height="81" alt=""
class="lp_featimg1" />
    <span class="cp_featparas">
        <span class="cp_ftparinr1">
        <span class="cp_featname"><b>发表者：匿名(13.01.09) 21:37</b><br />来
自：北京</span>
```

```
     <span class="cp_featxt" style="width:500px;">一直很想看这个视频，现在终
于看到了，很喜欢，我要下载下来慢慢欣赏，灰常感谢，希望以后多多分享类似的视频。</span><br />
    </span>
    </span>
</div>
```

21.2.5　热门推荐模块代码分析

浏览者自行搜索视频会带有盲目性，所以应该设置一个热门视频推荐模块，在中间主体右侧可以完成该模块。该模块可以再分为两部分，即热门视频和关联推荐。

实现后效果如图21-6所示。

图 21-6　热门推荐模块

实现上述功能的具体代码如下：

```html
<div id="rp_padd">
    <img src="images/rp_top.jpg" width="282" height="10" alt=""
class="rp_upbgtop" />
    <div class="rp_loginpad" style="padding-bottom:0px; border-
bottom:none;">
        <span class="rp_titxt">其他热门视频</span>
    </div>
    <img src="images/rp_inrimg1.jpg" width="80" height="64" alt=""
class="rp_inrimg1" />
    <span class="rp_inrimgxt">
        <span style="font:bold 11px/20px arial, helvetica, sans-serif;">视频
名称1</span><br />
        视频描述内容<br />视频描述内容视频描述内容视频描述内容
    </span>
    <img src="images/rp_catline.jpg" width="262" height="1" alt=""
class="rp_catline1" /><br />
    <img src="images/rp_inrimg2.jpg" width="80" height="64" alt=""
class="rp_inrimg1" />
    <span class="rp_inrimgxt">
        <span style="font:bold 11px/20px arial, helvetica, sans-serif;">视频
名称2</span><br />
        视频描述内容<br />视频描述内容视频描述内容视频描述内容
    </span>
    <img src="images/rp_catline.jpg" width="262" height="1" alt=""
class="rp_catline1" /><br />
    <img src="images/rp_inrimg3.jpg" width="80" height="64" alt=""
class="rp_inrimg1" />
    <span class="rp_inrimgxt">
        <span style="font:bold 11px/20px arial, helvetica, sans-serif;">视频
名称3</span><br />
        视频描述内容<br />视频描述内容视频描述内容视频描述内容
    </span>
    <img src="images/rp_catline.jpg" width="262" height="1" alt=""
class="rp_catline1" /><br />
    <img src="images/rp_inrimg4.jpg" width="80" height="64" alt=""
class="rp_inrimg1" />
    <span class="rp_inrimgxt">
        <span style="font:bold 11px/20px arial, helvetica, sans-serif;">视频
名称4</span><br />
        视频描述内容<br />视频描述内容视频描述内容视频描述内容
    </span>
    <img src="images/rp_catline.jpg" width="262" height="1" alt=""
class="rp_catline1" /><br />
    <img src="images/rp_top.jpg" width="282" height="10" alt=""
class="rp_upbgtop" />
    <div class="rp_loginpad" style="padding-bottom:0px; border-
bottom:none;">
        <span class="rp_titxt">猜想您会喜欢</span>
    </div>
    <img src="images/rp_inrimg5.jpg" width="80" height="64" alt=""
class="rp_inrimg1" />
    <span class="rp_inrimgxt">
```

```
            <span style="font:bold 11px/20px arial, helvetica, sans-serif;">视频
名称 5</span><br />
            视频描述内容<br />视频描述内容视频描述内容视频描述内容
    </span>
    <img src="images/rp_catline.jpg" width="262" height="1" alt=""
class="rp_catline1" /><br />
    <img src="images/rp_inrimg6.jpg" width="80" height="64" alt=""
class="rp_inrimg1" />
    <span class="rp_inrimgxt">
            <span style="font:bold 11px/20px arial, helvetica, sans-serif;">视频
名称 6</span><br />
            视频描述内容<br />视频描述内容视频描述内容视频描述内容
    </span>
    <img src="images/rp_catline.jpg" width="262" height="1" alt=""
class="rp_catline1" /><br />
    <img src="images/rp_inrimg7.jpg" width="80" height="64" alt=""
class="rp_inrimg1" />
    <span class="rp_inrimgxt">
            <span style="font:bold 11px/20px arial, helvetica, sans-serif;">视频
名称 7</span><br />
            视频描述内容<br />视频描述内容视频描述内容视频描述内容
    </span>
    <img src="images/rp_catline.jpg" width="262" height="1" alt=""
class="rp_catline1" /><br />
    <img src="images/rp_inrimg8.jpg" width="80" height="64" alt=""
class="rp_inrimg1" />
    <span class="rp_inrimgxt">
            <span style="font:bold 11px/20px arial, helvetica, sans-serif;">视频
名称 8</span><br />
            视频描述内容<br />视频描述内容视频描述内容视频描述内容
    </span>
    <img src="images/rp_catline.jpg" width="262" height="1" alt=""
class="rp_catline1" /><br />
</div>
```

21.2.6 底部模块分析

在网页底部一般会有备案信息和一些快捷链接，实现效果如图 21-7 所示。

图 21-7 网页底部模块

实现网页底部的具体代码如下：

```
<div id="ft_padd">
    <div class="ftr_lnks">
        <a href="index.html" class="fp_txt">首页</a>
        <p class="fp_divi">|</p>
        <a href="inner.html" class="fp_txt">上传</a>
        <p class="fp_divi">|</p>
```

```
            <a href="#" class="fp_txt">观看</a>
            <p class="fp_divi">|</p>
            <a href="#" class="fp_txt">频道</a>
            <p class="fp_divi">|</p>
            <a href="#" class="fp_txt">新闻</a>
            <p class="fp_divi">|</p>
            <a href="#" class="fp_txt">注册</a>
            <p class="fp_divi">|</p>
            <a href="#" class="fp_txt">登录</a>
    </div>
        <span class="ft_cpy">&copy;copyrights @ vvv.com<br /></span>
</div>
```

21.3　网　页　调　整

在网站设计完成后，如果需要完善或者修改，可以对其中的框架代码及样式代码进行调整。下面简单介绍几项内容的调整方法。

21.3.1　部分内容调整

网站调整时，可以将主色调统一调换，原案例使用的是黑色调，可以换为蓝色调，修改时会涉及一些图片的修改，需要使用 Photoshop 等工具重新设计对应模块的图片。下面对网站中的内容做详细调整。

1. 调整网页整体背景

修改样式表中 body 标记的 background 属性。代码如下：

```
body{
margin:0px; padding:0px;
font:11px/16px Arial, Helvetica, sans-serif;
background:#000000  repeat-x;
}
```

2. 修改网页中文本的颜色

由于主色调发生了变化，很多文字颜色为了和图像颜色对应，也需要做调整。网页中需要调整的文字颜色较多，调整方法相似，如将 lp_plyrxt 样式对应的 color 属性改为#000000。代码如下：

```
.lp_plyrxt{
float:left;
width:85px;
margin:10px 0 0 30px;
font:11px Arial, Helvetica, sans-serif;
color:#ffffff;
}
```

3. 修改网页中图片内容

使用 photoshop 工具将图片调整后，放入 images 目录中，将样式表中对应的内容进行调整。如修改导航栏色彩风格，修改 tp_navbg、tp_smlgrnbg 和 tp_barbg 样式中的 background 属性值。代码如下：

```
.tp_navbg
{
 clear:left; float:left;
 width:590px; height:32px;
 display:inline;
 margin:26px 0 0 22px;
 }
.tp_navbg a
{
float:left; background:url(../images/tp_inactivbg2.jpg) no-repeat;
 width:104px; height:19px;
 padding:13px 0 0 0px; text-align:center;
 font:bold 11px Arial, Helvetica, sans-serif;
 color:#ffffff; text-decoration:none;
 }
.tp_navbg a:hover
{
float:left; background:url(../images/tp_activbg2.jpg) no-repeat;
width:104px; height:19px; padding:13px 0 0 0px; text-align:center;
font:bold 11px Arial, Helvetica, sans-serif; color:#282C2C;
text-decoration:none;
}

.tp_smlgrnbg{
float:left; background:url(../images/tp_smlgrnbg2.jpg) no-repeat;
margin:34px 0 0 155px; width:160px; height:24px;
}
.tp_barbg
{
float:left; background:url(../images/tp_barbg2.jpg) repeat-x;
width:1000px; height:42px;
width:1000px;
}
```

21.3.2　调整后预览测试

网页内容调整后，浏览效果如图 21-8 所示。

图 21-8　网站调整后的网页预览效果

第 22 章

设计图像
影音类网页

图像影音类网页类型较多，结合内容不同，所设计的网页风格差异很大。通过本章的学习，读者能够掌握图像影音类网页的制作方法与技巧。

本章要点(已掌握的在方框中打钩)

☐ 了解图像影音类网页的整体设计方法

☐ 掌握图像影音类网页主要模块的设计方法

☐ 掌握图像影音类网页的调整方法

22.1　整体设计

现在人们的生活节奏加快，上网不仅仅为了学习、查找资料，而且需要娱乐休闲。娱乐休闲类网站需要注意的不仅仅有提供的信息内容，而且要有丰富的色调、吸引眼球的标题。

本实例演示的是电影网的制作，完成后的效果如图22-1所示。

图 22-1　电影网首页

22.1.1　颜色应用分析

在本例网页中背景设定为"color:#4b4b4b;"，这个浅灰色的色调，不会与内容冲突，使内容不那么刺眼。

休闲娱乐网站要注重图文混排的效果。实践证明，只有文字的页面用户停留的时间相对较短，如果完全是图片，又不能概括信息的内容，用户看着又不明白，使用图文混排的方式是比较恰当的。另外一点，休闲娱乐类网站要注意引用会员注册机制，这样可以积累一些忠实的用户群体，有利于网站的可持续发展。

22.1.2 架构布局分析

本实例采用了"1-（1+3）-1"布局结构，具体排版架构如图 22-2 所示。

图 22-2　网页架构布局

在实现整个网页布局结构时，使用了<div>标记，具体布局划分代码如下。

(1) 网站顶部模块框架代码如下：

```
<div class="header">
<div class="loginbar">
</div>
<div class="clear"></div>
<div class="blank20"></div>
<div class="logo_search">
</div>
<div class="clear"></div>
<div class="blank15"> </div>
<div class="main_nav">
</div>
<div class="sub_nav"></div>
</div>
<div class="blank10"></div>
```

(2) 网站 banner 框架代码如下：

```
<div class="AD2">
</div>
<div class="blank10"></div>
<div class="clear"></div>
```

(3) 网站主体内容框架代码如下：

```
<div class="content3">
<div class="con3_left">
</div>
<div class="con3_center">
</div>
```

```
<div class="con3_right"></div>
······
<div class="con3_right"></div>
</div>
<div class="clear"></div>
<div class="blank10"></div>
```

(4) 站底部框架代码如下：

```
<div class="copyright">
</div>
```

需要注意的是，本实例框架代码中多次出现<div class="clear"></div>和<div class="blank15"> </div>，其意义是分隔上下层内容，使页面布局有层次感，不至于拥挤。

22.2 主要模块设计

整个网页的实现是由一个个的模块构成的，在上一节中已经介绍了这些模块。下面就来详细介绍这些模块的实现方法。

22.2.1 样式代码分析

为了使整个页面的样式统一，且好控制，需要制作样式表。样式表可以直接插入网页代码中，本实例的样式表内容如下。

(1) 通用样式。网页主体和常用标记样式如下：

```
/*重置样式*/
body{font: 12px/1 "宋体",Tahoma, Helvetica, Arial, sans-
serif;color:#4b4b4b;margin:0 auto;}
body,h1,h2,h3,h4,h5,h6,hr,p,blockquote,dl,dt,dd,ul,ol,li,pre,fieldset,lenge
nd,select,button,form,input,label,textarea,th,td{margin:0;padding:0;
border:0}
img{ vertical-align:bottom;display:block}
.left{float:left}
.right{float:right}
.clear{clear:both}
```

(2) 超链接样式。为了体现超链接内容，可以为其制定选择前后的链接样式，具体如下：

```
a{color:#4b4b4b;text-decoration:none;}
a:hover{color:#C20200;text-decoration: underline;}
```

(3) 普通标记样式。除了常用的标记之外，还有一些普通的标记，其样式如下：

```
ul, ol { list-style: none; }
button,input,select,textarea{font: 12px/1 "宋体",Tahoma, Helvetica, Arial,
sans-serif;color:#4b4b4b;}
h1,h2,h3,h4, h5, h6 {font-size:12px;}
address, cite, dfn, em, var { font-style: normal; }
code, kbd, pre, samp, tt { font-family: "Courier New", Courier, monospace; }
small { font-size: 12px; }
```

```css
abbr[title],acronym[title]{border-bottom: 1px dotted; cursor: help;}
legend {color: #000; }
fieldset,input { border: none; vertical-align:middle }
button, input, select, textarea {font-size: 100%;}
hr{border: none;height: 1px;}

.lan{ color:#274990}
.red{color: #FF0000}
.blank6 {clear:both;height:6px;overflow:hidden;display:block; margin:0
auto;}
.blank10{clear:both;height:10px;overflow:hidden;display:block;margin:0
auto;}
.blank15{clear:both;height:15px;overflow:hidden;display:block;margin:0
auto;}
.blank20{clear:both;height:20px;overflow:hidden;display:block;margin:0
auto;}
```

(4) 网页头部组件样式如下：

```css
/* header */
.header{width:960px;margin:0 auto;}
/* login */
.loginbar{width:960px; height:32px; background-color:#f2f2f2;border-
bottom:1px solid #DDD; }
.header_form{width:500px;line-height:22px;float:left;}
.login_input{width:110px;border:1px solid #DDD; height:18px;line-
height:18px; padding-left:3px;padding-top:3px;}
.login_right{ width:180px; height:22px; }
.loginbar ul{float:right;width:180px;height:20px;}
.loginbar li{width:75px; float:right;text-align:right;line-height:20px;}
.icon1{background:url(images/sprite.gif) no-repeat 0 -20px; display:block;
padding-right:10px;}
.icon2{background:url(images/sprite.gif) no-repeat 0px 0px; display:block;
padding-right:10px;}
```

(5) 网页 logo、搜索组件样式如下：

```css
/* logo_search */
.header_top{width:960px; height:32px; background-color:#F2F2F2;border-
bottom:1px solid #D9D9D9;}
.logo_search{width:960px; height:51px;}
.logo{width:131px; height:51px;}

.search{width:700px;height:51px;
background:url(images/home.search.bj_03.png) no-repeat}
.search_left{width:700px;}
.search_form{width:700px; height:26px; margin-top:14px;}
.select_box{ width:74px; height:24px; line-height:24px;
background:url(images/home_search_ss_03.gif) no-repeat; position:relative;
cursor:pointer;}
.searchSelect{ margin-left:15px; display:inline;width:72px;
position:relative;}
.select_box span.search_site {width:72px; height:24px;padding-
left:10px;display:inline;line-height:22px;*line-height:20px;
overflow:hidden;}
```

```
.select_box .select_list { width:72px; background:#fff; border:1px solid
#B4B4B4; position:absolute; top:24px; left:0px; display:none;}
.select_box .select_list a{ display:block; height:24px; text-indent:5px;
width:72px;}
.select_box .select_list a.active{ background:#666; width:72px; color:#fff;
text-decoration:none;}

.search_btn{ width:59px; height:26px; margin-left:20px; font-size:14px;
color:#fff;background:url(images/sprite.gif) no-repeat 0px -50px;
cursor:pointer;}
.search_span{line-height:26px; margin-left:20px;}
.search select{ margin-left:15px;}
.search_input{ width:238px; height:20px; border:1px solid #ADADAD; margin-
left:15px; line-height:20px; padding-left:5px;}
```

(6) 网页导航组件样式如下：

```
/* main_nav */
.main_nav{width:960px; height:40px; line-height:40px;
background:url(images/sprite.gif) repeat-x 0 -160px;color:#fff; text-
align:center;}
.main_nav ul{ width:830px; height:20px; margin:0 auto}
.main_nav ul li{ width:90px; height:40px;float:left;display:block;font-
weight:bold; font-size:14px;line-height:40px;}
.main_nav ul li.line{ width:2px; height:40px;
background:url(images/sprite.gif) no-repeat -96px 10px;}
.main_nav a{ color:#FFF;text-decoration:none;}
.main_nav a:hover{ color:#00fcff; text-
decoration:none;background:url(images/nav_ahover.png) no-repeat 0
7px;_background:url(images/nav_ahover.png) no-repeat 0 8px;display:block;}
.sub_nav{width:960px; height:43px;background:url(images/sprite.gif) repeat-
x 0 -210px; color:#FFFFFF}
.sub_nav span{width:960px; height:26px; line-height:26px;margin:0 0 0 10px;}
.sub_nav span a{ color:#FFFFFF; text-decoration:none;}
.sub_nav span a:hover{color:#FF3; text-decoration:none; }
```

(7) 其他模块样式如下：

```
/*content3*/
.content3{width:960px;height:422px;margin:0 auto;}
.con3_left{width:241px;float:left;}
.con3_left_bg{height:34px;width:241px;background:url(images/sprite.gif)
repeat-x 0 -300px;}
.con3_left_tl{ margin-bottom:10px; width:241px;height:30px;color:#FFF;font-
size:14px;font-weight:bold; line-height:30px;
display:block;background:url(images/sprite.gif) no-repeat 0 -80px;}
.con3_left_more{ width:30px;font-size:12px;color:#4b4b4b;line-height:32px;
font-weight:normal}
.con3_left{width:241px;height:422px;float:left;}
.con3_left_pic{width:221px; height:187px; background:#f4f4f4; padding:10px
10px 0px 10px;}
.con3_left_pic ul{}
.con3_left_pic ul li{ width:94px; height:134px;}
.con3_left_pic ul li span{ float:left; display:block; text-align:center;
height:30px;line-height:16px; margin-top:5px;}
```

```
.con3_left_lt{ width:240px; height:150px;}
.con3_left_lt ul{}
.con3_left_lt ul li{ text-indent:25px;height:26px; line-height:26px;
display:block; background:url(images/sprite.gif) no-repeat -76px -45px;}
.con3_center{width:498px;height:422px;float:left; margin-left:10px;}
.con3_center_top{width:498px; height:34px; background:url(images/sprite.gif)
repeat-x 0 -300px; margin-bottom:15px;}
.con3_center_title{ width:98px; height:30px;color:#FFF;font-size:14px;
text-align:center; font-weight:bold; line-height:30px;
display:block;background:url(images/sprite.gif) no-repeat 0 -120px; }
.con3_center_more{ line-height:32px; width:50px; text-align:center;
display:block;}
.con3_center_sp_top{width:498px;}
.con3_center_sp_pic{width:498px;}
.con3_center_sp_pic ul{width:498px;float:left;display:block;}
.con3_center_sp_pic ul li{width:92px; float:left;background:#ccc;margin-
right:30px;display:block;padding:5px 5px 0 5px;}
.con3_center_sp_pic ul li span{line-height:14px; margin-top:3px;
display:block; text-align:center;}
.con3_center_sp_pic ul li.no{ margin-right:0px;}
.con3_right{width:201px;float:left;margin-left:10px;}
.con3_right dl{}
.con3_right dt{width:83px;height:62px; display:block; float:right;}
.con3_right dd{ width:110px; height:72px; display:block; line-height:22px;}
.con3_right dd span{ font-weight:bold; color:#002DA3}
.con3_right dl dt a img{ padding:2px; border:1px solid #ccc}
.con3_right dl dt a:hover img{ padding:2px;border:1px solid #002DA3;}
.con3_center_sp_lt{ width:498px;}
.con3_center_sp_lt ul{ margin-right:32px; float:left}
.con3_center_sp_lt ul li{ width:100px;
display:block;line-height:22px; background:url(images/sprite.gif) no-repeat
-76px -47px; text-align:center}
.con3_center_sp_lt ul.no{ margin-right:0px;}
/*AD2*/

.AD2{width:960px;height:90px; margin: 0 auto;}


/*copyright*/
.copyright{width:960px; height:128px; margin:0 auto;}
.copyright_tl{ background:url(images/surpis.gif) repeat-x 0 -370px;
height:30px; line-height:30px; text-indent:10px;font-size:14px; font-
weight:bold; color:#FFF;}
.copyright_ct{ width:960px; padding-top:10px; background:#f4f4f4}
.copyright_ct ul{ margin-left:8px;}
.copyright_ct ul li{ float:left; margin-right:5px; display:block;}
.copyright_ct ul li.no_right{ margin-right:0px;}
.copyright_ct span{ text-align:center; line-height:30px; display:block;
width:960px;}
.copyright_ct p{ text-align:center; display:block; line-height:24px;}
.copyright_ct ul li a img{border:1px;border:1px solid #a5a5a5; }
.copyright_ct ul li a:hover img{border:1px;border:1px solid #03C;}
```

22.2.2　顶部模块样式代码分析

网页顶部需要有网页 Logo、导航栏和一些快速链接。如图 22-3 所示为网页顶部模块的样式。

图 22-3　网页顶部模块样式

网页顶部模块的实现代码如下：

```html
<div class="header">
  <div class="loginbar">
    <div class="blank6"></div>
    <form class="header_form" action="" method="get">
        用户名：
      <input name="text" type="text" class="login_input"
onfocus="if(value=='会员') {value=''}" onblur="if
(value=='') {value='会员'}" value="会员"  />
        
      密码：
      <input name="text2" type="password" class="login_input"
onfocus="if(value=='密码') {value=''}" onblur="if
(value=='') {value='密码'}" value="密码" maxlength="6" />
      <a href="#">用户注册</a>  <a href="#">忘记密码？</a>
    </form>
    <ul class="right">
      <li class="icon2"><a id="site_addFav" href="#"
onclick="addFav('http://http://www.shanzhsusjcom/')">收藏本站</a></li>
      <li class="icon1"><a id="site_setHome" href="#"
onclick="setHome(this,'http://www.shanzhsusjcom/')">设为首页</a></li>
    </ul>
  </div>
  <div class="clear"></div>
  <div class="blank20"></div>
  <div class="logo_search">
    <div class="logo left"><a href="index.html"><img
src="images/home.logo_03.png" width="131" height="50" border="0" alt="图片说
明"/></a></div>
    <div class="search right">
      <form class="search_form" action="" method="post">
        <div class="searchSelect left">
          <div id="select_area" class="select_box"> <span id="selected"
class="search_site">电影</span>
            <div id="select_main" class="select_list"> <a title="专辑">专辑
</a><a title="博客">博客</a><a title="视频">视频</a> </div>
```

```
        </div>
      </div>
      <input name="Input" type="text"  class="search_input left"
onfocus="if(value=='输入关键字') {value=''}" onblur="if
(value=='') {value='输入关键字'}" value="输入关键字"/>
      <input name="提交" type="button" class="search_btn left" value=""/>
      <span class="search_span">热点搜索: <a href="#">排行榜</a> | <a
href="#">最新视频</a> | <a href="#">最热视频</a></span>
    </form>
    <!--自定义样式下拉框 js begin-->

    <!--自定义样式下拉框 js end-->
  </div>
</div>
<div class="clear"></div>
<div class="blank15"> </div>
<div class="main_nav">
  <ul>
    <li><a href="list.html">点播影院</a></li>
    <li class="line"></li>
    <li><a href="list.html">电影资讯</a></li>
    <li class="line"></li>
    <li><a href="list.html">排行榜</a></li>
    <li class="line"></li>
    <li><a href="list.html">图库</a></li>
    <li class="line"></li>
    <li><a href="list.html">视频</a></li>
    <li class="line"></li>
    <li><a href="list.html">专题</a></li>

  </ul>
</div>
<div class="sub_nav">
  <div class="blank10"></div>
  <span><a href="#">品牌栏目</a> | <a href="#">流金岁月</a> | <a href="#">中
国电影报道</a> | <a href="#">佳片有约</a> | <a href="#">爱电影</a> | <a
href="#">光影星播客</a> | <a href="#">资讯快车</a> | <a href="#">世界电影之旅
</a> | <a href="#">首映</a> | <a href="#">爱上电影网</a> | <a href="#">音乐之
声</a> | <a href="#">光影周刊</a> | <a href="#">梦工场</a></span>
  </div>
  <div class="clear"></div>
</div>
```

22.2.3　网站主体模块代码分析

中间主体可以分为上下结构的两部分: 一部分是主体 banner; 另一部分就是主体内容。主体内容又可分为左中右 3 个模块。网页主体模块的效果如图 22-4 所示。

图 22-4　网页主体模块

实现中间主体的代码如下：

```
<div class="AD2"><img src="images/AD_03_03.gif" alt="ad" width="960"
height="90"/></div>
<div class="blank10"></div>
<div class="clear"></div>
<div class="content3">
  <div class="con3_left">
    <div class="con3_left_bg">
      <div class="con3_left_tl"> <span class="title left">预告片</span>
        <div class="con3_left_more right"><a href="#">更多</a></div>
      </div>
    </div>
    <div class="con3_left_pic">
      <ul class="left">
        <li><a href="#"><img src="images/yugao_pic_01.gif" width="94"
height="134" border="0" alt="图片说明"/></a><span><a href="#">《 特工绍特 》
          预告片</a></span></li>
      </ul>
      <ul>
        <li class="right"><a href="#"><img src="images/yugao_pic_03.gif"
width="94" height="134" border="0" alt="图片说明"/></a><span><a href="#">《暮
色2：新月》
          首曝MV</a></span></li>
      </ul>
    </div>
    <div class="clear"></div>
    <div class="blank10"></div>
    <div class="con3_left_lt">
      <ul>
        <li><span class="right">先行版预</span>《爱丽丝梦游奇境》</li>
        <li><span class="right">先行版预</span>《爱丽丝梦游奇境》</li>
        <li><span class="right">先行版预</span>《爱丽丝梦游奇境》</li>
        <li><span class="right">先行版预</span>《爱丽丝梦游奇境》</li>
```

```
        <li><span class="right">先行版预</span>《爱丽丝梦游奇境》</li>
        <li><span class="right">先行版预</span>《爱丽丝梦游奇境》</li>
        <li><span class="right">先行版预</span>《爱丽丝梦游奇境》</li>
    </ul>
  </div>
 </div>
 <div class="con3_center">
  <div class="con3_center_top left"> <span class="con3_center_title left">
点播影院</span> <span class="con3_center_more right"><a href="#">更多
</a></span></div>
   <div class="con3_center_sp_top left">
    <div class="con3_center_sp_pic left">
     <ul>
       <li><img src="images/dianbo_pic_06.gif" width="92" height="134"
alt="图片说明"/><span><a href="#">《巫山云雨》</a></span></li>
       <li><img src="images/dianbo_pic_08.gif" width="92" height="134"
alt="图片说明" /><span><a href="#">《巫山云雨》</a></span></li>
       <li><img src="images/dianbo_pic_14.gif" width="92" height="134"
alt="图片说明" /><span><a href="#">《巫山云雨》</a></span></li>
       <li class="no"><img src="images/dianbo_pic_15.gif" width="92"
height="134" alt="图片说明"/><span><a href="#">《巫山云雨》</a></span></li>
     </ul>
     <div class="clear"></div>
     <div class="blank15"></div>
   </div>
   <div class="con3_center_sp_pic">
    <ul class="con3_center_sp_pic_br">
       <li><img src="images/dianbo_pic_02.gif" width="92" height="134"
alt="图片说明"/><span><a href="#">《巫山云雨》</a></span></li>
       <li><img src="images/dianbo_pic_04.gif" width="92" height="134"
alt="图片说明" /><span><a href="#">《巫山云雨》</a></span></li>
       <li><img src="images/dianbo_pic_16.gif" width="92" height="134"
alt="图片说明"/><span><a href="#">《巫山云雨》</a></span></li>
       <li class="no"><img src="images/dianbo_pic_17.gif" width="92"
height="134" alt="图片说明" /><span><a href="#">《巫山云雨》</a></span></li>
     </ul>
     <div class="clear"></div>
     <div class="blank6"></div>
   </div>
  </div>
  <div class="con3_center_sp_lt left">
   <ul>
     <li>  <a href="#">《非常完美》</a></li>
     <li> <a href="#">PK.COM.CN</a></li>
   </ul>
   <ul>
     <li>  <a href="#">《非常完美》</a></li>
     <li> <a href="#">PK.COM.CN</a></li>
   </ul>
   <ul>
     <li>  <a href="#">《非常完美》</a></li>
     <li> <a href="#">PK.COM.CN</a></li>
   </ul>
   <ul class="no">
```

```
        <li>  <a href="#">《非常完美》</a></li>
        <li> <a href="#">PK.COM.CN</a></li>
    </ul>
   </div>
  </div>
  <div class="con3_right">
   <dl>
      <dt><a href="#"><img src="images/sider_pic_02.gif" alt="sider_pic"
width="83" height="62" border="0" /></a></dt>
      <dd class="left"><span>[自拍]</span><a href="#">《鲜花》展现唯美中的温馨乞
讨女孩自尊心受伤害</a></dd>
   </dl>
   <div class="blank10"></div>
  </div>
  <div class="con3_right">
   <dl>
      <dt><a href="#"><img src="images/sider_pic_04.gif" alt="sider_pic"
width="83" height="62" border="0" /></a></dt>
      <dd class="left"><span>[自拍]</span><a href="#">《鲜花》展现唯美中的温馨乞
讨女孩自尊心受伤害</a></dd>
   </dl>
   <div class="clear"></div>
   <div class="blank10"></div>
  </div>
  <div class="con3_right">
   <dl>
      <dt><a href="#"><img src="images/sider_pic_06.gif" alt="sider_pic"
width="83" height="62" border="0" /></a></dt>
      <dd class="left"><span>[自拍]</span><a href="#">《鲜花》展现唯美中的温馨乞
讨女孩自尊心受伤害</a></dd>
   </dl>
   <div class="clear"></div>
   <div class="blank10"></div>
  </div>
  <div class="con3_right">
   <dl>
      <dt><a href="#"><img src="images/sider_pic_08.gif" alt="sider_pic"
width="83" height="62" border="0" /></a></dt>
      <dd class="left"><span>[自拍]</span><a href="#">《鲜花》展现唯美中的温馨乞
讨女孩自尊心受伤害</a></dd>
   </dl>
   <div class="clear"></div>
   <div class="blank10"></div>
  </div>
  <div class="con3_right">
   <dl>
      <dt><a href="#"><img src="images/sider_pic_10.gif" alt="图片说明"
width="83" height="62" border="0" /></a></dt>
      <dd class="left"><span>[自拍]</span><a href="#">《鲜花》展现唯美中的温馨乞
讨女孩自尊心受伤害</a></dd>
   </dl>
   <div class="clear"></div>
   <div class="blank10"></div>
  </div>
```

```
</div>
<div class="clear"></div>
<div class="blank10"></div>
```

22.2.4 底部模块分析

网站底部设计较简单，包括一些快捷链接和版权声明信息，具体效果如图 22-5 所示。

图 22-5 网页底部模块

网站底部的实现代码如下：

```
<div class="copyright">
  <div class="copyright_tl">合作媒体（排名不分先后）</div>
  <div class="copyright_ct">
   <ul>
     <li><a href="#"><img src="images/home_copy_03.gif" width="88"
height="31" border="0" alt="图片说明" /></a></li>
     <li><a href="#"><img src="images/home_copy_05.gif" width="88"
height="31" border="0" alt="图片说明"/></a></li>
     <li><a href="#"><img src="images/home_copy_07.gif" width="88"
height="31" border="0" alt="图片说明"/></a></li>
     <li><a href="#"><img src="images/home_copy_09.gif" width="88"
height="31" border="0" alt="图片说明"/></a></li>
     <li><a href="#"><img src="images/home_copy_11.gif" width="88"
height="31" border="0" alt="图片说明"/></a></li>
     <li><a href="#"><img src="images/home_copy_13.gif" width="88"
height="31" border="0" alt="图片说明"/></a></li>
     <li><a href="#"><img src="images/home_copy_15.gif" width="88"
height="31" border="0" alt="图片说明" /></a></li>
     <li><a href="#"><img src="images/home_copy_03.gif" width="88"
height="31" border="0" alt="图片说明"/></a></li>
     <li><a href="#"><img src="images/home_copy_17.gif" width="88"
height="31" border="0" alt="图片说明"/></a></li>
     <li class="no_right"><a href="#"><img src="images/home_copy_19.gif"
width="88" height="31" border="0" alt="图片说明" /></a></li>
   </ul>
   <span><a href="#">关于我们</a> | <a href="#">网站地图</a> | <a href="#">诚
聘英才</a> | <a href="#">站长信箱</a> | <a href="#">版权声明</a> | <a
href="#">联系我们</a> |节目制作中心 版权所有 </span>

  </div>
</div>
```

22.3 网 站 调 整

在网站设计完成后，若需要完善或者修改，可以对其中的框架代码及样式代码进行调整。下面简单介绍几项内容的调整方法。

22.3.1 部分内容调整

本实例中可以调整网页中元素的样式，使整个网站风格发生变化。使用 Photoshop 设计图片 sprite2.gif 和 surpis2.gif，将以下代码中 background 属性的值分别指向这两个图片文件。

```
.con3_center_sp_lt ul li{ width:100px; display:block;line-height:22px;
background:url(images/sprite2.gif) no-repeat -76px -47px; text-align:center}

.main_nav ul li.line{ width:2px; height:40px;
background:url(images/sprite2.gif) no-repeat -96px 10px;}

.con3_left_tl{ margin-bottom:10px; width:241px;height:30px;color:#000;font-
size:14px;font-weight:bold; line-height:30px;
display:block;background:url(images/sprite2.gif) no-repeat 0 -80px;}

.con3_left_lt ul li{ text-indent:25px;height:26px; line-height:26px;
display:block; background:url(images/sprite2.gif) no-repeat -76px -45px;}

.con4_left_tl{width:217px;height:30px;color:#000;font-size:14px;font-
weight:bold; line-height:30px;
display:block;background:url(images/sprite2.gif) no-repeat 0 -80px;}

.copyright_tl{ background:url(images/surpis2.gif) repeat-x 0 -370px;
height:30px; line-height:30px; text-indent:10px;font-size:14px; font-
weight:bold; color:#FFF;}
```

22.3.2 模块调整

本实例为影视网，模块内容可以继续增加、完善。下面为网页增加如下模块内容：

```
<div class="content4">
  <div class="con4_left">
    <div class="con4_left_bg">
      <div class="con4_left_tl"> <span class="title left">观影指南 </span>
        <div class="con4_left_more right"><a href="#">更多</a></div>
      </div>
    </div>

    <div class="clear"></div>
    <div class="blank6"></div>
    <div class="con4_left_bt">
      <div class="con4_left_bt_tl"><span class="left">  影片名称
</span><span class="right">公映时间  </span></div>
      <div class="con4_left_line">
```

```
        <ul>
          <li><span>11 月 01 日   </span> 《罪与罚》</li>
          <li><span>11 月 01 日   </span> 《罪与罚》</li>
          <li><span>11 月 01 日   </span> 《罪与罚》</li>
          <li><span>11 月 01 日   </span> 《罪与罚》</li>
          <li><span>11 月 01 日   </span> 《罪与罚》</li>
        </ul>
      </div>
    </div>
  </div>
  <div class="con4_center">
    <div id="Tab1">
      <div class="con4_center_top left">
        <ul>
          <li id="one1" onmouseover="setTab('one',1,3)" class="hover"><a
href="#">新片</a></li>
          <li id="one2" onmouseover="setTab('one',2,3)" ><a href="#">经典
</a></li>
          <li id="one3" onmouseover="setTab('one',3,3)"><a href="#">绝对独家
</a></li>
        </ul>
        <span class="con4_center_more right"><a href="#">更多</a></span>
      </div>
      <div id="con_one_1" class="con4_center_bt">
        <ul>
          <li><a href="#"><img src="images/home_xinp_03.gif" width="159"
height="230" border="0" alt="图片说明" /></a><span><a href="#">《杨至成火线供
给》</a></span></li>
          <li><a href="#"><img src="images/home_xinp_05.png" width="159"
height="230" border="0" alt="图片说明"/></a><span><a href="#">《铁胆雄心》
</a></span></li>
          <li class="con4_no"><a href="#"><img src="images/home_xinp_07.png"
width="159" height="230" border="0" alt="图片说明"/></a><span><a href="#">
《铁流 1949》</a></span></li>
        </ul>
      </div>
      <div id="con_one_2" style="display:none" class="con4_center_bt">
        <ul>
          <li><a href="#"><img src="images/home_xinp_03.gif" width="159"
height="230" border="0" alt="图片说明"/></a><span><a href="#">《杨 adsa 供给》
</a></span></li>
          <li><a href="#"><img src="images/home_xinp_05.png" width="159"
height="230" border="0" alt="图片说明"/></a><span><a href="#">《铁 asdas 雄心》
</a></span></li>
          <li class="con4_no"><a href="#"><img src="images/home_xinp_07.png"
width="159" height="230" border="0" alt="图片说明"/></a><span><a href="#">
《铁流 asd9》</a></span></li>
        </ul>
      </div>
      <div id="con_one_3" style="display:none" class="con4_center_bt">
        <ul>
          <li><a href="#"><img src="images/home_xinp_03.gif" width="159"
height="230" border="0" alt="图片说明"/></a><span><a href="#">《杨至成 dsa》
</a></span></li>
```

```
            <li><a href="#"><img src="images/home_xinp_05.png" width="159"
height="230" border="0" alt="图片说明" /></a><span><a href="#">《铁胆雄心》
</a></span></li>
            <li class="con4_no"><a href="#"><img src="images/home_xinp_07.png"
width="159" height="230" border="0" alt="图片说明" /></a><span><a href="#">
《铁asd949》</a></span></li>
        </ul>
    </div>
  </div>
 </div>
 <div class="con4_right right">
   <div class="con4_right_tl"> <span class="title left">电影网观影团 </span>
     <div class="con4_right_more right"><a href="#">更多</a></div>
   </div>
   <div class="con4_right_bt">
     <dl>
       <dt><a href="#"><img src="images/home_mj_03.gif" width="161"
height="92" alt="图片说明"/></a></dt>
       <dd>《迈克尔.杰克逊：就是这样》</dd>
       <dd class="no_bg">2009-11-03 11:32:21
          11月2日[电影网]组织网友观看了《迈克尔·杰克逊：就是这样》。影片记录了迈克
尔·杰克逊在生前准备伦敦演唱会时的彩排画面和幕后花絮。[详情]</dd>
     </dl>
   </div>
 </div>
</div>
```

为了实现上述模块的展现，需要为其增加对应的样式内容，在样式表中插入的样式如下：

```
/*content4*/

.content4{width:960px;margin:0 auto;}

.con4_left{width:217px;float:left;}
.con4_left_bg{height:32px;width:217px;background:url(images/sprite.gif)
repeat-x 0 -300px; margin-bottom:10px;}
.con4_left_tl{width:217px;height:30px;color:#FFF;font-size:14px;font-
weight:bold; line-height:30px;
display:block;background:url(images/sprite.gif) no-repeat 0 -80px;}
.con4_left_more{width:30px;font-size:12px;color:#4b4b4b;line-height:32px;
font-weight:normal}
.con4_left_top{ height:100px;}
.con4_left_top dl{ width:210px;}
.con4_left_top dl dt{ width:71px; height:90px; display:block; padding:2px;}
.con4_left_top dl dt a img{ padding:2px;border:1px solid #A5A5A5;}
.con4_left_top dl dt a:hover img{ padding:2px;border:1px solid #F00}
.con4_left_top dl dd{ width:120px;height:100px; display:block; line-
height:20px;}
.con4_left_bt{ width:210px; height:153px; border:1px solid #a5a5a5; margin-
left:2px}
.con4_left_bt_tl{ width:210px; height:29px; background:#E5E5E5; line-
height:29px; font-weight:bold; color:#274990}
.con4_left_line{ width:210px;}
.con4_left_line ul{ margin-top:5px; line-height:22px;}
.con4_left_line ul li{ width:210px; float:left; display:block}
```

```
.con4_left_line ul li span{ float:right;}
.con4_center{width:515px;float:left;margin-left:15px; border:1px solid
#FF6475}
.con4_center_top{width:515px; height:30px;
background:url(images/xuanxiangka.gif) repeat-x 0 -30px; margin-
bottom:10px;}
.con4_center_top ul{}
.con4_center_top ul li{height:28px; line-height:28px; float:left;
display:block; text-align:center; width:80px; border-right:1px solid
#FF6475;}
.con4_center_top ul li a{ color:#1C1C1C;text-decoration:none;
 display:block; cursor:pointer;font-size:14px; font-weight:bold; }
.con4_center_top li a:hover{text-decoration:none; cursor:pointer;margin:1px
1px 0px 1px; color:#fff;display:block; font-size:14px; font-weight:bold;
background:url(images/xuanxiangka.gif) repeat-x 0 0}
.con4_center_bt{ width:515px;}
.con4_center_bt ul{ margin-left:8px;}
.con4_center_bt ul li{ float:left; margin-right:10px; display:block}
.con4_center_bt ul li span{float:left; width:159px;line-height:30px;
display:block; text-align:center;}
.con4_center_bt ul li.con4_no{ margin-right:0px;}
.con4_center_title{ width:64px; height:26px;color:#FFF;font-size:14px;
text-align:center; font-weight:bold; line-height:30px; display:block;
background:url(images/xuanxiangka.gif) no-repeat 0 0 }
.con4_center_more{ line-height:30px; width:50px; text-align:center;
display:block;}
.con4_right{width:199px;margin-left:10px; height:300px;border:1px solid
#ABABAB}
.con4_right_tl{ margin-bottom:10px;width:199px;height:30px;color:#FFF;font-
size:14px;font-weight:bold; line-height:30px; display:block;
background:#002F92}
.con4_right_more{ width:30px;font-size:12px;line-height:32px; font-
weight:normal}
.con4_right_more a{ text-decoration:none; color:#fff}
.con4_right_more a:hover{ text-decoration:none; color:#F00}
.con4_right_bt{ width:199px;}
.con4_right_bt dl{}
.con4_right_bt dl dt{margin-left:15px;}
.con4_right_bt dl dd{ margin-left:15px;display:block;width:167px;
 line-height:20px; background:#f4f4f4; text-align:left; margin-top:6px;}
.con4_right_bt dl dd.no_bg{ background:none;}
    .con4_right_bt dl  a img{padding:2px;border:1px solid #a5a5a5}
.con4_right_bt dl  a:hover img{padding:2px;border:1px solid #03C}
```

增加了新模块后，可以将 banner 模块移到中间显示，这样可以很好地分隔上下层内容，使内容更具条理感。

22.3.3 调整后预览测试

通过以上调整，网页最终效果如图 22-6 所示。

图 22-6　调整后的网页预览效果